中国地质调查"GZH201200510"项目资助

南黄海千里岩岛－灵山岛地质特征与油气

许 红 周瑶琪 韩宗珠 等 著

科学出版社

北 京

内 容 简 介

　　南黄海盆地是我国海域唯一一个尚未取得工业性油气发现突破的大型含油气盆地，但它与近年来发现大量中古生界大油气田的四川盆地同属扬子板块。随着国家海域油气勘探进程的加快，认识南黄海周缘海岛地质特征与海域盆地油气地质的基础科学问题被提上议事日程。本书包括作者团队历时两个"五年计划"、对两个海岛的调查历程和最新研究的成果；同时记载了关于两个海岛成因的南黄海盆地油气地质特征的探索研究新认识。

　　本书可供海洋地质学、沉积地质学、岩浆变质岩尤其是榴辉岩岩石学、地球动力学和油气地质学专业，以及海岛地质学、旅游专业技术人员及相关高等院校师生参考。

图书在版编目（CIP）数据

南黄海千里岩岛-灵山岛地质特征与油气/许红等著. —北京：科学出版社，2017.4
　ISBN 978-7-03-050050-2

　Ⅰ.①南…　Ⅱ.①许…　Ⅲ.①黄海—石油天然气地质　Ⅳ.①P618.130.2

中国版本图书馆CIP数据核字（2016）第234106号

责任编辑：王　运　韩　鹏　陈姣姣/责任校对：高明虎
责任印制：肖　兴/封面设计：铭轩堂

科 学 出 版 社 出版
北京东黄城根北街 16 号
邮政编码：100717
http://www.sciencep.com

中国科学院印刷厂 印刷

科学出版社发行　各地新华书店经销

*

2017年4月第 一 版　开本：787×1092　1/16
2017年4月第一次印刷　印张：16 1/4
字数：380 000
定价：**198.00元**
（如有印装质量问题，我社负责调换）

序 一

　　本书为国家"十二五"海洋地质保障工程专项项目成果，隶属于南黄海盆地油气勘探、海洋地质学、区域地质学与地球动力学范畴，涉及青岛近岸白垩纪、三叠纪分别形成的两个海岛的地质特征调查测量与分析发现的新资料，以及对岩石学、矿物学的认识，集中介绍二者实地调查的发现与理论分析的认识。有关千里岩岛形成于扬子-华北板块陆陆碰撞、它的露头剖面及高压高温岩石矿物的特征、榴辉岩锆石探针年龄 241.5Ma 等珍贵的数据，可以给人许多深层次的思考。对人们认识青岛近海海域，尤其是南黄海盆地的多次构造运动与形成变化具有重要的参考价值。从久远地质年代开始并演化至今的结果，可以深入推动有关苏鲁造山带向南黄海海域延伸的科学认识，具有很高的学术价值，值得一读。

　　近几年青岛地方政府推进灵山岛建立省级地质公园以带动旅游，《青岛晚报》报道了本书作者的事迹，他们多年来研究千里岩岛和灵山岛，艰苦的探索工作体现了对南黄海的关注和重视。该书从专业角度研究介绍这两个曾经不为人知的海岛，对它们地质构造、沉积岩石学特征的深入探索，具有重要的科学价值。

　　许红教授执着于研究南黄海盆地油气地质中的基础科学和勘探问题，作者团队来自多所著名专业院所，包括中国石油大学（华东）、中国海洋大学、中国地质大学（武汉）、山东科技大学与中国海油总公司、中国石油、中国石化等单位的石油地质学、海洋地质学、沉积岩石学、矿物学、变质岩石学等领域的专家。他们通过多年工作，力争在南黄海盆地实现油气勘探的新发现，推进海洋地球科学未解难题的理论认识，该书成果来之不易，精神可嘉。

　　重视海岛地质调查的本身才可能突破前人获得新发现，才可以推动南黄海盆地的油气勘探开发，才可以更好地启发人们探索认识、开发青岛周边更多美丽的海岛，同时支持地方经济在更多领域获得可持续的建设发展。

秦蕴珊

2014 年 9 月 15 日

序　二

　　我去过灵山岛，观察过船厂等剖面，珍贵的深水沉积等地质露头给我留下了深刻的印象，在陆地其他地方一般难得一见。

　　作者通过国家海洋地质保障工程专项项目开展相关工作，将注意力集中在这两个海岛实地地质剖面调查、成因及与盆地油气地质特征和赋存关系的研究方面，力图从它们所保存的珍贵且古老地质记录中获得钥匙，打开南黄海盆地古生代以来盆地形成复杂演化、油气形成与保存之锁。

　　作者团队通过大量第一手实地调查与测试分析，获得了包括榴辉岩锆石离子探针年龄学等一批新的数据，据此刻画千里岩岛地质露头剖面，形成于扬子-华北板块陆陆碰撞的三叠纪，可对比于苏鲁及韩国。这个剖面保存至今，被发现是科学之幸，这个发现来之不易并且属于首次。这是重视野外第一手资料的结果，为南黄海前陆盆地形成演化提供多种证据，阐释了深层次中生代南黄海盆山耦合作用的关系，对于南黄海盆地油气勘探评价具有重要价值与理论意义。

　　我和龚再升同志参加了多次许红教授南黄海盆地油气地质调查成果的会议，通过《青岛晚报》了解到2014年他在千里岩岛遭遇10级台风和被台风追赶安全返回陆地的危险经历；2012年我们登灵山岛；2015年搭载中国海洋局北海分局1122号海警船登千里岩岛。回顾经历的这些过程，感悟作者的工作与学术观点，颇具同感，值得推荐。

　　作者探索了榴辉岩变质岩石学、板块运动与盆地动力学、前陆盆地成因机制与油气勘探等诸多领域热点和前沿，包括青岛外海两个近岸海岛地质特征的详实调查，获得大量基础理论研究新成果，可启示于南黄海盆地的油气勘探。

　　作者团队包括石油地质学、海洋地质学、沉积岩石学、矿物学、变质岩石学专业人员，是一批执着于我国海域油气勘探、海洋地球科学研究的难题，克服困难，坚持海岛调查的一线专家。大量新成果新认识既来自理论探索，又来自南黄海盆地油气勘探新的实践。

　　该书荟萃大量第一手资料，彩色照片图片，涉及青岛外海近岸典型海岛地质特征与成因变化，以及南黄海盆地油气地质特征与调查研究内容，值得一读。

李思田

2015年9月15日

前　言

　　千里岩岛和灵山岛位于南黄海近岸，距离青岛分别约 50 n mile（海里）和 22 n mile；面积分别为 1.0405km^2 和 7.66km^2；海拔分别为 93.5m 和 513.6m。前者孤悬于外海，曾被誉为黄海前线第一哨，至今还是一个无常驻居民、无水、无电、无手机信号、无住处的海岛，它左接苏鲁－大别，右连朝鲜半岛，隶属于南黄海盆地北部的一个正向一级构造单元；后者被誉为中国北方第一高岛。本书介绍了二者实测岩石地层，千里岩岛三叠纪蚀变榴辉岩、金红石榴辉岩，灵山岛白垩纪火山凝灰岩锆石 SHRIMP 年龄，海岛成因及特征的最新研究认识。

　　不言而喻，研究千里岩岛和灵山岛，揭示其地质特征之谜，起源于南黄海盆地油气发现的需要。南黄海盆地面积超过 $20 \times 10^4 km^2$，是中国海域唯一一个下古生界、上古生界、中生界和新生界四世同堂的大型含油气盆地。油气勘探始于 1961 年，至今 56 年来仅仅获得三次油气发现：1984 年，在 CZ6-1-1 井新生代阜二段测试获少量（2.45t/d）原油，这是该盆地第一口也是唯一一口见油气流钻井。1986 年，英国克拉夫石油公司实施 ZC1-2-1 井，在井底 3420.46 ~ 3423m 白垩系泰州组第四取心回次也是最后一个取心回次，获得大量暗色泥岩岩心，编录后发现密度大、致密、性脆。在最后一块灰黑色岩心中见裂缝，油味浓，通过肉眼观察，发现裂缝渗漏出轻质原油，荧光显示强烈，该项发现属于典型"页岩油"。2015 年，在 DSDP-2 井三叠系灰岩中发现多层"油迹和油侵"。这与面积仅仅 $3 \times 10^4 km^2$ 却年产 200 万 t 油气当量的苏北盆地相去甚远，也与近年来发现普光－元坝、磨溪－龙王庙等系列大气田的上扬子区四川盆地有天壤之别，导致南黄海盆地至今还是中国海域自渤海到南沙唯一一个尚未实现工业油气发现的大型含油气盆地，这与理论相悖。因此，获得突破是笔者团队竭尽所能要达到的目标，讨论涉及南黄海盆地 27 口钻井及得失，指出与南海一样，外国（韩国）也是南黄海盆地第一口油气井钻探者，至今仍然保持最深油气井的记录，而且有两口井越过东经 124° 中韩传统管辖线；相比之下，中方钻井 22 口，多以新生代为目标，最老仅钻遇石炭系。当然软硬件、技术与经费受限是当年的实情，但现在已大大改善，因此，南黄海盆地工业油气突破发现显然已经成为可能。

　　本书总结对比研究了上扬子四川盆地最新发现，迄今中国单体储量规模最大（探明

地质储量 $4403.83 \times 10^8 m^3$，可采储量 $3082 \times 10^8 m^3$）、时代最老、整装高产的特大型磨溪－龙王庙巨型天然气田的地质特征及发现历程。该气田的发现彻底改变了四川盆地碳酸盐岩油气勘探发现史，也彻底改写了中国碳酸盐岩油气勘探史，其巨大的规模已排进世界特大气田前十。

基于此，提出南黄海盆地下古生界震旦系—奥陶系碳酸盐岩储层体系为钻探目标，重视中生代前陆盆地；下扬子陆区生烃地质露头剖面、海区钻井得与失、白垩系和侏罗系盆地石油地质特征等新认识：①四川盆地下古生界拉张槽、古隆起与盆山突变结构三者的叠合区域控制深层碳酸盐岩天然气藏的形成，有效支撑起川中古隆起大气区勘探部署的有效目标。②榴辉岩是俯冲板片下插百余千米深入地球内部的高压高温形成物，千里岩岛榴辉岩属于华北－扬子陆陆碰撞的证据，亦为南黄海盆地北界；多种类型榴辉岩西可与大别－苏鲁－胶东，东可与韩国临津江榴辉岩对比。③前陆盆地是全球油气勘探优选盆地，千里岩岛榴辉岩地球化学与锆石 SHRIMP 年龄首次提供了南黄海前陆盆地形成年代。④寒武系幕府山组与千米侏罗系深灰黑色泥岩生烃岩系可为形成磨溪－龙王庙型古老大气田提供气源。⑤来自钻井锆石磷灰石裂变径迹构造热年代学的研究证实，太平洋构造导致四川盆地与南黄海盆地的巨大区别，后者中上三叠统—古近系地层数千米剥蚀殆尽。⑥回顾上扬子区四川盆地发现高石梯 1 井震旦系灯影组日产百万立方米高产气流历程，指出其源于绵阳－长宁拉张槽的发现，由此，一举将东西向勘探部署改变为南北向部署，也一举改变了中国古老碳酸盐岩油气发现史，是下扬子南黄海盆地油气勘探的最好借鉴。

千里之行始于足下，首先是登千里岩岛。笔者详实记录了 8 年前一叶扁舟顶大风大浪登岛的艰难，可今天已能借力千吨海警舰船。发现千里岩岛"五有"：黑压压的蚊子、两个码头、奇山怪石、盘山小路、部队营房。还有大自然造就的神奇地质露头大剖面及其榴辉岩出露点，工作环境贴近大自然但包含危险，发现与乐趣交织，书中附有照片，以感受千里岩岛自然科学之美，体会灵山岛旅游与地质特征之绝。

全书共 3 篇，上篇为灵山岛地质，中篇为千里岩岛地质，介绍了八条实测剖面，沉积岩和高压高温变质岩岩相学、沉积岩石学、矿物学、动力学和成因机制，盆山耦合的关系；下篇为南黄海盆地油气地质。其中，上篇共 3 章，为灵山岛地质，含环岛 GPS 坐标采集、海陆拍摄、地面地质露头剖面调查测量描述、室内样品测试分析、沉积岩火山岩矿物岩石学、构造成因和海岛类型等内容。作者周瑶琪、许红、蔡瑛、王安东、刘菲菲、高晓军、刘金庆、魏凯、赵新伟、朱玉瑞、张柏林、李建委、卢树参、张海洋、王修齐、张威威、马鹏飞、史同强等。中篇共 3 章，为千里岩岛地质，含环岛 GPS 坐标采集、海陆拍摄、地面剖面实测、榴辉岩岩相学、高压高温矿物学、火山岩地球化学、成因特征与盆山耦合机制，盆山耦合关系等内容。作者韩宗珠、李旭平、许红、李安龙、孙和清、闫桂京、刘金庆、魏凯、赵新伟、朱玉瑞、张柏林、李建委、卢树参、张海洋、赵利、王修齐、马鹏飞、张昊、张威威、史同强等。下篇共 7 章，为南黄海盆地油气地质，讨论了南黄海盆地白垩系、侏罗系、苏皖中古生界露头剖面，寒武系幕府山组、二叠系烃源岩，前陆盆地分析，前新生代盆地特征与构造演化，上扬子四川盆地最新油气勘探发现及其意义等内容。作者许红、张敏强、葛和平、张健、宋家荣、高顺莉、李祥权、陆永潮、孙和清、闫桂京、张成、董刚、魏凯、赵新伟、朱玉瑞、张柏林、李建委、卢树参、张海洋、张威威、王修齐、马鹏飞、马金全、史同强、罗勇、唐青松、王武俊等。

自 2009 年以来，参加千里岩岛和灵山岛实测调查的研究者超过 200 人，11 批次，其中包括油气地质学、沉积岩石学、变质岩石学和矿物学领域的研究专家。大量工作得到青岛海洋地质研究所彭轩明、吴能友所长，以及前副所长、资深石油地质专家蔡乾忠研究员和郝先锋、张波、柳洁、杨慧良包括司机班同志的大力支持和帮助。中国石油大学（华东）、中国地质大学（武汉）、中国海洋大学和山东科技大学的研究生也付出了辛勤劳动。秦蕴珊院士、李思田教授为本书作序，在此一并表示深切的感谢。

蔡瑛女士协助许红校统稿，在此表示感谢。

本书的出版得到国家海洋地质保障工程专项"南黄海盆地油气地质特征和赋存规律研究"资助。

在此特别感谢秦蕴珊院士。他是一位长者、大家，曾蒙他生前多次教诲，与他在一起是一种享受，他总是认真倾听，经常打断我，问一个又一个问题，然后我们开始话题内外多角度的讨论。当本书还只有80%书稿内容时，他建议我申请出版基金并作序。今天，我以全书告慰他，表达对他深深的怀念与敬意。

我感谢恩师李思田教授。他亲自参加了灵山岛、千里岩岛的科学考察。他们这一代老地质工作者身体力行，特别重视野外地质现象的观察，特别擅长调查与实测。耳濡目染的结果与教诲令我终生受益，也是笔者重视来自第一手野外地质露头剖面资料调查与分析及笔者团队能够坚持两个海岛调查、深层次研究的原因。

有所发现必源于一线的真实，永远是地质科学进步与油气勘探发现之母。

目　录

中篇　千里岩岛地质

下篇　南黄海盆地油气地质

上 篇

灵山岛地质

第 1 章

灵山岛地质概况

　　灵山岛位于山东省胶南市黄海海域，总面积 7.66km^2，海拔 513.6m，是我国北方第一高岛；作为青岛沿岸海岛，距灵山岛最近的陆地大珠山 5.3 n mile，距最近的积米涯码头 9 n mile（图 1-1）。作为海岛交通相对不便，所以灵山岛不被传统地质调查工作者重视，以往鲜见灵山岛地质调查研究的文献与专著。近年来，由于南黄海盆地油气勘探需要，灵山岛地质特征研究提上了议事日程。笔者团队十余次登上灵山岛，取得了大量研究成果，完成了规范地质考察，环绕该岛数圈照相及坐标采集（图 1-2），重点踏勘测量了千层崖剖面、老虎嘴剖面、灯塔剖面、船厂滑塌剖面及洋礁洞剖面等露头剖面，分析了野外沉积、构造现象等。

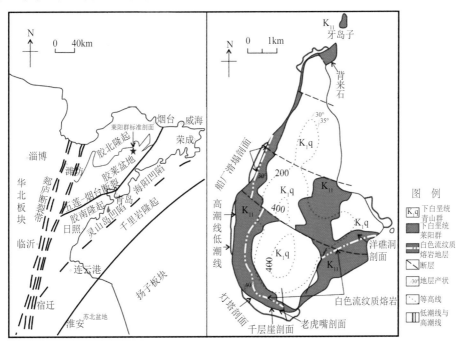

图 1-1　灵山岛区域构造背景与灵山岛地质简图

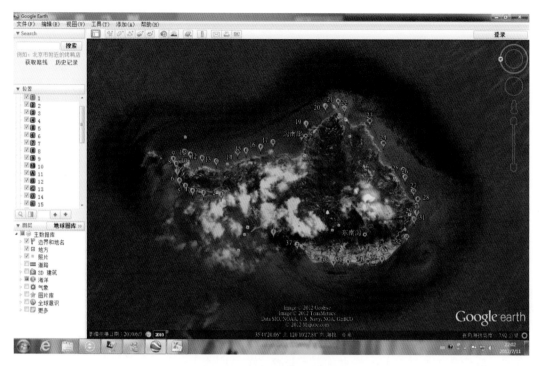

图 1-2　灵山岛 GPS 测量投点

1.1　地　层　格　架

　　灵山岛沉积岩地层沿海岸线展布，因此笔者者首先乘船绕岛环行一周，观察剖面分布，并记录下相应的 GPS 坐标（表 1-1）。针对统计的对应坐标处可见的剖面，然后登岛对各典型剖面进行测定和样品采集。

表 1-1　灵山岛周边坐标

序号	北纬	东经	序号	北纬	东经
1	35°46′20.76″	120°09′43.80″	11	35°47′01.02″	120°10′32.10″
2	35°46′40.44″	120°10′00.18″	12	35°46′53.04″	120°10′28.98″
3	35°46′52.38″	120°10′01.74″	13	35°46′43.05″	120°10′26.28″
4	35°46′59.76″	120°10′03.48″	14	35°46′29.04″	120°10′33.30″
5	35°47′04.05″	120°10′07.44″	15	35°46′23.76″	120°10′34.05″
6	35°47′08.64″	120°10′11.76″	16	35°46′13.08″	120°10′37.08″
7	35°47′09.96″	120°10′19.02″	17	35°46′05.58″	120°10′40.62″
8	35°47′10.74″	120°10′25.02″	18	35°45′46.62″	120°10′44.88″
9	35°47′12.72″	120°10′28.86″	19	35°45′43.38″	120°10′54.78″
10	35°47′05.01″	120°10′34.32″	20	35°45′30.18″	120°11′08.40″

续表

序号	北纬	东经	序号	北纬	东经
21	35°45′21.48″	120°11′12.06″	31	35°44′32.94″	120°09′38.28″
22	35°45′17.34″	120°11′06.54″	32	35°44′38.01″	120°09′24.84″
23	35°45′00.36″	120°10′55.98″	33	35°44′55.02″	120°09′08.16″
24	35°44′51.66″	120°10′38.16″	34	35°45′04.02″	120°09′06.72″
25	35°44′38.76″	120°10′16.80″	35	35°45′17.58″	120°09′06.06″
26	35°44′37.08″	120°10′11.10″	36	35°45′27.24″	120°09′06.30″
27	35°44′32.52″	120°10′00.06″	37	35°45′50.76″	120°09′20.34″
28	35°44′29.76″	120°09′53.64″	38	35°46′06.06″	120°09′30.54″
29	35°44′30.66″	120°09′48.78″	39	35°46′18.42″	120°09′18.42″
30	35°44′30.09″	120°09′48.38″			

在全面踏勘之后，发现一套白色火山流纹质熔岩沿海岸线分布稳定。通过多点熔岩取样，测年与微组分的结果相同，所以断定多处流纹质熔岩为同一层位，并将其定为本区域地层对比的标志层。

依据与标志层白色流纹质熔岩的上下关系及远近距离，划分出各个剖面的垂向接触关系。灵山岛由下到上主要由四套地层组成：①下部巨厚浊积岩，内含多层滑塌层，黑色、灰黑色泥岩与绿色、灰绿色、黄色砂岩互层组成，出露总厚度大于100m。这一层为深水沉积，是灵山岛最重要的沉积岩，包括老虎嘴剖面、千层崖剖面、灯塔剖面、船厂剖面、背来石剖面、钓鱼台剖面等。②白色火山流纹质熔岩，沿岛周围发育稳定，岛的南部最厚达到15～20m，向北延伸逐渐变薄，至船厂处减薄为3m。流纹质熔岩底部具有舌状流动痕迹，层内发育平行层理。③陆相碎屑岩，灵山岛的东南角洋礁洞剖面最厚（约50m），与白色流纹质熔岩呈平行不整合接触。这套地层由下到上泥页岩所占比例逐渐减小，砂岩层、砾岩层逐渐增大，总体表现为下部地层粒度细、上部地层粒度粗的规律。多层玄武质熔岩（60～80cm）和多层灰绿色火山角砾碎屑岩层（30～100cm）有规律旋回出现，表明火山活动逐渐频繁。泥页岩含有大量植物碎屑、碳质条带、生物钻孔及干裂，砂岩层含有交错层理，可以确定为浅水沉积环境。④顶部巨厚安山质火山碎屑岩，与陆相碎屑岩凹凸不平接触，可见喷出时对原沉积地层产生了强烈隆升和改造作用。这层厚度大于400m的火山岩层占据灵山岛80%的高度，这正提供了灵山岛作为中国北方第一高岛，并具有火山作用成因的依据。

灵山岛沉积岩主要分布在钓鱼台剖面、老虎嘴剖面、千层崖剖面、船厂剖面、灯塔剖面、洋礁洞剖面，所以实测以它们为主要对象，首先采集了各条剖面的精确坐标：钓鱼台剖面（35°44′38.76″N，120°10′16.80″N）、老虎嘴剖面（35°44′35.96″N，120°09′48.12″E）（图1-3a）、千层崖剖面（35°44′36.78″N，120°09′36.42″E）（图1-3b）、船厂剖面（35°45′49.14″N，120°09′24.48″E；110°∠30°）（图1-3c）、灯塔剖面（35°44′41.82″N，120°09′24.78″E；80°∠40°）（图1-3d）和洋礁洞剖面（36°58′6.18″N，120°52′3.24″E；40°∠27°）（图1-3e）。

图 1-3 宏观野外剖面

a. 老虎嘴剖面，流纹质熔岩下方浊积岩层完整剖面，顶部发育滑塌层；b. 千层崖剖面，位于老虎嘴剖面北面，即 a 图北侧；
c. 船厂剖面，顶部分布白色流纹质熔岩，与老虎嘴剖面可以对比；d. 灯塔剖面，远处山上为白色流纹质熔岩，以白色流纹
质熔岩为标志层，灯塔剖面在标志层下方 30 ~ 40m，中间为植被覆盖，判定在船厂剖面下方；e. 洋礁洞剖面，下部为白
色流纹质熔岩，因此洋礁洞剖面在老虎嘴剖面之上；f. 钓鱼台剖面，在老虎嘴剖面下方

    依据与标志层的接触关系和远近距离，可发现各条剖面之间具有上下接触关系。
老虎嘴剖面是沉积岩与流纹质熔岩的接触带，下部为 3m 厚灰色泥岩与灰绿色砂岩
互层沉积岩，上部为约 20m 厚白色流纹质熔岩。此层熔岩层在老虎嘴剖面处最厚，
向北逐渐延伸减薄，至船厂剖面处，已减薄至 3m。老虎嘴剖面下方是一个比较完整

的剖面，厚约 100m，顶部为滑塌变形层，下部为砂泥岩互层。船厂剖面顶部分布白色流纹质熔岩，按与标志层的关系，推断船厂剖面应该在老虎嘴剖面的下方，巨型滑塌褶皱对应老虎嘴剖面下部的滑塌褶皱层。千层崖剖面的南端正好对应老虎嘴下部剖面的下段，因此认为千层崖剖面在垂向上处于船厂剖面的下方。比较困难的是如何断定灯塔剖面与千层崖剖面的关系。灯塔剖面与白色流纹质熔岩具有相差超过 50m 厚的距离，但是中间全部被植被覆盖，无法观测。灯塔剖面与千层崖剖面的地层厚度明显不同，软沉积物变形构造的种类也不同。因此，倾向于认为灯塔剖面位于千层崖剖面之下。远处的钓鱼台剖面则是处于最下方，但因地形险要，还未进行深入研究。洋礁洞剖面位于白色流纹质熔岩之上，毫无疑问是沉积岩的最上部；再向上就是巨厚的安山岩。

因此初步得出的结论是：由上到下，六个露头剖面的接触关系依次为洋礁洞剖面、老虎嘴剖面、船厂剖面（背来石剖面）、千层崖剖面、灯塔剖面和钓鱼台剖面（图 1-4）。船厂剖面和灯塔剖面由上部垂直剖面和下部近似水平海岸剖面组成。

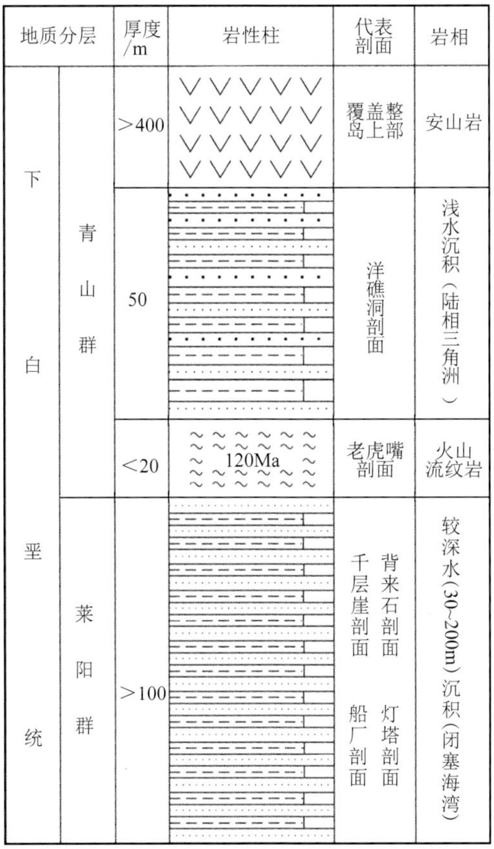

地质分层		厚度/m	岩性柱	代表剖面	岩相
下白垩统	青山群	>400		覆盖整岛上部	安山岩
		50		洋礁洞剖面	浅水沉积（陆相三角洲）
		<20	120Ma	老虎嘴剖面	火山流纹岩
	莱阳群	>100		背来石剖面　千层崖剖面　灯塔剖面　船厂剖面	较深水（30~200m）沉积（闭塞海湾）

图 1-4　灵山岛地层格架

千层崖仅有垂直剖面，约 25m 高，但北侧为一个挤压褶皱，北端挤压褶皱地层近90° 直立，向北地层逐渐变为平缓斜向地层沿海岸展布。除老虎嘴剖面、洋礁洞剖面以外，四个剖面都沿海岸分布，高度适合观察，更重要的是 2/3 层位都受到高潮 – 低潮海水的来回冲刷，使得砂岩光滑洁净，甚至可以看清砂岩的细小颗粒，能够清楚地识别液化角砾岩、液化底辟、泄水构造等液化、流化现象。

1.2　地质时代厘定

在厘定灵山岛地质时代的过程中，主要以灵山岛稳定分布的白色流纹质熔岩为研究对象，同时对比崂山垭口火山岩，利用锆石测年，得出其加权年龄为 119.2 ± 2.2Ma，从而确认下部沉积地层为下白垩统莱阳群。

1.2.1　样品描述

两块流纹质熔岩样品分别为崂山垭口营房旁的 LSYK，灵山岛老虎嘴的 LHZ-002(图 1-5)。崂山垭口灰白色流纹质熔岩样品位于巨厚的硅质岩层之上，块状结构，厚约 3m，但未见顶。灵山岛老虎嘴灰白色流纹质熔岩层内部可见火山流动的遗迹，熔岩气孔成层分布，气孔主要见于底部约 0.5m 厚岩层，越向上气孔越不发育。流纹质熔岩底部凹凸不平，下部砂页岩段可见断裂和褶皱现象，为断坡 – 断坪构造，流纹质熔岩直接覆盖其上（吕洪波等，2011）。

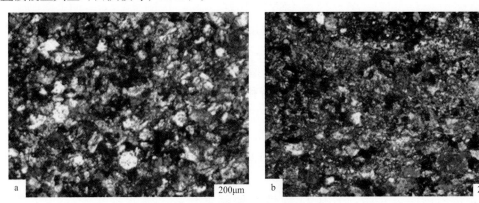

图 1-5　晶屑流纹质熔岩样品镜下特征
a. LSYK 晶屑流纹质熔岩；b. LHZ-002 晶屑流纹质熔岩

1.2.2　分析方法

样品首先用常规方法进行粉碎，再用电磁选方法进行分选，然后在双目镜下挑选出晶形和透明度较好、无裂痕和包裹体的锆石颗粒，再用环氧树脂将其固定凝结，打磨至锆石中心，最后进行抛光处理（由河北廊坊诚信地质公司完成）。具体操作流程参考锆石 SHRIMP 样品靶制作、年龄测定及有关现象的讨论（宋彪等，2002）。

对抛光后的锆石样品进行透射光、反射光和阴极发光（CL）图像的采集，了解被测锆石的内部结构，避开锆石的裂缝、包体等，以此作为选取定年分析点位的依据（由中国科学院地质与地球物理研究所完成）。锆石样品的 U-Pb 测年分析在中国科学院地质与地球物理研究所 LA-ICP-MS 锆石测年实验室进行，本次实验所采用的激光束斑直径为 44μm，剥蚀深度为 20～40μm，激光脉冲 8Hz，LA-ICP-MS 锆石 U-Pb 测年方法通过直接测定单颗粒锆石晶体中微区的 U-Pb 同位素组成而得出年龄，其结果以 $^{206}Pb/^{238}U$ 年龄计算，年龄误差为 1σ，加权平均年龄具 95% 的置信差。

分析结果根据 Andersen（2002）的方法进行普通 Pb 校正，每个锆石微区原位测试点的同位素比值和 U-Pb 年龄由专用的 Glitter 软件计算，加权平均年龄及谐和采用 Isoplot 程序计算和绘制（Anderden，2002）。大于 1000Ma 的古老锆石由于含大量放射性成因 Pb 因而采用 $^{207}Pb/^{206}Pb$ 表面年龄，而小于 1000Ma 的锆石由于可测量的放射性成因 Pb 含量低和普通 Pb 校正的不确定性，采用更为可靠的 $^{206}Pb/^{238}U$ 表面年龄（Blank *et al.*，2003）。

1.2.3　锆石 U-Pb 年龄分析结果

对崂山垭口流纹质熔岩样品 LSYK 中 24 粒锆石点进行了 LA-ICP-MS U-Pb 分析（表 1-2）。从锆石 CL 图像可以看出，大部分锆石无色透明，颗粒形状规则，金刚光泽，晶体呈柱状，自形到半自形，粒径为 80～150μm（图 1-6a 和 b）。过半数的锆石具较清晰的生长环带，为典型的岩浆型锆石，岩浆锆石共 12 粒（01、03、07、10、11、16～21、24，点 14 谐和度不符不做计算），其 U、Th 含量变化范围较大（U 含量为 205×10^{-6}～1134×10^{-6}，Th 含量为 252×10^{-6}～1560×10^{-6}），Th/U 值都集中在 0.59～2.24，而且 Th 和 U 之间有一定的正相关性。12 粒岩浆锆石年龄集中于早白垩世（108～126Ma），获得的 $^{206}Pb/^{238}U$ 加权平均年龄为 118.9±3.3Ma，MSWD=5.6（*n*=12，2σ）（图 1-7a 和 b），该年龄代表了晶屑流纹质熔岩的结晶年龄。另有 11 粒锆石磨圆度较好，为继承性锆石，CL 图像明显发光暗，环带结构不甚清楚。U 和 Th 含量分别为 106×10^{-6}～895×10^{-6} 和 68×10^{-6}～509×10^{-6}，Th/U 值为 0.69～5.82，Th 和 U 之间有良好的正相关性，继承性锆石的年龄由老到新为点 08（487±8Ma）、点 15（699±14Ma）、点 06（713±12Ma）、点 23（729±13Ma）、点 04（733±12Ma）、点 02（744±13Ma）、点 22（1027±141Ma）、点 12（1778±17Ma）、点 13（1799±18Ma）、点 09（1913±40Ma）、点 05（2485±18Ma）。

表 1-2　凝灰岩 LSYK、LHZ-002 样品的锆石 LA-ICP-MS U-Pb 同位素测定结果

测点号	元素含量及比值				同位素比值						表观年龄 /Ma					
	^{206}Pb/10^{-6}	^{232}Th/10^{-6}	^{238}U/10^{-6}	Th/U	^{207}Pb/^{206}Pb	1σ	^{207}Pb/^{235}U	1σ	^{206}Pb/^{238}U	1σ	^{207}Pb/^{206}Pb	1σ	^{207}Pb/^{235}U	1σ	^{206}Pb/^{238}U	1σ
LSYK01	44	618	578	0.94	0.04842	0.00083	0.1242	0.00203	0.01861	0.00034	120	19	119	2	119	2
LSYK02	117	217	238	1.10	0.06441	0.00074	1.08576	0.01156	0.12228	0.00219	755	21	746	6	744	13
LSYK03	29	418	374	0.89	0.05017	0.00118	0.13312	0.00296	0.01925	0.00037	203	23	127	3	123	2
LSYK04	156	465	322	0.69	0.06673	0.00072	1.10834	0.01115	0.12049	0.00216	829	21	757	5	733	12
LSYK05	597	94	315	3.37	0.16278	0.00154	10.57784	0.09357	0.47140	0.00839	2485	18	2487	8	2490	37
LSYK06	78	123	167	1.36	0.06463	0.00091	1.04236	0.01358	0.11699	0.00216	762	19	725	7	713	12
LSYK07	27	252	322	1.28	0.05375	0.00168	0.14616	0.00432	0.01973	0.00040	361	33	139	4	126	3
LSYK08	277	509	895	1.76	0.05722	0.00061	0.60739	0.00601	0.07700	0.00138	500	23	482	4	478	8
LSYK09	384	68	399	5.82	0.11716	0.00253	3.86264	0.04634	0.23912	0.00428	1913	40	1606	10	1382	22
LSYK10	59	375	736	1.97	0.05362	0.00295	0.14263	0.00728	0.01929	0.00039	355	128	135	6	123	2
LSYK11	70	1560	928	0.59	0.0498	0.00555	0.11628	0.01268	0.01693	0.00039	186	251	112	12	108	2
LSYK12	81	528	849	1.61	0.10869	0.00174	0.35694	0.00503	0.02382	0.00046	1778	17	310	4	152	3
LSYK13	66	155	155	1.00	0.11000	0.00148	1.59734	0.01941	0.10533	0.00198	1799	18	969	8	646	12
LSYK15	150	324	319	0.99	0.06768	0.00389	1.06872	0.05730	0.11453	0.00238	859	123	738	28	699	14
LSYK16	79	384	858	2.24	0.04605	0.00418	0.11805	0.01038	0.01859	0.00041	180	98	113	9	119	3
LSYK17	73	600	900	1.50	0.04707	0.00314	0.12105	0.00768	0.01865	0.00039	53	148	116	7	119	2
LSYK18	33	586	429	0.73	0.04931	0.00129	0.13272	0.00332	0.01952	0.00038	163	27	127	3	125	2
LSYK19	68	637	894	1.40	0.04752	0.00309	0.11727	0.00723	0.01790	0.00037	76	145	113	7	114	2
LSYK20	98	512	1134	2.21	0.05084	0.00457	0.13130	0.01144	0.01873	0.00041	233	205	125	10	120	3

续表

测点号	元素含量及比值				同位素比值						表观年龄 /Ma					
	$^{206}Pb/10^{-6}$	$^{232}Th/10^{-6}$	$^{238}U/10^{-6}$	Th/U	$^{207}Pb/^{206}Pb$	1σ	$^{207}Pb/^{235}U$	1σ	$^{206}Pb/^{238}U$	1σ	$^{207}Pb/^{206}Pb$	1σ	$^{207}Pb/^{235}U$	1σ	$^{206}Pb/^{238}U$	1σ
LSYK21	39	489	415	0.85	0.05469	0.00120	0.13682	0.00281	0.01814	0.00036	400	21	130	3	116	2
LSYK22	48	130	106	0.82	0.07349	0.00496	1.11347	0.07103	0.10989	0.00243	1027	141	760	34	672	14
LSYK23	59	141	122	0.86	0.06739	0.00092	1.11310	0.01425	0.11978	0.00223	850	19	760	7	729	13
LSYK24	18	344	205	0.60	0.04605	0.00360	0.12005	0.00900	0.01891	0.00043	216	72	115	8	121	3
LHZ-00201	201	471	536	1.14	0.07648	0.00079	0.89929	0.00886	0.08531	0.00158	1108	22	651	5	528	9
LHZ-00202	22	738	235	0.32	0.04605	0.00286	0.12135	0.00703	0.01911	0.00042	258	136	116	6	122	3
LHZ-00205	41	715	441	0.62	0.07403	0.02366	0.19751	0.06251	0.01935	0.00086	1042	677	183	53	124	5
LHZ-00206	33	603	436	0.72	0.05447	0.01632	0.13940	0.04145	0.01856	0.00068	390	551	133	37	119	4
LHZ-00207	87	2604	1226	0.47	0.05051	0.00071	0.12091	0.00162	0.01736	0.00033	219	21	116	1	111	2
LHZ-00208	20	860	270	0.31	0.04697	0.00148	0.12107	0.00371	0.01870	0.00037	48	37	116	3	119	2
LHZ-00210	232	449	525	1.17	0.07064	0.00720	0.94296	0.09328	0.09681	0.00239	947	217	674	49	596	14
LHZ-00211	67	1968	880	0.45	0.05133	0.00080	0.13527	0.00200	0.01912	0.00036	256	20	129	2	122	2
LHZ-00212	23	721	305	0.42	0.05519	0.00736	0.14131	0.01848	0.01857	0.00048	420	301	134	16	119	3
LHZ-00213	55	1090	723	0.66	0.05034	0.00079	0.13182	0.00197	0.01900	0.00036	211	20	126	2	121	2
LHZ-00214	163	674	512	0.76	0.10087	0.00103	1.01599	0.00987	0.07307	0.00136	1640	20	712	5	455	8
LHZ-00215	43	1006	580	0.58	0.05315	0.00542	0.13234	0.01314	0.01806	0.00042	335	233	126	12	115	3
LHZ-00216	76	2380	935	0.39	0.08356	0.00102	0.21805	0.00249	0.01893	0.00036	1282	20	200	2	121	2
LHZ-00217	38	1027	371	0.36	0.05417	0.01162	0.13162	0.02791	0.01762	0.00056	378	415	126	25	113	4
LHZ-00218	48	300	305	1.02	0.08211	0.00529	0.40207	0.02423	0.03551	0.00081	1248	130	343	18	225	5

续表

测点号	元素含量及比值				同位素比值						表观年龄/Ma					
	$^{206}Pb/10^{-6}$	$^{232}Th/10^{-6}$	$^{238}U/10^{-6}$	Th/U	$^{207}Pb/^{206}Pb$	1σ	$^{207}Pb/^{235}U$	1σ	$^{206}Pb/^{238}U$	1σ	$^{207}Pb/^{206}Pb$	1σ	$^{207}Pb/^{235}U$	1σ	$^{206}Pb/^{238}U$	1σ
LHZ-00219	103	174	319	1.83	0.08263	0.00090	0.74140	0.00765	0.06509	0.00121	1260	21	563	4	407	7
LHZ-00220	66	396	342	0.86	0.08734	0.00528	0.46449	0.02608	0.03857	0.00086	1368	120	387	18	244	5
LHZ-00221	51	2106	636	0.30	0.04888	0.00085	0.12587	0.00209	0.01868	0.00036	142	20	120	2	119	2
LHZ-00223	22	541	209	0.39	0.04605	0.00418	0.12400	0.01083	0.01953	0.00048	337	198	119	10	125	3
LHZ-00224	12	374	157	0.42	0.04605	0.00371	0.12227	0.00952	0.01926	0.00041	495	177	117	9	123	3
LHZ-00225	59	1193	769	0.64	0.04204	0.00086	0.10475	0.00207	0.01807	0.00034	175	20	101	2	115	2
LHZ-00226	337	785	826	1.05	0.08471	0.00381	1.16810	0.04668	0.10001	0.00207	1309	90	786	22	614	12
LHZ-00227	31	1298	411	0.32	0.04872	0.00112	0.13032	0.00289	0.01940	0.00038	134	23	124	3	124	2
LHZ-00228	96	157	258	1.64	0.05700	0.00273	0.69362	0.03016	0.08825	0.00177	492	108	535	18	545	10
LHZ-00229	37	674	486	0.72	0.04605	0.00219	0.12012	0.0052	0.01892	0.00037	370	102	115	5	121	2

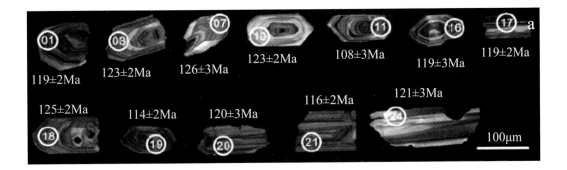

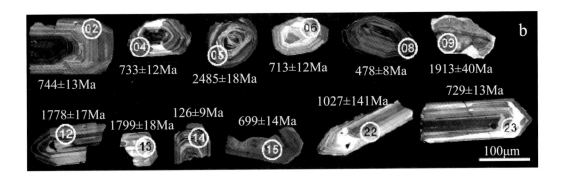

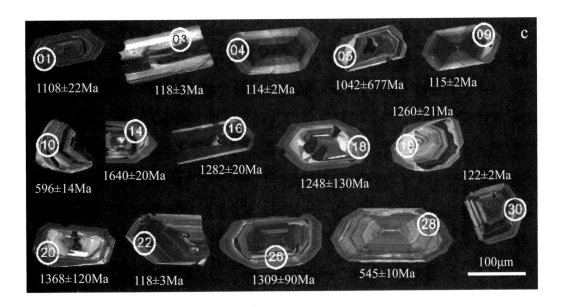

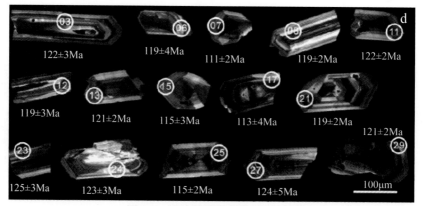

图 1-6　流纹质熔岩中锆石 CL 图像
a. 崂山 LSYK 的岩浆锆石 CL 图像；b. 崂山 LSYK 的碎屑锆石 CL 图像；
c. 灵山岛 LHZ-002 的岩浆锆石 CL 图像；d. 灵山岛 LHZ-002 的碎屑锆石 CL 图像

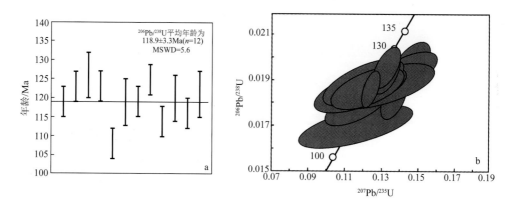

图 1-7　崂山垭口流纹岩锆石 $^{207}Pb/^{235}U$-$^{206}Pb/^{238}U$ 直方图与谐和图
a. 直方图；b. 谐和图

　　对灵山岛老虎嘴流纹质熔岩样品 LHZ-002 中 30 粒锆石点进行了 LA-ICP-MS U-Pb 分析（表 1-2）。锆石 CL 图像显示，锆石粒径多分布于 80 ～ 200μm，整体形态较崂山垭口略大且规则。岩浆锆石共 15 粒（另有 7 个点考虑到谐和度不符不做计算），具较清晰的生长环带（02、06 ～ 08、11 ～ 13、15、17、21、24、25、27、29），其 U、Th 含量变化范围较大（U 含量为 $235×10^{-6}$ ～ $1226×10^{-6}$，Th 含量为 $374×10^{-6}$ ～ $2604×10^{-6}$），Th/U 值都集中在 0.31 ～ 0.72，而且 Th 和 U 之间有一定的正相关性。12 粒岩浆锆石年龄集中于早白垩世（108 ～ 126Ma），获得的 $^{206}Pb/^{238}U$ 加权平均年龄为 $119.2 ± 2.2Ma$，MSWD=5.6（$n=12$，$2σ$）（图 1-8a 和 b），该年龄代表了晶屑流纹质熔岩的结晶年龄。另有 8 粒锆石磨圆度较好，为继承性锆石，CL 图像明显发光暗，环带结构不甚清楚。U 和 Th 含量分别为 $258×10^{-6}$ ～ $826×10^{-6}$ 和 $157×10^{-6}$ ～ $785×10^{-6}$，Th/U 值为 0.76 ～ 1.83，Th 和 U 之间有良好的正相关性，继承性锆石的年龄由老到新为点 28（545 ± 10Ma）、点 10（596 ± 14Ma）、点 05（1042 ± 677Ma）、点 01（1108 ± 22Ma）、点 18（1248 ± 130Ma）、点 19（1260 ± 21Ma）、点 16（1282 ± 20Ma）、点 26（1309 ± 90Ma）、点 20（1368 ± 120Ma）、点 14（1640 ± 20Ma）。

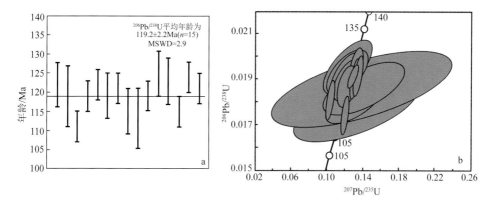

图 1-8　灵山岛流纹岩（LHZ-002 号样品）锆石 $^{207}Pb/^{235}U$-$^{206}Pb/^{238}U$ 直方图与谐和图

a. 直方图；b. 谐和图

综上所述，流纹质熔岩样品 LSYK 和 LHZ-002 中共 54 个锆石测点获得的锆石 U-Pb 年龄分为岩浆锆石年龄和继承性锆石年龄：崂山垭口和灵山岛老虎嘴两地岩浆锆石测点获得的加权平均年龄分别为 118.9 ± 3.3Ma 和 119.2 ± 2.2Ma，对应时代为早白垩世阿普特期（112 ～ 125Ma）；两地流纹质熔岩锆石样品具有很好的一致性，代表了晶屑流纹质熔岩锆石的结晶年龄，流纹质熔岩的沉积年龄为早白垩世。继承性锆石所记录年龄信息复杂，从寒武纪一直到古元古代，即 487 ～ 2490Ma，主要年龄段集中在中新元古代，缺乏古生代和中生代继承性锆石，说明当时的物源主要为古生代以前的变质岩系，还需大量继承性锆石年龄的统计数据。崂山垭口有锆石年龄超过了 2000Ma（点 05 为 2490 ± 37Ma），古老的碎屑锆石可以指示当时下地壳被抬升至地表，作为主要物源区向盆地供应物源；缺乏古生代和中生代碎屑锆石，说明可能在该套地层沉积之前，物源区古生代、中生代已经持续隆升而被剥蚀殆尽。

1.2.4　锆石微区微量元素特征

在运用 LA-ICP-MS 锆石 U-Pb 测年的同时，对崂山垭口（LSYK）、灵山岛老虎嘴（LHZ-002）两地流纹质熔岩中典型岩浆锆石进行微量元素原位分析，相关方法及原理已有专门论述（梁细荣等，1999；Li *et al.*，2000）。稀土元素和微量元素成分特征见表 1-3 ～表 1-6，相应的稀土元素配分模式如图 1-9a 和 b 所示，整体显示为典型岩浆锆石的特征（Rubatto，2002；吴元保、郑永飞，2004）。从表 1-3 ～表 1-6 可见，LSYK 锆石的 Pb、Ti、Rb、Sr 等元素含量较 LHZ-002 锆石的含量高，Y、Nb、Hf、Ta、∑REE 等元素含量在 LSYK 样品中较低。稀土元素配分模式方面二者具有明显的相似性，配分曲线呈左倾模式，表现为轻稀土相对亏损，而重稀土相对富集，LREE/HREE 的均值分别为 0.13、0.12，并显示明显的 Ce 正异常（18.08、89.59）和 Eu 负异常（0.37、0.30）。另外，稀土元素配分模式的一致性在老虎嘴锆石中表现较为一致，而垭口锆石中一致性不是很好，主要表现为垭口部分锆石的 LREE 含量较高，La、Ce、Pr 值较大（LSYK10、LSYK20）。在岩浆锆石的 Nb-Ta 图解中，垭口锆石 Nb 和 Ta 含量较低，且比值较小，老虎嘴锆石含量较高且比值较大，两地锆石分区明显（图 1-9c）。

表 1-3 崂山垭口岩浆锆石稀土元素分析结果

点号	La	Ce	Pr	Nd	Sm	Eu	Gd	Tb	Dy	Ho	Er	Tm	Yb	Lu
LSYK01	0.17	101.14	0.202	2.91	4.57	1.68	25.80	9.48	114.39	45.12	213.58	47.24	486.45	97.01
LSYK03	2.77	101.61	0.924	6.67	8.16	2.59	34.96	12.25	148.07	57.23	270.77	60.44	620.01	122.99
LSYK07	8.05	127.44	2.21	13.57	10.63	4.13	44.06	15.05	178.46	68.28	314.53	67.49	676.15	134.41
LSYK10	90.18	354.86	20.64	80.46	26.84	5.23	75.74	21.78	243.51	90.36	401.77	85.03	842.82	159.19
LSYK11	25.63	74.58	5.71	25.04	17.38	3.90	65.52	22.10	251.68	94.00	431.24	93.16	948.39	186.62
LSYK16	61.67	126.86	9.81	41.43	9.70	1.54	29.98	11.65	146.66	62.35	319.01	76.72	817.05	171.05
LSYK17	38.26	78.27	7.87	33.28	27.10	3.94	99.03	28.52	292.14	97.94	411.09	82.71	776.02	145.18
LSYK18	0.57	102.43	0.27	3.98	7.43	2.26	31.36	10.45	126.45	46.61	215.34	47.73	473.43	90.87
LSYK19	25.33	101.91	3.76	15.58	7.45	2.91	30.49	10.27	122.39	47.73	224.23	51.26	535.10	108.83
LSYK20	84.76	204.08	19.76	86.73	21.66	3.20	44.55	14.44	178.20	72.72	360.04	85.27	927.78	191.93
LSYK21	14.59	107.71	3.34	18.59	13.48	3.90	50.92	16.27	187.16	69.37	312.99	66.98	673.48	128.67
LSYK24	7.80	78.71	1.84	15.05	16.24	5.36	62.72	19.36	211.18	74.68	321.19	67.07	649.06	121.83

注：元素含量的单位为 μg/g

表 1-4 崂山垭口岩浆锆石微量元素特征

点号	Pb	Ti	Rb	Sr	Y	Nb	Hf	Ta	ΣREE	ΣLREE/ΣHREE	δCe	δEu	Nb/Ta
LSYK01	58.97	1397	0.59	0.36	1449	7.72	18146	2.27	1150	0.11	114.25	0.37	3.40
LSYK03	41.39	1435	0.49	1.66	1784	6.48	16378	2.06	1449	0.09	15.23	0.40	3.14
LSYK07	38.51	1336	0.62	2.38	2129	8.16	14441	1.91	1664	0.11	7.16	0.50	4.27
LSYK10	107.64	1335	0.43	17.01	2792	10.82	16237	2.89	2498	0.30	1.91	0.33	3.74
LSYK11	112.30	1337	1.64	6.26	2970	2.83	15055	0.70	2245	0.07	1.43	0.31	4.05
LSYK16	129.62	1331	0.74	6.15	2108	3.95	17185	1.39	1886	0.15	1.12	0.25	2.84
LSYK17	99.13	1309	0.67	4.19	2957	3.47	16227	1.18	2121	0.10	1.03	0.21	2.94
LSYK18	45.85	1273	0.47	0.30	1469	4.77	16155	1.70	1159	0.11	62.96	0.39	2.81
LSYK19	89.35	1236	0.54	1.24	1536	5.00	15711	1.37	1287	0.14	2.24	0.51	3.65
LSYK20	144.89	1282	1.30	20.06	2395	3.25	16709	0.84	2295	0.22	1.16	0.31	3.89
LSYK21	65.41	1242	17.2	84.02	2125	3.73	16798	1.32	1667	0.11	3.58	0.40	2.83
LSYK24	33.54	1293	4.45	10.39	2249	3.03	14620	1.08	1652	0.08	4.84	0.45	2.81

注：元素含量的单位为 μg/g

表 1-5　灵山岛老虎嘴岩浆锆石稀土元素分析结果

点号	La	Ce	Pr	Nd	Sm	Eu	Gd	Tb	Dy	Ho	Er	Tm	Yb	Lu
LHZ-00202	1.09	390.29	2.10	33.46	61.88	12.91	243.99	73.71	739.15	236.34	899.19	163.46	1408.88	241.59
LHZ-00206	9.26	225.14	3.61	11.42	16.60	2.38	90.47	34.04	404.62	149.94	653.71	131.80	1203.51	217.52
LHZ-00207	1.50	361.78	0.62	7.38	21.47	3.33	135.03	51.79	633.03	243.06	1087.14	219.71	2050.98	365.89
LHZ-00208	0.28	346.23	0.99	16.39	31.63	11.64	137.26	41.61	432.72	148.36	603.00	115.89	1068.73	196.60
LHZ-00211	0.13	323.69	0.29	5.51	18.58	3.06	126.34	47.20	552.90	200.01	832.87	159.41	1418.33	246.09
LHZ-00212	2.36	428.76	3.21	46.64	62.93	25.33	226.42	65.70	681.81	236.33	966.84	187.20	1691.02	302.81
LHZ-00213	6.35	262.14	2.75	16.96	21.01	3.14	119.19	46.11	574.13	223.07	993.28	202.01	1894.43	342.46
LHZ-00215	7.14	253.73	0.80	7.92	17.90	2.86	111.93	42.86	512.37	189.94	802.55	155.77	1420.78	248.88
LHZ-00217	63.40	629.29	13.40	83.68	75.25	26.62	255.98	75.18	771.91	261.84	1061.29	206.31	1880.32	335.40
LHZ-00221	0.15	538.04	0.90	16.33	42.68	13.93	191.16	58.36	629.31	208.73	847.81	162.31	1460.16	261.38
LHZ-00223	26.56	448.58	9.77	67.37	61.86	17.45	200.08	58.72	598.06	196.08	774.00	146.90	1299.16	227.24
LHZ-00224	0.70	214.57	1.24	17.58	26.84	8.60	104.49	31.91	341.00	118.25	491.60	97.66	908.05	167.64
LHZ-00225	0.09	345.25	0.27	5.87	21.16	2.92	130.75	51.77	612.94	223.86	944.54	183.64	1659.84	287.15
LHZ-00227	0.32	332.81	0.47	10.17	25.07	8.69	119.48	36.96	395.84	131.80	523.22	101.23	909.27	163.74
LHZ-00229	12.04	222.97	5.35	25.42	16.44	2.35	77.57	28.77	347.13	129.79	564.81	115.55	1053.49	187.86

注：元素含量的单位为 μg/g

表 1-6 灵山岛老虎嘴岩浆锆石微量元素特征

点号	Pb	Ti	Rb	Sr	Y	Nb	Hf	Ta	∑REE	∑LREE/∑HREE	δCe	δEu	Nb/Ta
LHZ-00202	43.43	968	3.08	3.05	6211	10.55	14471	1.38	4508	0.13	46.62	0.28	7.65
LHZ-00206	47.22	968	0.40	0.70	4452	28.67	20412	4.34	3154	0.09	9.37	0.15	6.61
LHZ-00207	121.00	985	0.97	0.76	7589	71.99	20371	7.47	5183	0.08	89.94	0.14	9.64
LHZ-00208	32.51	978	0.72	0.98	4110	9.94	13725	1.65	3151	0.15	94.98	0.46	6.02
LHZ-00211	95.62	927	0.63	0.62	5800	48.23	19383	6.30	3934	0.10	290.93	0.14	7.66
LHZ-00212	35.36	927	0.56	0.49	6914	10.28	14398	1.50	4927	0.13	31.28	0.58	6.87
LHZ-00213	73.38	947	0.71	1.19	6837	36.77	19461	4.34	4707	0.07	15.08	0.15	8.47
LHZ-00215	60.35	952	0.79	0.71	5491	34.94	18749	4.73	3775	0.08	21.21	0.15	7.39
LHZ-00217	83.35	1155	0.72	5.26	7678	22.67	14264	2.18	5740	0.18	4.96	0.53	10.40
LHZ-00221	82.91	1005	0.87	0.20	5993	28.88	14788	4.04	4431	0.16	169.63	0.40	7.15
LHZ-00223	47.26	941	0.80	2.74	5441	12.40	15211	1.57	4132	0.18	6.70	0.44	7.89
LHZ-00224	19.61	953	0.38	0.21	3329	6.15	13411	0.94	2530	0.12	42.86	0.43	6.53
LHZ-00225	75.56	924	0.76	0.37	6541	54.15	19075	6.78	4470	0.09	345.89	0.13	7.99
LHZ-00227	48.15	954	0.33	0.33	3663	15.21	15515	2.55	2759	0.16	167.69	0.40	5.96
LHZ-00229	49.37	945	0.43	0.72	3833	30.29	20246	4.70	2790	0.11	6.67	0.17	6.44

注：元素含量的单位为 μg/g

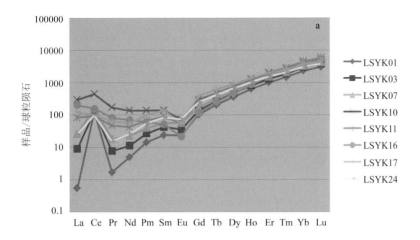

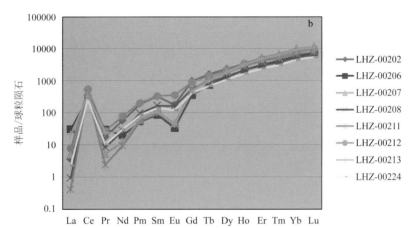

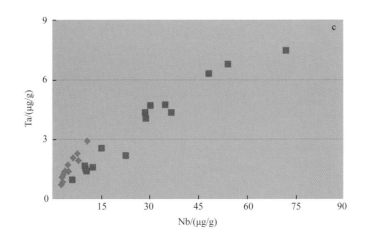

图 1-9　岩浆锆石微量元素特征图

a.崂山垭口流纹岩锆石稀土元素配分曲线；b.灵山岛老虎嘴流纹岩锆石稀土元素配分曲线；

c.两地岩浆锆石 Nb-Ta 图解（蓝点为崂山锆石，红点为灵山岛锆石）

锆石微量元素特征显示，虽然崂山垭口和灵山岛老虎嘴两地流纹岩可能为同时期形成（118.9±3.3Ma，119.2±2.2Ma），但两地流纹岩锆石微量元素特征差异明显，图1-10表明，两地流纹岩原岩具有差异，虽然都分别存在新元古代、中元古代和古元古代原岩的成分，崂山垭口还存在早古生代原岩喷发沉积物，而灵山岛老虎嘴却没有。

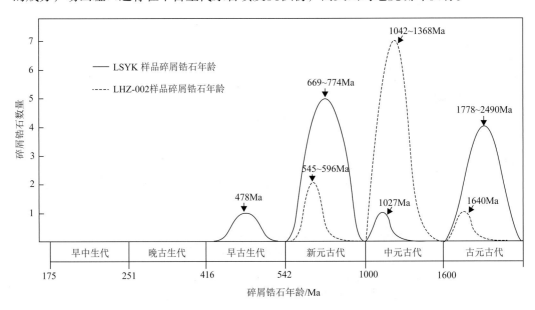

图 1-10　崂山垭口、灵山岛两地流纹岩碎屑锆石年龄分布特征

第 2 章

野外露头剖面地质特征

灵山岛地层在海岸线附近出露较好，因此根据岛上地层出露情况，在海岸线附近选取了钓鱼台剖面、灯塔剖面、千层崖剖面、船厂剖面、老虎嘴剖面、洋礁洞剖面进行踏勘及观测。针对岛上地层出露情况，笔者选取了三条地层出露较好的、具有代表性的剖面，即灯塔剖面、老虎嘴剖面、洋礁洞剖面作为实测剖面。

2.1　钓鱼台剖面

钓鱼台剖面在灵山岛的东南端（剖面起点 GPS：35°44′38.76″N，120°10′16.80″E），主要由垂直剖面（图 2-1a）组成，剖面沿 EW 方向延展可达数百米。在退潮时，沿着海岸线从千层崖剖面继续往东走即可到达。灵山岛下部的浊积岩地层在此向流纹岩下部延伸并入海消失。

该剖面主要由灰色薄 - 中层细砂岩与灰黑色粉砂岩 / 泥岩韵律性互层构成，地层产状多变，细砂岩中见正粒序层理、变形球枕构造，局部底面见火焰状构造。在此剖面已识别出七期规模比较大、顺层分布稳定的滑塌褶皱（图 2-1b），褶皱厚度由几十厘米到六七米不等，且枢纽走向多沿 NE 方向，据褶皱形态推测由 SE 向 NW 方向滑塌。在两个滑塌褶皱的顶部见到透镜状的砂砾岩（图 2-1c），砾石以花岗岩、变质岩为主，直径平均在 1cm 左右，棱角状，与浊积岩地层特征明显不同，推测可能是与地震有关的事件沉积。此外，还可见到 6 条呈高角度切穿浊积岩层的辉绿岩岩墙，这也是钓鱼台剖面特有的（图 2-1d）。

图 2-2 为钓鱼台剖面发育的不同褶皱特征（a 为白色箭头指示处）；剖面平台下部发育两期褶皱（b 为白色箭头指示处）；c 为钓鱼台剖面平台下部最顶层发育的褶皱；e 为钓鱼台剖面平台向上第一层的褶皱，褶皱顶部发育透镜状砂砾岩；d、f、g 为钓鱼台剖面平台向上发育的三期褶皱（白色箭头指示处）。

图 2-1　钓鱼台剖面岩墙

a. 钓鱼台剖面局部；b. 滑塌褶皱层；c. 褶皱顶部发育透镜状砂砾岩；d. 辉绿岩岩墙

图 2-2　钓鱼台剖面褶皱（镜头向北）

a. 钓鱼台剖面一端（GPS），发育褶皱（白色箭头指示处）；b. 钓鱼台剖面平台下部的两期褶皱（白色箭头指示处）；

c. 钓鱼台剖面平台下部最顶层褶皱；d、f、g. 钓鱼台剖面平台向上的三期褶皱（白色箭头指示处）；

e. 钓鱼台剖面平台向上第一层褶皱，褶皱顶部发育透镜状砂砾岩

2.2　灯 塔 剖 面

　　灯塔剖面（图 2-3a）位于灵山岛西南角（GPS：35°44.697N，120°09.413E），信号灯塔正下方，由上部垂直剖面和下部近乎水平的海岸剖面（未见底）组成，地层产状大致为 65°∠40°（局部略有变化），可见多期褶皱（图 2-3b ～ d）。

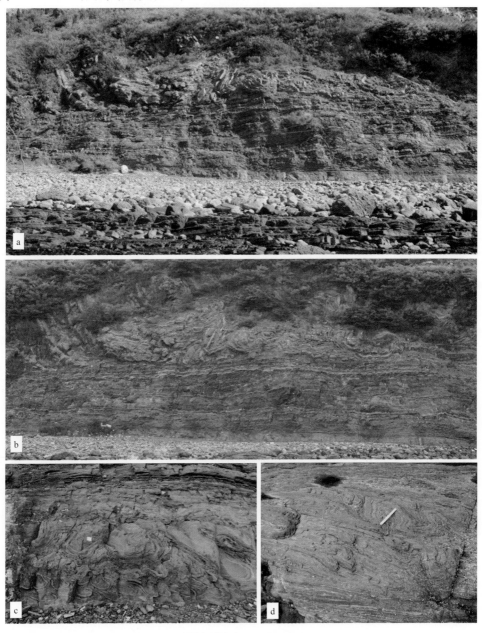

图 2-3　灯塔剖面综观
a. 灯塔剖面综观；b. 褶皱③；c. 褶皱②；d. 褶皱①

实测灯塔剖面厚度、沉积构造、岩性特征由上至下描述如下（图 2-4）：

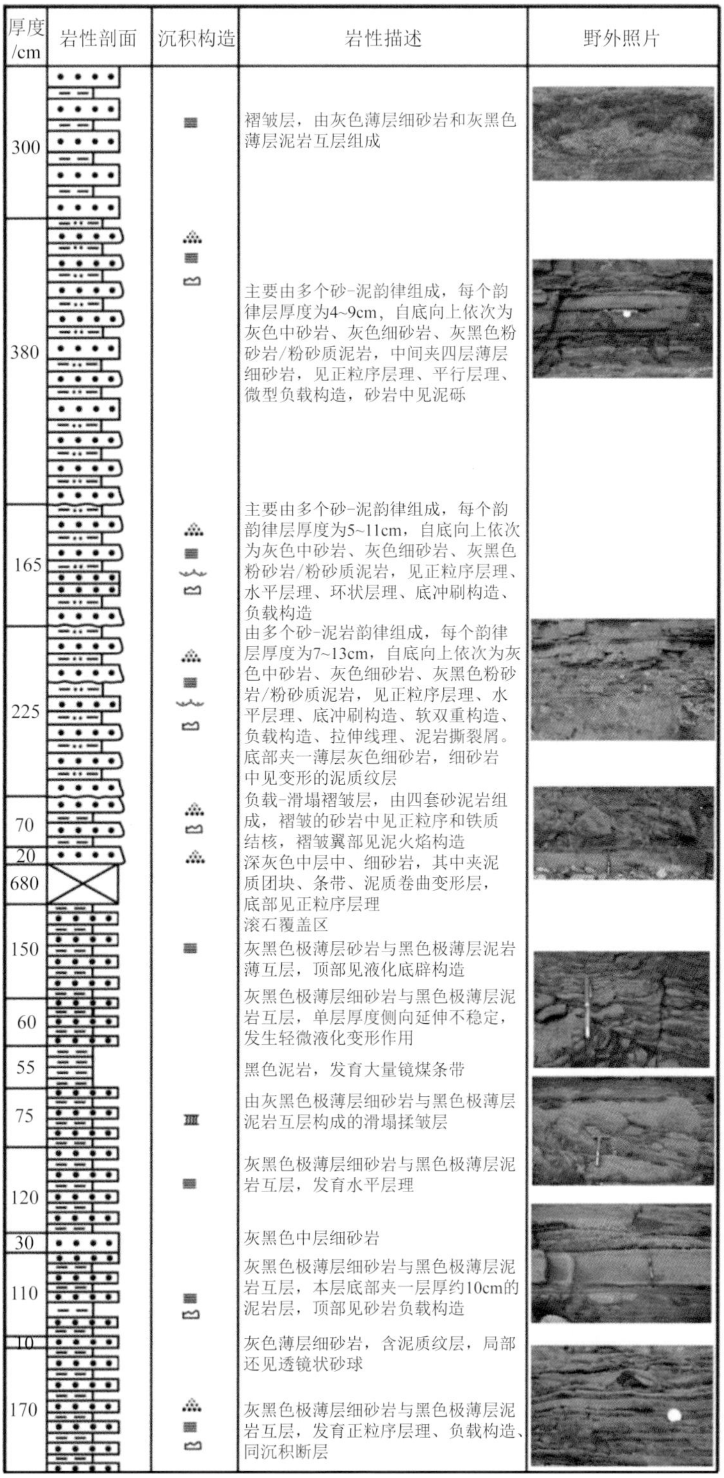

厚度/cm	岩性剖面	沉积构造	岩性描述	野外照片
300			褶皱层，由灰色薄层细砂岩和灰黑色薄层泥岩互层组成	
380			主要由多个砂-泥韵律组成，每个韵律层厚度为4~9cm，自底向上依次为灰色中砂岩、灰色细砂岩、灰黑色粉砂岩/粉砂质泥岩，中间夹四层薄层细砂岩，见正粒序层理、平行层理、微型负载构造，砂岩中见泥砾	
165			主要由多个砂-泥韵律组成，每个韵律层厚度为5~11cm，自底向上依次为灰色中砂岩、灰色细砂岩、灰黑色粉砂岩/粉砂质泥岩，见正粒序层理、水平层理、环状层理、底冲刷构造、负载构造	
225			由多个砂-泥岩韵律组成，每个韵律层厚度为7~13cm，自底向上依次为灰色中砂岩、灰色细砂岩、灰黑色粉砂岩/粉砂质泥岩，见正粒序层理、水平层理、底冲刷构造、软双重构造、负载构造、拉伸线理、泥岩撕裂屑。底部夹一薄层灰色细砂岩，细砂岩中见变形的泥质纹层	
70			负载-滑塌褶皱层，由四套砂岩泥岩组成，褶皱的砂岩中见正粒序和铁质结核，褶皱翼部见泥火焰构造	
20			深灰色中层-细砂岩，其中夹泥质团块、条带、泥质卷曲变形层，底部见正粒序层理	
680			滚石覆盖区	
150			灰黑色极薄层砂岩与黑色极薄层泥岩薄互层，顶部见液化底辟构造	
60			灰黑色极薄层细砂岩与黑色极薄层泥岩互层，单层厚度侧向延伸不稳定，发生轻微液化变形作用	
55			黑色泥岩，发育大量镜煤条带	
75			由灰黑色极薄层细砂岩与黑色极薄层泥岩互层构成的滑塌揉皱层	
120			灰黑色极薄层细砂岩与黑色极薄层泥岩互层，发育水平层理	
30			灰黑色中层细砂岩	
110			灰黑色极薄层细砂岩与黑色极薄层泥岩互层，本层底部夹一层约10cm的泥岩层，顶部见负载构造	
10			灰色薄层细砂岩，含泥质纹层，局部还见透镜状砂球	
170			灰黑色极薄层细砂岩与黑色极薄层泥岩互层，发育正粒序层理、负载构造、同沉积断层	

图 2-4　灯塔剖面实测地层柱状图

15. 褶皱层，由灰色薄层细砂岩和灰黑色薄层泥岩互层组成，上部被植被覆盖。左端，即 NW 端，发生褶皱，而地层的右端未滑动、未变形。褶皱轴面倒向 SE，而下部两层滑塌褶皱轴面倒向 NW 向，正好相反。该褶皱层出露厚度约 3m。

14. 主要由多个砂－泥韵律组成，每个韵律层厚度为 4 ～ 9cm，自底向上依次为灰色中砂岩、灰色细砂岩、灰黑色粉砂岩／粉砂质泥岩，中间夹四层厚 8 ～ 10cm 的薄层细砂岩（因后期风化呈黄色），见正粒序层理、平行层理、微型负载构造，砂岩中见泥砾。厚度为 3.8m。

13. 主要由多个砂－泥韵律组成，每个韵律层厚度为 5 ～ 11cm，自底向上依次为灰色中砂岩、灰色细砂岩、灰黑色粉砂岩／粉砂质泥岩，见正粒序层理、水平层理、环状层理、底冲刷构造、负载构造。厚度为 1.65m。

12. 主要由多个砂－泥韵律组成，每个韵律层厚度为 7 ～ 13cm，自底向上依次为灰色中砂岩、灰色细砂岩、灰黑色粉砂岩／粉砂质泥岩，以砂岩为主，见正粒序层理、水平层理、底冲刷构造、软双重构造、负载构造、拉伸线理、泥岩撕裂屑。底部夹一层厚约 10cm 的灰色细砂岩，细砂岩中见变形的泥质纹层。厚度为 2.25m。

11. 负载－滑塌褶皱层，由四套砂泥岩组成，每个组合都由上部的中砂岩和下部的泥岩组成。褶皱轴面走向基本一致，为 18° ～ 25°。褶皱的砂岩中见正粒序和铁质结核，褶皱翼部见泥火焰构造，火焰的尖端和滑塌褶皱都倒向 NW。厚度为 0.7m。

10. 深灰色中层中、细砂岩，其中夹泥质团块、条带、泥质卷曲变形层，底部见正粒序层理。厚度为 0.2m。

————滚石覆盖区 6.8m————

9. 灰黑色极薄层砂岩与黑色极薄层泥岩薄互层，顶部见液化底辟构造。厚度为 1.5m。

8. 灰黑色极薄层细砂岩与黑色极薄层泥岩互层，单层厚度侧向延伸不稳定，发生轻微液化变形作用。厚度为 0.6m。

7. 黑色泥岩，发育大量镜煤条带。厚度为 0.55m。

6. 由灰黑色极薄层细砂岩与黑色极薄层泥岩互层构成的滑塌揉皱层，褶皱枢纽的走向相近，多介于 5° ～ 10°。滑塌褶皱层的倾角较杂乱，但轴面倾向的优势方位为 SE。厚度为 0.75m。

5. 灰黑色极薄层细砂岩与黑色极薄层泥岩互层，发育水平层理。厚度为 1.2m。

4. 灰黑色中层细砂岩。厚度为 0.3m。

3. 灰黑色极薄层细砂岩与黑色极薄层泥岩互层，本层底部夹一层厚约 10cm 的泥岩层，泥岩层中发育网状裂缝，后被物质充填，呈凸起状，本层顶部见一厚约 10cm 的砂岩负载构造。厚度为 1.1m。

2. 灰色薄层细砂岩，含泥质纹层，局部还见透镜状砂球。厚度为 0.1m。

1. 灰黑色极薄层细砂岩与黑色极薄层泥岩互层，发育正粒序层理、负载构造、同沉积断层。厚度为 1.7m。

————底部未见底————

与钓鱼台剖面相比，灯塔剖面整体具有"层薄粒度细"的特点，主要由多个极薄层／薄层的细砂岩－粉砂岩／泥岩的沉积旋回组成，局部夹中／厚层细砂岩，剖面底部砂泥岩单层厚度较薄，顶部较厚。砂岩发育正粒序层理，以及重荷模、软双重构造、液化底辟、负载及火焰状构造、液化角砾岩、泄水构造、同沉积断层等沉积构造，泥岩中碳质丰富，见大量镜煤条带。在此剖面自下往上还发现三层各具特色的滑塌褶皱层（图 2-3），依次编号为①、②、③，下部两层发育的褶皱轴面走向 NNE，褶皱倒向 NW，表明了由 SE-NW 的滑塌方向，而顶部的滑塌褶皱，可能是因为受到前面障碍物阻挡或者某挤压作用，导致所指示的方向刚好相反。值得注意的是，在顶部的植被覆盖区局部出露的灰色砂泥岩薄互层中夹有几层粉砂岩，水平层理极为发育，表面有黄色薄膜，微微泛红（图 2-4），为硫化亚铁氧化的结果，推测这些粉砂岩夹层为较深水还原环境中的原地沉积物，硫化物含量丰富，而表面没有黄色薄膜层的灰色砂岩可能是较浅水富氧环境中形成的沉积物，不含大量硫化物，后期滑塌到较深水环境中堆积而成，因此，这套地层为原地沉积地层和异地搬运来的滑塌地层混合堆积而成。

2.3　千层崖剖面

千层崖剖面（图 2-5a）位于灵山岛南端（GPS：35°44.613N，120°09.607E），老虎嘴景点的下方，仅由垂直剖面构成，高度可达 25m。其北侧为一个挤压褶皱（图 2-5b），向另一侧逐渐变为平缓地层（图 2-5c），可能是后期构造反转期受挤压力作用形成。该剖面主要由灰色薄 - 中层砂岩与灰黑色薄层泥岩韵律性互层构成，地层在垂向和侧向分布均很稳定，且地层的单层厚度与灯塔剖面相比显著变厚，识别出了粒序层理、重荷模、沟模、槽模、液化角砾岩、负载 - 火焰状构造、水下非构造裂缝等沉积构造。此外，在该剖面局部层位粉砂岩中可见呈斑点状或条带状产出的硫化物（黄铁矿、闪锌矿），表明这些粉砂岩是缺氧还原、较深水环境中原地堆积的产物。

图 2-5　千层崖剖面

a. 千层崖剖面综观（涨潮时乘船拍摄）；b. 近 90° 直立陡崖状褶皱；c. 千层崖剖面局部放大图

2.4　船　厂　剖　面

　　船厂剖面位于灵山岛西北侧（GPS：35°45.819′N，120°09.408′E），长达 200 余米。由上部垂直剖面（图 2-6a）和下部近似水平海岸剖面（图 2-6b）（大潮时可完全被淹没）构成。下部水平剖面为一宽缓的构造褶皱。该剖面地层由灰色细砂岩与灰黑色泥岩韵律性互层构成，但是地层厚度不稳定、变化较大，砂岩层厚度可介于几毫米至 80mm，极薄层、薄层、中层、厚层砂岩皆可见到，中薄细砂岩以块状层理为主，粒序层理发育并不明显，砂岩中还见拉伸线理、沟模、槽模、荷重模、软布丁构造、负载－球枕构造、同沉积断层等，泥岩中见水平层理、网状收缩裂缝。

　　船厂剖面的典型特征是发育一层巨型滑塌褶皱和丰富的软沉积物变形构造。该巨型褶皱位于船厂剖面南端，几乎占据了整个垂直剖面，沿海岸线再追踪，发现这层滑塌褶皱在灵山岛 1/2 海岸线都有出露，这也是唯一一层可以全岛对比的滑塌构造。它与围岩特征基本一致，形态近乎平卧，滑塌体内层位连续性好，轴面清晰，轴面走向约 80°，内部伴生多种软沉积物变形构造。巨型滑塌褶皱下部还可见两层小的滑塌褶皱。

图 2-6　船厂剖面

a. 船厂剖面垂直剖面发育大型滑塌褶皱（涨潮时乘船拍摄）；b. 船厂剖面近水平剖面（退潮时拍摄）；
c. 巨型滑塌褶皱之下发育的滑塌褶皱

2.5　老虎嘴剖面

老虎嘴剖面位于灵山岛南端（GPS：35°44.596′N，120°09.802′E），是上部流纹岩与下部沉积岩的接触带，地层由下到上可大致分为四段（图 2-7）：

4. 上部白色流纹岩，与下伏沉积岩呈不整合接触，厚约 20m，是整个岛上流纹岩厚度最大的地方，流纹岩走向为 NNW 向，展布较广，西北处由于断层错开而变薄。流纹岩底面凹凸不平，见火山物质的流动遗迹（图 2-7b），距底面约半米的范围内见成层分布的气孔，越往上气孔越不发育。在此处取样对其进行锆石 U-Pb 测年。

3. 灰色细砂岩与灰黑色泥岩薄互层，出露厚度几米，发育层内褶皱、粒序断层和层内角砾岩，为重力流沉积的浊积岩，顶部发生角岩化。

2. 石英砂岩，略带绿色调，可能含海绿石，厚约 1m。

1. 灰色生物碎屑灰岩，厚约 1m。下部沉积岩层未连续测量，尤其是底部两层大部分被植被覆盖，仅在局部地区有所出露，有待进一步踏勘观察。

图 2-7　老虎嘴剖面

a.上部为灰白色流纹岩，下部为沉积岩；b.流纹岩底面的流动遗迹；c.流纹岩与沉积岩的接触界面，下伏沉积岩受烘烤
作用角岩化；d.石英砂岩；e.生物碎屑灰岩

2.6　洋礁洞剖面

洋礁洞剖面（图 2-8）地处灵山岛东南端（GPS：36°58.103′N，120°52.054′E），灰白色流纹岩之上，紫红色（安山质、安山玄武质）火山熔岩、火山碎屑岩之下，剖面厚 50 余米。地层特征与下部沉积岩地层相差很大，各种沉积构造现象明显（图 2-9、图 2-10）。洋礁洞剖面位于白色流纹质熔岩之上，在灵山岛重大火山喷发作用之后沉积形成。洋礁洞剖面与其下部的浊积岩相比，发生了明显的变化。洋礁洞剖面岩层中发育大量的生物遗迹（图 2-9a ～ f），在泥岩、粉砂岩、砂岩中都有分布，泥岩、粉砂岩中居多。生物遗迹内部充填砂岩，差异风化形成圆柱状砂岩柱。生物遗迹的顶面呈圆形，边界为褐色（图 2-9d）。泥岩、粉砂岩以薄层为主，发育水平层理和波状层理。

图 2-9e 和 f 中白色箭头所指为泥岩干裂缝。侧面呈上宽下窄的 V 形，高 3 ～ 5cm，沿地层近等距分布。这种泥岩裂缝的特征前人已有研究（周瑶琪等，2006；成玮等，2011；王安东等，2012），是在水位很浅时，泥岩地层反复出露于地表形成。水体变深时沉积一层砂岩，砂岩充填干裂缝，并保存下来。

厚层砂岩中沉积构造以大型板状交错层理为主。板状交错层理的倾向代表了水流方向，测得交错层理的产状：倾向 340°，倾角 35°，表明水流方向为 NW 向（图 2-9g）。这种大型板状交错层理主要在河道牵引流环境中形成。

洋礁洞沉积地层中频繁出现透镜状砾岩层，这些砾岩的磨圆度差，粒度多为 1 ～ 3cm，为决口扇沉积物（图 2-9h）。

洋礁洞剖面发育多层火山岩，顺层展布，有两层红褐色玄武质火山岩，10 余层绿色火山角砾岩（图 2-10），可见自白色流纹岩喷发形成后，灵山岛火山活动逐渐频繁。仔细观察还发现浊积岩中含大量火山碎屑物质，只是密度和含量明显小于洋礁洞剖面。

图 2-8　洋礁洞剖面
a.洋礁洞剖面远观；b.洋礁洞剖面近观；c.不整合接触面；d.火山灰流与玄武岩

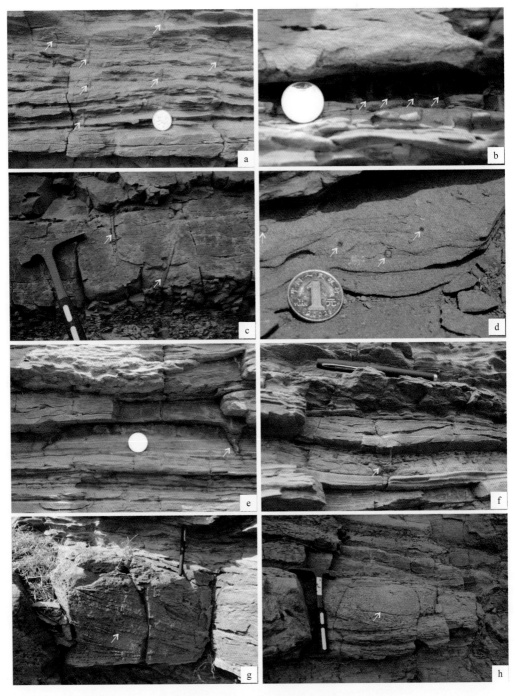

图 2-9　洋礁洞剖面沉积构造特征

a～d. 洋礁洞剖面含有大量生物遗迹；e 和 f. 发现 V 形干裂缝；g. 地层发育交错层理；h. 透镜状砾岩

　　由图 2-9 可见洋礁洞剖面发育分流河道、决口扇、天然堤、沼泽等环境沉积微相沉积物，水流总体呈变浅趋势；分析认为属于扇三角洲相环境。由于洋礁洞剖面位于白色流纹岩之上，因此属于该流纹岩喷发之后形成的沉积剖面。

图 2-10　洋礁洞剖面顺层发育的玄武质火山岩和火山角砾岩层

实测剖面描述如下：

------------火山碎屑岩、火山熔岩不整合覆盖------------

52. 植物覆盖。5 ～ 6m。

51. 灰色火山碎屑流沉积层，含大量炭屑。厚度为 1.7m。

50. 灰色薄层中砂岩与灰黑色薄层粉砂岩互层。顶部砂岩发育地裂缝，被上覆火山碎屑流沉积物充填。厚度约 2m。

49. 灰色火山碎屑流沉积层，夹有岩石团块、砾石、植物炭屑。砾石大多为 2 ～ 10mm 的细砾；岩石团块大多为椭圆形、方形，大小不一，从十几厘米到 1m。底部有 30cm 的灰色细砂岩。厚度约 7m。

48. 灰色火山碎屑流沉积层，含有大量砾石、炭屑，底部有厚约 5cm 的粗砂岩，局部将下伏岩砂岩层卷入其中。厚度为 1.2m。

47. 灰色薄层细砂岩夹细砾岩透镜体。厚度为 0.95m。

46. 灰色中层中砂岩，底部见冲刷面。厚度为 0.5m。

45. 灰色薄层细砂岩夹灰黑色薄层粉砂岩，底面见负载、火焰状构造。厚度为 0.70m。

44. 灰色中层中粗砂岩与深灰色粉砂岩薄互层。厚度为 0.4m。

43. 灰色中层含砾粗砂岩，侧向厚度不稳定。厚度为 0.3m。

42. 灰色薄层细砂岩。厚度为 0.5m。

41. 植物覆盖。厚度约 3m。

40. 灰色薄层细砂岩。厚度为 1m。

39. 灰色含细砾粗砂岩到黑色泥岩的正旋回。厚度为 0.45m。

38. 灰色薄层细砂岩与灰黑色薄层粉砂质泥岩互层，粉砂质泥岩碳质含量多，见软沉积物变形构造。

厚度为 0.9m。

37. 灰色火山碎屑流沉积，砾石次棱角状到次圆状，分选差，粒径以细砾为主，含少量粗砾。底部为 7 ～ 8cm 厚的灰色细砂岩，细砂岩底部见火焰状构造。厚度为 0.4m。

36. 下部为灰色细砂岩，上部为灰色细砾岩 – 粗砂 – 粉砂的正旋回。下部的细砂岩被上覆透镜状细砾岩冲刷切割，粗砂岩局部含有细砾。厚度为 1.1m。

35. 灰色火山碎屑流沉积，含砾石、炭屑。砾石为细砾，粒径多在 1cm 左右。底面具有底冲刷。厚度为 0.4m。

34. 灰色含砾粗砂岩 – 粗砂岩 – 细砂岩的正旋回，砂岩中见斜层理、碳质、树根、变形。厚度为 1m。

33. 灰色薄层细砂岩与灰黑色薄层粉砂岩 / 粉砂质泥岩互层。细砂岩中有生物潜穴、负载构造、变形构造。厚度为 2.5m。

32. 深灰色细砂岩，含大量炭屑。层面 X 剪解理走向 260°、305°。厚度为 0.35m。

31. 深灰色薄层粉砂岩。厚度为 0.4m。

30. 灰色火山碎屑流沉积，砾石为细砾，下部砾石粒径较大，上部粒径较小，该层底部见 5cm 厚的细砂岩。厚度为 0.6m。

29. 上部为黑色薄层泥岩。厚度为 0.35m。下部为灰色薄层细砂岩。植物覆盖，估计厚度为 0.3m。

28. 灰色厚层含中砾细砾岩层。厚度为 0.55m。

27. 灰色薄层中细砂岩与灰黑色薄层粉砂岩互层，底部见含砾粗砂岩的冲刷面。厚度为 1.6m。

26. 以灰色粗砂岩为主，发育水平层理、槽状层理，顶部为灰黑色薄层粉砂岩。厚度为 0.9m。

25. 灰色薄层细砂岩与黑色薄层泥岩互层。厚度为 0.8m。

24. 灰色火山碎屑流沉积，含灰白色角砾、大量炭屑。厚度为 1m。

23. 暗色玄武岩层，两期，顺层展布，与底部泥岩接触带附近发生烘烤变质。厚度为 1m。

22. 灰色薄层细砂岩，向上粒度变粗，为灰色中砂岩，再向上粒度变细为粉砂岩、泥岩。砂岩中发育平行层理、槽状层理，顶部与侵入岩接触，发生烘烤变质。厚度为 0.6m。

21. 灰色中层粗砂岩，透镜状，顶部有 4cm 厚泥岩。厚度为 0.3m。

20. 灰色薄层细砂岩与灰黑色薄层泥岩互层，底部见细砾岩透镜体、火焰构造。厚度为 0.6m。

19. 灰色薄层细砂岩，发育平行层理，夹两个粗砂岩透镜体。厚度为 0.85m。

18. 灰色薄层含细砾细粗岩与灰黑色薄层粉砂岩互层，厚度为 0.6m。

17. 上部为黑色薄层泥岩。厚度为 0.1m。底部为灰色薄层含砾砂岩。厚度为 0.5m。

16. 下部为灰色含砾砂岩，上部为灰黑色泥页岩。厚度为 0.7m。

15. 以灰色薄层细砂岩与灰黑色泥岩互层为主，夹砂砾岩透镜体。厚度为 1.2m。

14. 灰白色厚层砾石层，呈透镜状，砾石分选差磨圆差，以变质岩砾石为主。底部发育冲刷面。厚度为 0.5m。

13. 灰色薄层细砂岩，夹灰黑色薄层泥岩。厚度为 1m。

12. 灰色中层砂砾岩层。厚度为 0.2m。

11. 上部为灰色薄层含砾细砂岩，弱变形，底部有弱冲刷面。厚度为 0.5m。中部为灰色薄层含砾中砂岩，底部有弱冲刷。厚度为 0.2m。底部为灰色薄层细砂岩 – 灰黑色薄层泥岩，见平行层理。厚度为 0.25m。

10. 灰色火山碎屑流沉积层。厚度为 0.15m。

9. 灰黑色粉砂岩 – 灰色含中砾细砂岩，明显的反粒序，底面见火焰构造。厚度为 0.2m。

8. 灰色中层含砾粗砂岩 – 灰白色薄层细砂岩 – 灰黑色泥岩，显弱正粒序性，砂岩中见平行层理，局部有小型槽状交错层理。厚度为 1m。

7. 灰黑色泥岩。厚度为 0.3m。

6. 暗色玄武岩层，顺层展布，顶底有烘烤现象。厚度为 0.55m。

5. 灰色薄层细砂岩，夹两层透镜状含砾粗砂岩，见平行层理、小型板状交错层理。顶部有厚约

10cm 的灰黑色泥岩。厚度为 0.85m。

4. 灰白色含砾粗砂岩 - 灰白色细砂岩，正粒序明显，砾石平均粒径约 1cm，为花岗岩或者变质岩砾石。厚度为 0.6m。

3. 灰色薄层细砂岩与灰黑色泥页岩互层，见平行层理、软沉积物变形构造、虫孔、V 形裂缝、植物炭屑。厚度为 0.95m。

2. 灰色中层含细砾粗砂岩，呈透镜状产出，砾石主要为石英砾，粒径为 0.2～1cm。见板状交错层理。厚度为 0.35m。

1. 灰色薄层细砂岩夹灰黑色薄层泥岩，中部见厚约 10cm 的暗色中基性火山岩，侧向延伸不远便尖灭。厚度为 0.6m。

第 3 章

典型的软沉积物变形构造特征

在灵山岛早白垩世地层中识别出了大量的软沉积物变形构造，包括液化角砾岩、液化底辟、液化砂岩脉、粒序断层、软布丁构造、环形层、软双重构造、地裂缝、房顶砂、负载构造、球枕构造、水下非构造裂缝、滑塌褶皱等多种变形构造。描述了软沉积物变形构造的几何形态、分布规律，分析了它们的形成过程。

3.1 液化角砾岩

液化角砾岩、液化均一层及砂岩脉都是砂岩液化后侵入其他未液化层位时形成的，其形成机理相同，所以往往三者共生，层内可清晰识别出这三种类型的变形构造。千层崖中部、底部各发育连续的三层软沉积物变形层，每一层的上下层位都是未变形薄岩层，每层软沉积变形代表发生一次地震事件。泥质角砾岩颜色发暗，呈灰黑色，砂岩为灰白色，两者极易区分。泥质角砾岩棱角分明，带着毛刺，无分选性（几毫米至十几厘米），表现出未经搬运的特征（图 3-1），个别断面齐整的相临角砾岩顺层可以拼接，呈顺层或排骨式排列。镜下观察，砂岩粒度集中在 $0.05 \sim 0.1$mm（图 3-1d），非常适合液化，泥质角砾很好地保存了原始地层的纹层（图 3-1c 和 e）。地震促使未固结砂层液化后，液化砂浆多方向侵位于其他岩层，流动侵位过程中冲断、撕裂薄层泥岩或砂岩条带，从而形成液化角砾岩。

图 3-1b 变形层顶部有一薄层砂岩，分选好，层面平滑，内部无牵引流沉积构造，符合液化均一层特征（乔秀夫、郭宪璞，2011）。砂岩脉非常常见，是指液化砂岩挤入其他层位或充填裂缝形成脉状构造。液化砂岩多方位的侵入造成此处砂岩脉有水平状、倾斜状和直立状，规模从几厘米至十几厘米不等。老虎嘴剖面拐角处的最下方出露一层非常好的层内液化角砾岩（图 3-2a），深灰色中细砂岩，风化后呈现黄色。层内泥质角砾岩呈尖棱角状，外形扁平，长度平均为 5cm，长轴平行于地层，顺层追踪可见到完整的未破裂母岩层。地震时，岩层首先液化，砂液化切穿相间泥质层，进一步受到地震扰动形成准原地液化角砾岩。

灯塔剖面垂向段最下面一层灰黑色中细砂岩，约 20cm 厚，底部见正粒序。地层产状为倾向 60°，倾角 40°。层内夹黑色泥质角砾，呈团块状、条带状、棱角状，无磨圆，周边带有毛刺，部分原始泥岩卷曲变形（图 3-2b）。

图 3-1　千层崖液化角砾岩

a. 连续的三层液化角砾岩，每层之间由未变形层分割，每层对应一次地震；b. 暗色物质为泥质角砾石或泥质条带，比例尺长 15cm，暗色泥质角砾岩无分选，规模由几毫米至十几厘米，顶部为 1cm 厚分选极好的灰白色液化均一层；c. 薄片中可见泥质角砾岩；d. 砂岩镜下特征；e. 泥质角砾镜下特征

图 3-2　老虎嘴剖面与灯塔剖面的液化角砾岩
a. 老虎嘴剖面；b. 灯塔剖面

3.2　液 化 底 辟

液化底辟（liquefied diapir）是指液化沉积物向上穿刺围岩的一种变形构造。按穿刺程度不同，底辟可分为未穿透上覆岩层和穿透上覆岩层两种情况，底辟形态是指在剖面表现的几何形态（乔秀夫等，2012）。

在多层位识别不同规模的液化底辟构造中，灯塔剖面水平段顶部液化底辟构造最为典型。液化底辟层分为下部砂岩、上部泥页岩，下部砂岩液化向上挤入塑性泥岩中。底辟构造底面平直，呈锥形、蘑菇形向上凸起，不是孤立出现，侧向沿地层发现多个不同类型底辟（图 3-3a）。图 3-3b 底辟层高度约 10cm，规模虽然较小，但是液化和向上侵位现象非常明显。液化底辟变形层共计 7 层，由薄层砂岩与薄层或极薄层的黑色粉砂岩、泥页岩互层组成，原始地层厚 12 ～ 13cm，在液化流动与触变流动作用下，液化砂岩层在液化底辟部位增厚。

塑性泥岩受到砂岩上拱的挤压力，引起触变，形成明显的弯曲变形。砂岩液化前，颗粒支撑上覆压力，地震引起液化后，上覆压力转到孔隙流体上。此时液化流体产生异常压力，液体具有不可压缩性特征，所以会向周围产生挤压力，当向上挤压流动时形成底辟构造（图 3-3c）。锥形底辟构造在多个动力砂层共同作用下形成，与一般单一砂层的液化流动底辟不同，砂层较薄，虽有大的能量，但液化砂仍未能穿越上覆的岩层。镜下依然可以非常清晰地观察到砂岩液化上涌现象，红色箭头指示砂岩运动方向（图 3-3d 和 e），颗粒直径集中在 0.03 ～ 0.1mm，是最有利发生液化现象的粒径。

图 3-3 液化底辟构造

a. 侧向连续的液化底辟；b. 锥形液化底辟构造，比例尺长 15cm；c. 液化底辟形成示意图；d、e. 液化底辟镜下特征

3.3 液化砂岩脉

　　地震诱发地面运动产生的震动效果是液化砂岩脉的唯一合理解释（Maltman，1994），液化砂岩脉成因研究较多（乔秀夫、李海兵，2009；乔秀夫、郭宪璞，2011），可以确定其是地震触发形成。图 3-4 位于千层崖剖面中部，由下部厚层砂岩与上部厚层泥岩构成。地震时下伏砂岩液化，侵位于上覆塑性泥岩。垂直方向下伏砂岩液化，向上方泥岩呈细脉状侵位，最后穿透至上覆泥岩顶面完成泄水，在泥岩中形成立体网状的砂岩脉。垂向泄水砂岩脉中间的泥岩两端向上翘起，总体呈对称形。泄水构造由垂向裂缝和顺层裂缝组成，在厚层泥岩中可以发育多组顺层裂缝，总体呈网状结构。在千层崖底部岸边发育的多层碟状构造中，1 ～ 10mm 宽的砂岩脉侵位于厚层泥岩中，垂向和

水平交汇处的砂岩脉最厚，中间变细。泥岩被砂岩脉分割成约 10cm 宽，2 ～ 5cm 厚的完全分离的扁平状块体，泥岩块体四个角圆润，下侧两角微向上翘，是砂岩脉侵位时水塑造成的。

还有一类肠状、飘带状砂岩脉，液化砂岩异常高压，向上或向下侵位过程中形成的脉体，具有主动成因，与先收缩后填充完全不同。液化砂岩脉起始于层内，可以向上、向下、垂直及倾斜侵位，液化砂岩异常高压的特性，也可以使其侵位并终止于邻层。

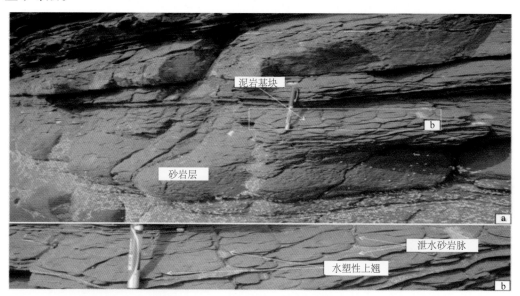

图 3-4　液化砂岩脉（b 为 a 的局部放大）

3.4　粒序断层

Seilacher（1969）在研究美国蒙特雷页岩时，首次将层内的粒序断层（fault-graded）解释为强地震作用下的软沉积物变形响应，并称为震积岩（seismites）。震积岩一词的提出具有将古地震和软沉积物变形构造有机联系的里程碑意义。灵山岛剖面发育丰富的粒序断层，是曾经发生强古地震的有利证据。

3.4.1　船厂剖面粒序断层

粒序断层发育限定在一个岩层内部，是层内断层的一种。浊积岩沉积初期，颗粒杂乱堆积，粒序为点状接触，含有大量水和孔隙。地震震动促使砂岩液化加速沉积物脱水，粒序由点接触变为面接触，体积收缩，产生差异性下沉形成微断层（图 3-5）。下伏泥岩触变流动，体积不均匀变化，弱固结砂岩受力不均，也可以形成被动张裂缝。

塑性粒序断层断面通常是弯曲的，下部凹面向上，形成的驱动力是液化后自身的重力（图 3-6）。

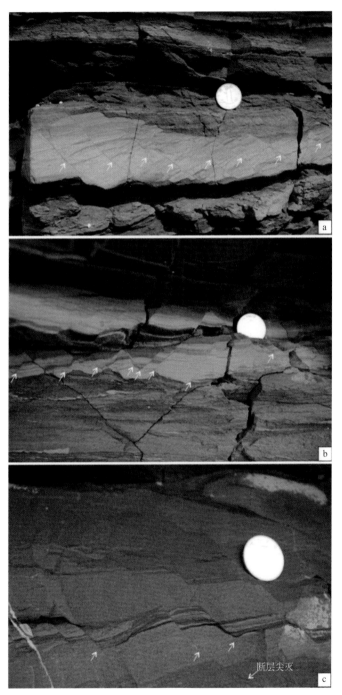

图 3-5　船厂剖面粒序断层

a、c. 向 SE 向滑动的粒序断层；b. 地堑地垒形粒序断层

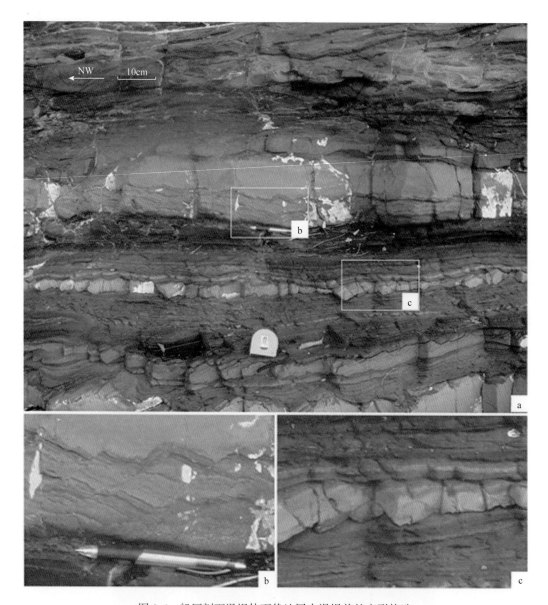

图 3-6　船厂剖面滑塌体下伏地层中滑塌前的变形构造

a.滑塌褶皱下部地层，发育阶梯断层，断层上下层位平直未变形；b.重力作用形成的阶梯断层，断面呈凹形弯曲状，笔长15cm；c.应力作用形成的布丁构造，脆性张裂，断面平直

3.4.2　老虎嘴剖面粒序断层

老虎嘴剖面上覆巨厚的白色流纹质熔岩，是整个岛上最厚的地方，厚约15m，向岛其他方向延伸减薄。老虎嘴剖面沉积岩厚度在2m左右，已识别出4层变形构造（图3-7）。

这些变形主要是地震触发形成的层内变形，包括层内褶皱（震褶岩）、层内错动（阶梯断层）和层内液化角砾岩（震裂岩）。

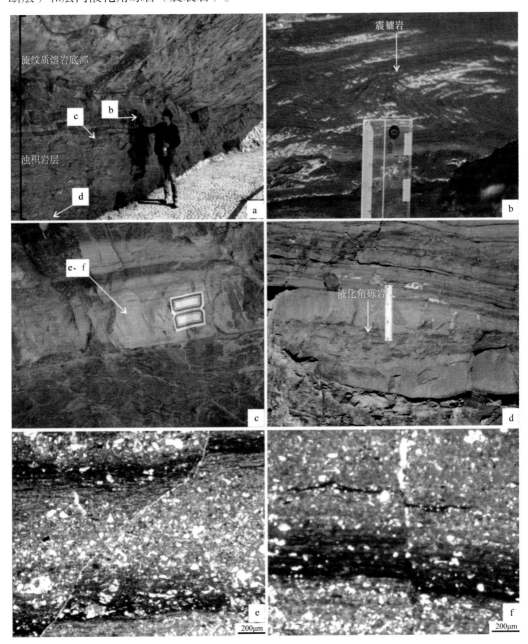

图 3-7　老虎嘴剖面变形构造

a. 上部为熔岩底面，具有流动构造，下部约 2m 厚浊积岩；b. 层内震褶岩；c. 层内阶梯微断层；d. 液化角砾岩，角砾岩次棱角状，无磨圆；e、f. 镜下观察到的阶梯微断层，暗色泥质纹层厚度小于 0.2mm，微断层断距平均小于 0.3mm，微断层可以连续切穿几个纹层

流纹质熔岩下方紧邻两个层内褶皱变形层（图 3-7b），每层厚约 10cm，变形仅限于层内，褶皱轴面杂乱无序，上下层位平直未变形，符合前人所定义的震褶岩特征（Seilacher，1984；冯先岳，1989；乔秀夫等，1994）。乔秀夫等（1994）提出这是因地震时岩层液化，发生层内流动或滑动造成的。

震褶岩下方有几层毫米级纹层组成的细砂岩（图 3-7c）。通过镜下观测（图 3-7e 和 f），砂岩单层厚度小于 1mm，泥质纹层仅仅 0.2mm，颗粒直径为 0.02～0.1mm，平均为 0.035mm，颗粒大小利于液化。图 3-7c 上下层为未变形层，层内发育微阶梯断层，而且由一系列的正断层组合，断层不延伸到邻层。镜下也可以清楚看到纹层发生了微错断，图 3-7e 中显示一条微断层可以切割几条纹层，断距 0.2mm，图 3-7f 显示了一条微断层逐渐尖灭消失。Fairchild 等（1997）认为泥质层比砂岩层抗剪切力强，在地震波的加速力作用下，砂泥岩层之间产生层内错位。

可见在火山喷发以前，已经有至少四次小地震发生。在形成滑塌层强地震之后古地震活动依然非常活跃，多次小级别古地震之后，又爆发一次强地震，引发火山喷发，形成巨厚白色流纹质熔岩层。

3.5　软布丁构造

固结较好的砂岩受到剪应力或者拉应力作用时被拉伸，以致拉断，上盘相对向下滑动，或者发生水平位移，形成布丁构造或石香肠构造。灵山岛的布丁构造尺度范围广，形态种类多，主要发育在砂岩中，其仅仅局限于单一地层，不延伸至邻层（图 3-6c）。布丁构造断面倾角变化大，平均为 45°～70°，个别高角度或近似垂直于地层；断距小于 3cm，甚至无断距，断层内无充填或充填同时期沉积物，表现出大致相互平行的正断层性质。应力形成的布丁构造断面相对平直，形成的驱动力主要是上覆地层形成的横向剪切力分量，以张裂为主，变形性质属脆性变形。绝大多数多米诺布丁构造倒向方向与剪切力方向一致，布丁块体（石香肠构造）之间倾斜的微型小断层的倾向代表其滑塌源头方向，而倒向斜坡的下方方向（Ben and Cess，2003）。测量布丁构造断层朝 NW 方向倒，向 SE 方向倾，说明古斜坡 SE 高，NW 低。粒序断层与布丁构造形成原理和驱动力不同，导致两种构造形成相反的倾向。

船厂剖面薄层砂岩中的软布丁构造，以菱形块体为主，相对水平位移远的被拉断（图 3-8a）。镜下薄片中毫米级甚至微米级的清晰可见（图 3-8b）。图 3-8b 中 2.5cm 厚的薄片中就有四层软布丁构造，最薄的一层厚度达到微米级，图中标出的布丁块体已经错开的距离超过砂岩本身的厚度，但是中间有细长的喉道连接，未完全断开，表明当时发生了液化。图 3-8c 和 d 为镜下特征。

图 3-8　船厂剖面薄层砂岩中的软布丁构造

a.多层小规模软布丁构造；b.薄片下观察到多层微布丁构造；c.布丁构造镜下特征；d.基质镜下特征

3.6 环形层

环形层（loop bedding）是一组薄纹层组成的环形构造，Rodriguez-Pascua 等（2000）、袁静等（2006）认为是深水相或者静水相弱地震摇晃形成的（乔秀夫等，2012）。首先拉张应力拉断、撕破原始的薄纹层，垂向上又受到剪切应力，把纹层分割分离，上下层位岩层相互连接而形成。灵山岛灯塔剖面有几层非常薄的纹层形成的环状层。如图 3-9 所示，中间为小于 1cm 厚的中砂岩，上下层为毫米级纹层。在拉张应力下，砂岩层被拉断，上下纹层相对运动，形成环状层。

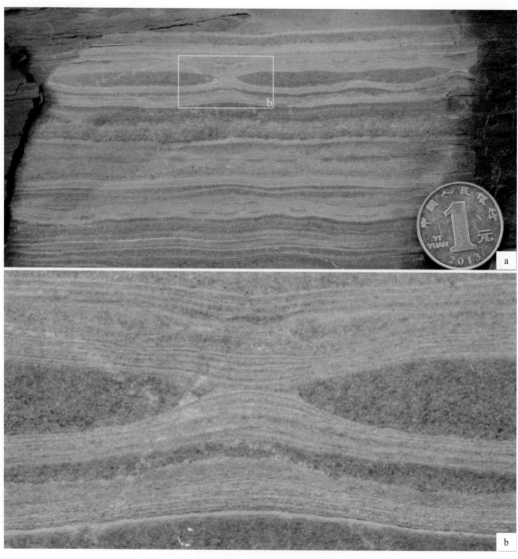

图 3-9 灯塔剖面环形层

a. 环形层；b. a 中环形层局部放大

3.7　软双重构造

双重构造（duplex）又称双重逆冲构造（duplex thrust），常见于大型逆冲断裂带，汶川地震就是由逆冲断裂造成的。灵山岛的双重构造都是非常微小的，属于未固结岩层形成的变形构造，因此称为软双重构造（soft duplex）。如图 3-10 所示的灯塔剖面厚度小于 1cm 的纹层组软双重构造，虽然规模小，但是动力学和形态特征与逆冲造山带的完全相同。

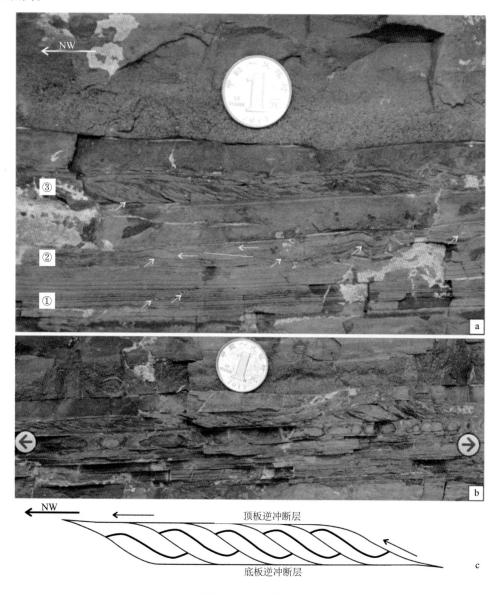

图 3-10　双重构造

a、b. 软双重构造，①软双重构造刚刚开始阶段，②变形继续增强阶段，③完全形成阶段；c. 软双重构造形成模式

　　图 3-10 中分为三组纹层，都受同一事件影响，由下到上变形逐渐增强：①白色箭头所指处刚刚发生逆冲，是双重构造初始阶段；②逆冲变形增强，局部形成逆冲断层，部分层段开始初具双重构造的形态；③完全变形，形成典型的双重构造。这一层双重构造的厚度仅仅不到 1cm，但是侧向追踪，发现连续性非常好、非常稳定，70m 的剖面都发育。

　　完整的双重构造层由三部分组成：顶板逆冲断层、底板逆冲断层、夹在中间的次级叠瓦状逆冲断层和断片，三个要素组成逆冲断层系统。图 3-10b 中可见顶板断层与底板断层在某处汇合形成封闭系统。图 3-10c 是双重构造形成示意简图，描述了受力的方向。这一层微型双重构造，推测是古斜坡上的纹层受到上覆岩层沿斜坡的横向剪切力而形成的，受力的方向表明古斜坡方向 SE 高，NW 低。

3.8　地　裂　缝

　　洋礁洞剖面上段为一层 1m 厚的灰绿色火山碎屑岩，下伏砂岩层。砂岩层发育多个 V 形地裂缝（图 3-11），里面充填上覆火山碎屑岩。这种形态与负载构造相似，但是成因截然不同。地震发生时，强烈的拉张应力导致砂岩层形成一系列的地裂缝，上覆岩层的围岩由后期充填形成。内部碎屑的颗粒为下细上粗型，这个现象表明地震的震动使得砾岩或者粗砂岩发生筛积作用，细粒物质向下走，粗粒物质留在上部，形成反粒序的充填。地裂缝被认为是古地震记录的直接证据。

图 3-11　地裂缝

3.9　房　顶　砂

穿越洋礁洞后，在去洋礁洞剖面的路中段，发现一层房顶砂（图 3-12）。这层房顶砂之上 2m 处就是灵山岛顶部的巨厚安山质火山碎屑岩，对应洋礁洞剖面的上段。房顶砂的下伏岩层未变形，两者接触面平直；上覆岩层受房顶砂的变形牵引作用影响，发生塑性变形，接触面弯曲。房顶砂的总体形态为底平顶凸的形状，两侧减薄甚至尖灭。在房顶砂内部可以清晰地观察到泄水通道，表明此层砂岩在未固结时，包含水。地震时，砂岩液化，沿泄水通道排水。排水过程中，两侧的砂岩被带到中间，导致中间变厚，两侧减薄。

图 3-12　屋顶砂特征及形成示意图

a.洋礁洞顶部的一层房顶砂，几何形态上底平顶凸，两侧减薄；b.局部放大，房顶砂内部泄水通道清晰可见；c.房顶砂形成过程，分为三个阶段：①未变形阶段，分为下部已固结层和上部未固结岩层，②变形阶段，砂岩层液化泄水，中部变厚，两侧减薄，上覆泥岩层受砂岩泄水而牵引变形，③后期沉积层覆盖在房顶砂层之上

3.10 负载构造、球枕构造

负载构造（load structure）和球枕构造（ball and pillow structure）是重力移动变形的结果，是灵山岛非常重要的一类变形构造。负载构造伴生挤入构造（diapir structure），挤入构造中主要是火焰构造（flame structure）。负载构造与球枕构造形成的必要条件是存在地层反密度梯度（乔秀夫、李海兵，2008；Vanloon，2009），即上覆粗粒砂岩和下伏细粒砂岩或泥岩的组合。只有这样，上覆密度大的单元才能够在重力作用下侵入下伏岩层单元。必须强调的是，粗粒度与细粒度是相对的概念，如细砂相对泥岩是粗粒，粗砂相对砾石是细粒。反密度梯度的两个单元都在未成岩固结时，两个单元组成了一个极不稳定的重力驱动系统，一旦有地震发生，振动力和剪切力打破这种平衡，粗粒岩陷落下沉至细粒岩层，这个过程粗粒砂岩和细粒岩都有不同程度的液化，一般认为纯泥岩不发生液化，但未固结泥岩具有很好的触变流动性。地层中的负载构造和球枕构造记录了一次 $M_s > 5$ 的古地震事件（乔秀夫、李海兵，2008）。

3.10.1 负载构造

Kuenen（1953）首次将沉积岩粒序层中的构造称为负载构造。负载构造外部形态多种多样，类型较多，已有的名称包括流动底模（flow cast）、负载囊（load-pocket）、负荷模（load cast）、滴落构造（drop structure）、下陷构造（sag structure）、滑陷球（slump ball）、砂岩球（sand stone ball）、流卷构造（flow roll）、假结核（pseudonodule）或者球枕构造（ball and pillow structure）等（Owen，2011），为了避免歧义，本书统称为负载构造，但是根据具体特征，分别讨论。

负载构造是上覆粗粒层沉入下伏细粒层的变形构造。当两个岩层都发育纹层或层理时，可见负载体内部纹层随着岩层的下坠形成弯曲的向形，下伏细岩层受挤压，导致负载体下坠处纹层变得致密，而两侧形成向上弯曲的平行负载体，最终也表现为向形。下伏地层被下陷的地层挤压，在两个负载构造中间向上侵位，形成伴生的挤入构造。挤入构造形态取决于负载构造的形态和密度，最常见的为火焰构造，还有尖点、X 形、宽缓背斜形。负载构造在灵山岛的各个野外剖面及胶莱盆地岩心中都有发现，具有多尺度、多种形态、多种组合的特点。

多尺度：最小的负载构造宽度小于 1cm，大的达到米级，厚度为 1 ～ 30cm。

多种形态：具有对称形的下"凹"形、两侧不对称形和细长的液化滴状。

多种组合：上砂下泥、上砾下砂、上粗砂下细砂等组合。

1. 小型负载构造

灵山岛灯塔剖面可以识别出多层厘米级的不对称负载构造，多个薄层不对称负载构造倾向相同，火焰构造尖端指向一致，分析认为它们在重力作用下形成负载构造后，受到 SE-NW 向横向剪切力作用，最终形成不对称形态。利用不对称负载构造的倾向和火焰构造的指向，可以证明存在区域古斜坡，并且 SE 高，NW 低。

灵山岛灯塔剖面垂直段，有一层约 1cm 宽的负载构造，这层负载构造上部为砂岩，下部为粉砂质泥岩。负载构造顺层发育，规模虽然很小，但是侧向分布非常稳定，沿地层追踪观察，整个 70m 长地层稳定展布，每个负载构造的大小规模基本相同，负载构造的宽厚比略大于 1。负载层顶面平直，上下层位都是未变形层，与负载构造层平行接触。负载构造呈不对称式，下部的 NW 侧角度大，SE 侧角度小，与负载构造伴生的火焰构造尖端一致指向 NW。

图 3-13 的负载构造厚度占到整个砂岩层的 80%，表面岩层虽然很薄，只有 1cm 左右，但地震时依然极大程度地发生了变形，原始层大部分下陷到下方泥岩中。然后，沿斜坡存在横向剪切力的分量，在这个力的作用下形成小型不对称负载构造。这个级别的负载构造与荷重模等底面构造很难区分。而这一层若是重荷模、沟模、槽模，不会产生这种不对称性和一致的火焰构造。根据这个负载构造的不对称性和火焰构造的指向单一性以及侧向相同规模的连续发育特性综合分析，认为肯定是负载构造，但要确定是快速堆积导致的不稳定的反密度梯度与水流牵引形成的不对称负载，还是地震触发的，比较困难。

灯塔剖面垂直段还有一层厚约 2cm、宽约 5cm 的不对称负载构造。负载构造是由上覆砂岩侵入下伏灰黑色泥岩中形成的，整体上倒向 NW，伴生的火焰构造尖端指向 NW，与图 3-13 所示的负载构造变形层相同。侧向分布稳定，规模大小基本相同。这一层变形构造呈现扁平状，宽厚比为 2～3。这一负载构造层顶面也是平直的，上下层位皆未变形，并且它们之间呈平行接触。

Moretti 和 Sabato（2007）认为负载构造宽度大于 1cm 时地震成因概率最大。图 3-14 中负载构造占砂岩层厚度的 40% 左右，砂层厚度远远大于泥岩厚度。负载构造宽度集中在 5cm，具有不对称性，与火焰构造具有一致指向，这种情况可以断定是地震形成的负载构造。

Morreti 等（2001）利用露头和实验讨论了浊积岩中的不对称枕状构造，提出成因主要依靠两大驱动力（垂向不稳定的反密度梯度和横向剪切力），并认为区域性斜坡产生的横向剪切力是造成不对称负载体和火焰构造向某一方向倾斜排列的最合理解释（Owen，1996，2003；Suter *et al.*，2011）。因此，利用这两层的不对称负载构造或火焰构造，可以判断当时灯塔剖面沉积时存在 SE 高，NW 低的古斜坡。

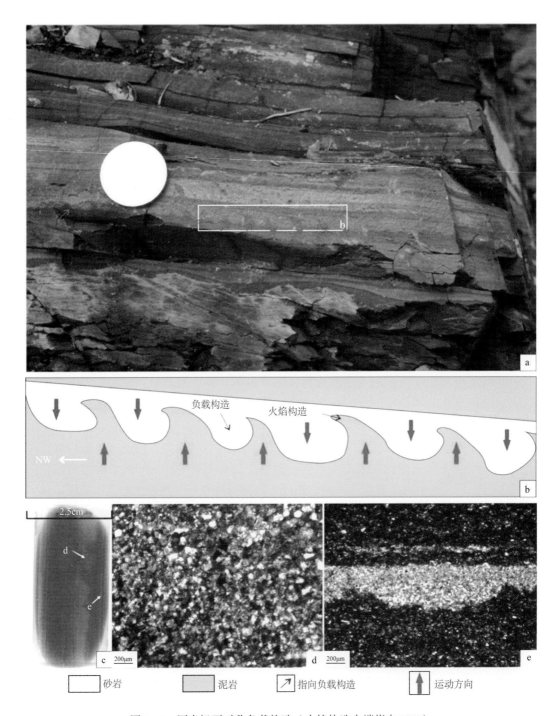

图 3-13　厘米级不对称负载构造（火焰构造尖端指向 NW）

a. 厘米级负载构造层，火焰构造一致指向 NW；b. 负载构造素描图，红色箭头指示沉积物活动方向；c. 薄片中负载构造、
火焰构造清晰可见；d. 负载构造镜下特征，砂岩粒度为 0.01～0.1mm；e. 负载构造下伏泥岩，中间夹有纹层砂岩条带

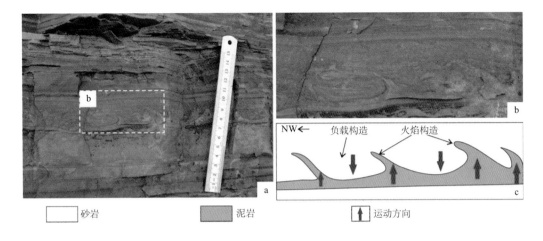

砂岩 　　　泥岩 　　　运动方向

图 3-14 不对称负载构造及火焰构造

a.薄层负载构造，上下层均为未变形层；b.负载构造局部放大；c.负载构造素描图（注意火焰构造的方向）

个别负载构造的底部砂岩球已经脱离负载构造，下陷到泥岩中，形成球枕构造（图 3-15c）。图 3-15a 为几个负载构造一起脱离母岩层，形成这一层中相对较大的球枕构造，球枕构造脱离之后，原来部位的负载构造现象变得不明显。黑色泥岩中可见许多灰白色的小砂球，分析认为它们不是原始沉积的，而是负载构造继续下陷，下部脱离母岩层形成的球枕构造。这层变形构造是研究负载构造向球枕构造转换的一个较好的实例。

这层负载构造外形奇特，加上众多的球枕构造，认为古地震发生时，砂岩下部发生了强液化，向下伏泥岩下陷侵位。下伏泥岩通常认为不发生液化，而具有触变流动性。这种强液化向下伏岩层侵位的负载构造只有地震触发条件下才能形成。

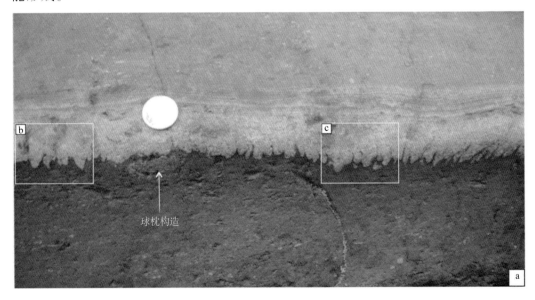

球枕构造

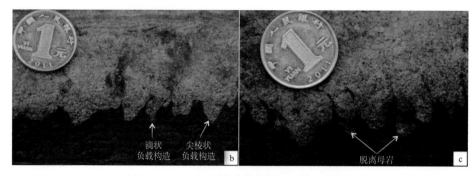

图 3-15　1cm 级别滴状负载构造和挤入构造

a. 小尺寸液化负载构造，几个负载构造一起脱离母岩层形成球枕构造；b. 尖棱状负载构造和滴状负载构造；
c. 部分负载构造的下部脱离形成球枕构造

2. 大型负载构造

1）千层崖剖面大型负载构造

千层崖剖面下部观察到三组厚负载构造层，平行接触，上下两层为砂岩与薄纹层状泥页岩组合，中间一层是砂岩与块状泥岩组合（图 3-16a）。最上面一层变形最强，砂岩层与泥页岩层总厚度为 30cm，砂岩比泥页岩要薄。上覆砂岩下陷至泥页岩时，中间下凹变厚，两侧拉伸减薄，通过很薄的砂岩层连接。多处负载构造之间完全拉断分离，形成独立的负载构造（图 3-16b）。最上层的负载构造下陷时，下伏泥页岩纹层随之变形。纹层平行负载构造的下凹面变形，下凹面的最低点变形最大，纹层被紧密压缩。两个负载构造之间距离较大，纹层受挤压力向上形成挤入构造，此处的纹层变得稀疏。总体来说，下伏泥页岩形成宽缓的向形和背形（图 3-15、图 3-16b）。

····· 砂岩　　　- - - 泥页岩　　　　泥岩

图 3-16　千层崖下部厚层负载构造

a. 灵山岛千层崖剖面下部厚层负载构造，侧向分布稳定；b. 负载构造上覆地层平直未变形，地质锤处负载构造与左边负载构造通过薄的砂岩层连接，与右边负载构造完全断开；c. 负载构造素描图，负载构造最凹点泥页岩压实密集，两侧稀疏

中间一层砂岩厚度远大于其下伏泥岩层，形成的负载构造宽缓且紧密排列。受砂岩层下陷挤压，泥岩不规则向上侵位，个别位置泥岩向上挤入并穿透砂岩层（图 3-16b 和 c）。图 3-16c 中的细粒岩层向上流动，环绕包住整个大的负载构造。最下层砂岩与其下伏泥页岩不平整接触，负载构造不明显。

这三组岩层中的负载构造侧向展布非常稳定，整个剖面都可见，同一层之间的规模和形状基本一致。负载构造的顶面平直，两层之间接触面基本平行，与其接触的泥页岩底部纹层平行，无变形现象，说明每一层的负载构造变形都是独立的，每一层对应一期地震事件。

2）洋礁洞负载构造

洋礁洞剖面地层的沉积环境发生了明显变化，分布着多套砾石岩层，形成的负载构造以上覆砾岩、下伏砂岩组合为主，所以单独列出讨论。

图 3-17a 原始地层为反粒序含砂砾岩层，下部为含砂细砾岩，上部为含砂中细砾岩，下伏 3cm 粉砂岩。高密度碎屑流的容重比较大时，粗颗粒砾石带动细颗粒砾石或者砂岩向前移动，细颗粒起到润滑作用，促使粗颗粒前移。随着细颗粒减少，慢慢开始沉积，形成特殊的上粗下细的反粒序沉积（舒安平等，2012）。地震发生时，在振动力和重力的共同作用下，发生振动筛分选沉积作用，即筛积作用，含砂质砾岩继续粒序重排。细颗粒在粗颗粒之间的孔隙中向下流动，且下沉更快，进一步在负载构造变形过程中筛选分异，形成反粒序的负载构造。在地震震动作用下，细粒易从粗粒的格架中向下渗漏，但不会混杂，形成分层结构。砾岩的密度虽然很大，但是粗颗粒致使其不容易液化，因此形成的砾岩负载构造要比砂岩的少见。砾岩层刚刚沉积，饱含水时发生强地震是形成砾岩负载构造的必要因素。这里的砾岩负载构造中饱含砂岩，是发生液化的有利因素。

图 3-17　洋礁洞剖面负载构造
a. 砾岩层负载构造；b. 紧密的负载构造与尖峰状火焰构造

图 3-17b 为洋礁洞剖面下部的一层负载构造。这一层负载构造上覆高密度砂岩，下伏粉砂质低密度岩层。负载构造厚度约 10cm，负载构造之间非常紧密，形成的挤入构造小于 0.5cm，呈细长的尖峰状。这种类型的负载构造与挤入构造在灵山岛比较少见。

Lowe（1975）认为液化作用和流化作用可以使已固结的沉积岩形成变形构造。液化作用是形成负载构造的主要机理，流化作用的贡献没有明显的地质记录，但是识别流化作用是一个重要的过程（Allen，1982；Owen，2003；Maltman and Bolton，2003）。Owen（1996）利用地震实验模拟，强调了液化作用和流化作用作为负载构造和火焰构造形成机制的重要性。

利用软沉积物变形构造的形态标准判断液化作用相对于流化作用更为重要的结论被多次讨论：挤入构造中缺乏原始的沉积构造，并且相应的地层被认为是流化作用扰动的标志（Lowe，1975）。垂向上，挤入构造和负载构造接触面的弯曲接触面，结合上下未变形层分析，认为下部的泥岩、泥页岩发生了流化作用。相同类型的软沉积物变形构造在截然不同的层中重复出现，表明液化作用和流化作用一直是负载构造和挤入构造的主要变形机制。Vanneste 等（1999）提出突然向上的流体压力形成的火焰构造是地震触发的有利证据。

3.10.2 球枕构造

Smith（1916）提出的球枕构造是一个描述性名词，在沉积学中具有悠久的历史。负载构造在地层中的地质记录在软沉积物变形构造中尤其丰富，是粗颗粒侵入到下伏弱的、细粒、富含泥质的沉积物中形成的。变形程度被两个因素控制，即两个相邻层的密度差异和下伏地层的软弱程度。负载砂体脱离砂岩层继续向泥岩中下陷，形成球枕构造（假结核）（Obermeier，1996）。一般球枕构造侧向相邻其他未分离母岩的负载构造（Allen，1982），所以球枕构造和负载构造具有相同的形成机制，只是形成的变形程度和阶段不同，因此可以放在一起讨论。砂岩快速堆积在饱含水的、极其柔软的泥岩、粉砂岩上，是形成负载构造和球枕构造最理想的条件。

1. 千层崖厚层近圆形球枕构造

千层崖下部发现两层强液化变形层，如图 3-18a 所示。可以分为四个地层单元，从下而上依次为未变形层、球枕构造层、侧向液化层、未变形层。变形层与未变形层平行接触，两个变形层接触面略有弯曲，但是层界线明显，没有相互侵入。

这一层的球枕构造是一个非常典型的实例。从图 3-18b 中可以清楚看到尺子上面一层残留的条带形砂岩，这一层砂岩就是形成球枕构造的母岩层。从图 3-18a 和 b 的左侧可以观察到母岩层已经断断续续，部分已经消失，在这一层的不同深度散布着从母岩上脱离下陷的球枕构造。母岩层和球枕构造颜色都是发白的砂岩，而弱岩层是灰白色的泥质粉砂岩，两者颜色和岩性差别较大，很容易区别。本层中的球枕构造大小不同，形状不一，条带状、次棱角状到圆球状都有。球枕构造仅仅占岩层总厚度的很少一部分。值得注意的是，图 3-18b 尺子左侧两个 3cm 直径的砂球体侧向上下分布，下边一个砂球体下陷深度明显增大，但是依然非常圆。这表明球枕构造形成过程中，上覆的砂岩部分脱离母岩，下沉过程中受到下伏弱岩层的阻力非常小。可见泥质粉砂岩刚刚沉积不久，具有饱含水、极软弱的特性。在地震震动作用下，砂岩层完全液化，而泥质粉砂岩具有极强的流化性，重力作用使砂岩变形下侵到极小阻力的下伏泥质粉砂岩中。

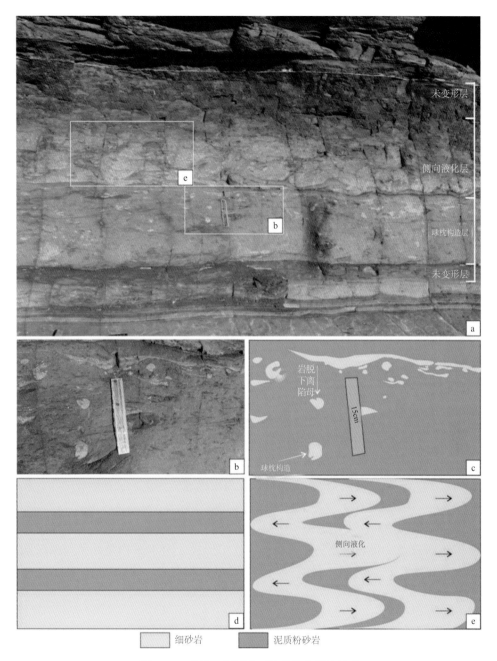

图 3-18　千层崖厚层中球枕构造与侧向液化

a. 千层崖剖面下部地层，上下为未变形层，中间第一层为球枕构造层，第二层为侧向液化层；b. 放大球枕构造，球枕构造
很圆；c. 球枕构造素描图；d. 侧向液化层原始沉积层，水平接触未变形；e. 侧向液化层示意图

　　图 3-18a 中球枕构造层上部的变形层中砂岩和泥岩不是发生垂向侵位、扰动，而是比较少见地形成侧向的混插、互相侵位，称为侧向液化。图 3-18d 代表砂岩和泥岩互层沉积原始状态，水平接触未变形。地震发生时，发生水平方向的震动，产生水平剪切应力。震动力促使砂岩液化，泥岩饱含水，具有流变性。在水平晃动剪切力的作用下，发生了

侧向的运移、侵位，最终形成了图 3-18e。参考国内外文献，这一种变形构造鲜见报道，但其形态分析中可以看出地震活动的方式，认为今后野外考察时应该注意是否存在这种侧向液化变形的类型。

2. 船厂薄层球枕构造

船厂剖面水平段上部有一层 6cm 厚的岩层，上下接触灰黑色泥岩，顶面出露部分凹凸不平，凸起部分为砂质（图 3-19a）。侧面观察发现，岩层由具有泥质粉砂岩的基质和内部不均匀散布的砂质团块组成，形态以长轴顺层的扁平椭球形和近圆形为主（图 3-19b）。地层的上部砂质团块含量明显大于下部，部分顶部位置的砂岩侧向连续性较好。薄片中球枕构造可以非常清晰地观察到（图 3-19c）。薄片观察发现，砂质团块部位颗粒直径为 0.01 ～ 0.1mm，中间杂基含量少（图 3-19d），基质部分以泥质为主，含少量碎屑颗粒，含粉砂，从而确定砂质团块为粉砂质细砂岩，基质为粉砂质泥岩（图 3-19e）。

推断原始状态，上层为 2.5cm 厚的粉砂质细砂岩，下部为 3.5cm 厚的粉砂质泥质组合（图 3-19f），在地震震动作用下，砂岩层液化，沉入到下层软泥岩中（图 3-19g），最终砂岩全部消失，形成球枕构造。顶部凸起的砂岩非常好地证明了这一点。如果是粉砂质泥岩沉积时，同时形成砂质结核的情况，则不会出现这一顶部砂质凸起的现象。

3. 千层崖扁平球枕构造

千层崖剖面顶部有一层约 40cm 厚的黄色砂岩，上下均接触黑色泥岩，中间顺层分布着扁平状的球枕构造（图 3-20a）。球枕构造黄颜色更深，很好辨别。该剖面中出露了这几个球枕构造的不同部位，有的是中间位置，有的马上就要消失，可以推断这一层的球枕构造平面上不是平行的，而是不均匀散布，在两个中间未见球枕构造的部位，里面可能隐藏着若干个球枕构造。形状以扁平椭球体为主，长轴顺层展布，规模在 20 ～ 30cm，长轴 / 短轴在 3 左右。这一层所在位置太险要，未能上去观察粒度。

千层崖中间部位的这一层球枕构造厚约 30cm，下伏 5cm 黄色砂岩，上覆纹层状泥页岩。黄色砂岩条带状陷落至灰黑色块状泥岩中形成，图 3-20 白色线条勾画区域可以清晰地观察到条带状砂岩陷落的轨迹。球枕构造还保存有原始砂岩层的层理。

4. 层面上的球枕构造

船厂剖面有一泥岩地层，顶面出露，散布着大小不一的圆形砂岩球（图 3-21），砂岩球直径为 1 ～ 10cm。分析认为这是一层球枕构造，上部的泥岩层被逐渐剥蚀，使包在里面的球枕构造出露。这是灵山岛为数不多的一层可以平面观察球枕构造分布特征的地层。

本研究区剖面多个层位都发育球枕构造，同其他地震软变形一样，球枕构造不会单个孤立出现，每层沿走向追踪都会发现有规律地出现多个。但是不同层位的球枕构造形状和大小不相同，如图 3-19、图 3-20 所示，球枕构造很好地保持了圆形，而图 3-21 中则是非常扁平的形态。本区球枕构造多为砂岩沉入液化粉砂岩、流化泥岩中，上层母岩已完全消失，差异风化使其非常容易识别。

　　Morreti 等（2002）通过野外统计发现负载构造、球枕构造形态与原始层的厚度有关，即上覆粗粒度单元与下伏细粒度单元的厚度越大，负载构造的宽度、高度越大，球枕构造长轴与短轴比和沉降深度有关，下降越深，球枕构造越扁平。

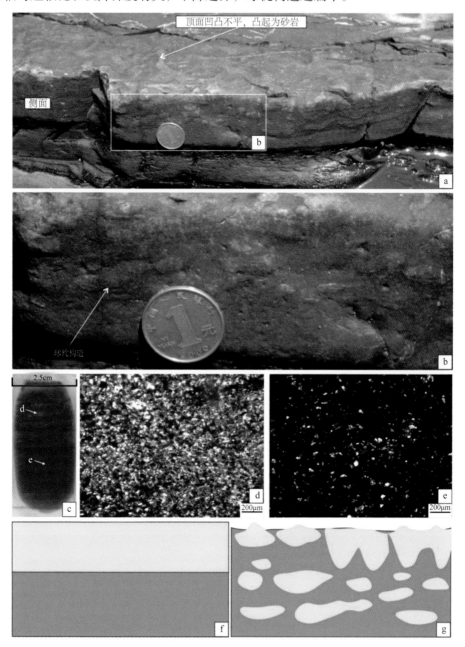

图 3-19　船厂剖面球枕构造

a.球枕构造层的顶面与侧面，顶面凹凸不平；b.侧面局部放大；c.薄片中小型球枕构造；d.薄片中球枕构造镜下特征；
e.薄片中泥岩的镜下特征；f.原始地层示意图；g.球枕构造素描图

图 3-20　顺层扁平的球枕构造（红色箭头所指）
a. 千层崖剖面顶部一层球枕构造；b. 千层崖剖面中部一层球枕构造

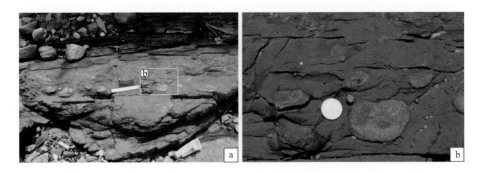

图 3-21　球枕构造平面分布特征（b 为 a 的局部放大）

3.10.3　负载构造、球枕构造形成机制

前人详细阐述了负载构造与球枕构造的形成机理和形成条件（Kuenen，1958；Owen，1987；Morreti *et al.*，2001；乔秀夫、李海兵，2008）。影响负载构造和球枕构造形成的因素主要有快速沉积速率、自身重力、不稳定的反密度梯度、横向剪切力等。

（1）通过研究负载构造形成过程，发现砂岩为主动变形层，泥岩为被动触变层。存在反密度梯度时，自身重力起到主要作用，上部密度大的岩层落入下部密度小的岩层中，形成负载构造。下部密度小的岩层被挤压变形，沿负载构造向上弯曲的两侧挤入上部岩层，称为挤入构造（火焰构造）（图 3-22）。这种变形一般是被快速堆积的砂岩沉积在柔软的、富含泥质的沉积物之上触发引起的，因为这样会增加孔隙水压力和重力的不稳定性（Dzulynski and Walton，1965；Allen，1982；Brodzikowski and Vanloon，1990）。泥岩的任何塑性变形几乎都是发生在沉积后不久（Obermeier，1996）。

（2）球枕构造形成过程。由 N 层薄纹层泥岩互层组成的厚岩层，每层厚度小于 0.5cm，每层均有收缩裂缝但大小有差别。圆网形收缩裂缝是在圆形收缩应力下形成，薄层泥岩间层面或者顺层裂缝不但有助于泥岩脱水，还可以有效减小圆形收缩时的阻力，形成非常小型的圆网状裂缝。侧向上，薄层泥岩的收缩裂缝会贯穿层位，但不延伸到邻层，裂缝两侧平直呈高角度排列。而单层厚度大的泥岩则由多层矩形、不规则的变形及透镜形裂缝叠置组成（图 3-23）。

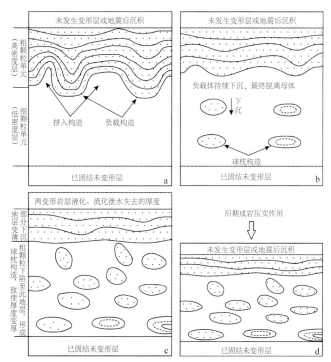

图 3-22　负载构造与球枕构造形成机制

a. 变形过程中首先形成的负载构造；b. 负载构造下垂部分脱离母岩层，形成球枕构造；c. 更多的砂岩脱离母岩层，形成更多的球枕构造，原始岩层变薄甚至消失转变为新的岩层；d. 经过后期成岩压实，呈现为现今形态

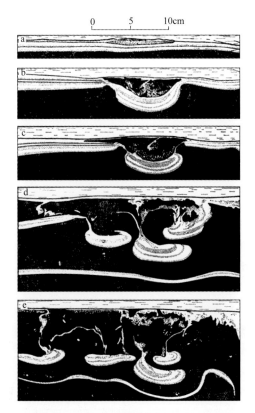

图 3-23 球枕构造在震动环境的形成过程（Kuenen，1958）

这些特征与泥岩干裂区别较大。层面泥裂交界处多呈尖棱状，不圆滑，侧向为 V 形、U 形（周瑶琪，2006；成玮，2011；王安东等，2012），裂缝的面积一般较大。文献中未见到像灵山岛面积这么小的收缩裂缝。

3.10.4 负载构造、球枕构造触发机制探讨

一个触发机制的发生是形成软沉积物变形构造的基本原则（Maltman，1994；Jones and Omoto，2000；Maltman and Bolton，2003）。从负载构造与球枕构造的宏观产状分析，负载体的母岩与下伏接受负载体下沉的岩层一定是发生了液化作用和流化作用的沉积物，仅仅某一层液化是不可能形成上覆沉积物下陷于下伏地层中的。某些性质的负载力或者剪切力引起沉积物强度的减弱，孔隙流体的排出被阻碍或者抑制，这时常常伴随着孔隙水压力的增加，最终发生液化。Owen（1987）分析了三种类型引起孔隙压力增加的触发机制：①直接影响孔隙流体压力（地表水的流动、下伏岩层的流体逃逸）；②脉冲式应力影响（沉积物快速堆积，间歇性的泥石流、洪水暴发，波浪）；③周期性应力有关（地震、表面波、应力加载）。并且不同触发因素形成的软沉积物变形构造均有研究：快速沉积速率（Postma，1983；Stromberg and Bluck，1997；Moretti and Monchi，2001）、不均匀载荷（Needham and Riley，1978；Dasgupta and Clark，1998）、风暴浪（Alfaro *et al.*，2002）、地下水流动（Owen，1996）、陡峭斜坡沉积（Kleist，1974）、侵蚀作用（Alexander，1987）。

第 2 章分析了研究区的构造环境，证明本区在早白垩世时期构造活动频繁，具有多次发生古地震的条件，沉积环境研究中确定了千层崖剖面、灯塔剖面和船厂剖面是浊积岩沉积，属于重力流。所以本区的变形构造限于两种触发因素：地震触发和快速沉积造成的不均匀载荷触发。

重力流的沉积速率非常快，粗颗粒的砂岩快速堆积在先前沉积未固结的细粒泥岩层之上，可以造成细粒岩层液化、流化或者不均匀负载而形成变形。这也是重力流中发现变形构造较多的一个重要原因。

地震活动常用来解释古代和现代沉积物中的变形构造，如 1811 ~ 1812 年新马德里强地震形成了一系列的负载构造（Obermeier，1996），2008 年 5 月 12 日汶川地震引起的喷砂和喷水现象（乔秀夫、李海兵，2009）。

前人研究多种沉积环境和构造环境下的软沉积物变形构造时，地震常用来作为最有可能的触发因素（Obermeier，1996；Moretti，2000；Rosseti and Santos，2003；Sultan *et al.*，2004；Neuwerth *et al.*，2006；Moretti and Sabato，2007；Montenat *et al.*，2007；Sandeep and Jain，2007）。Kuenen（1958）通过实验证明枕状构造是不断震动形成的。

如何区分这些变形构造触发机制确实是研究中的一大难点。前面论述了多种类型变形构造的形态和侧向分布特点：①同一层中的变形构造规模相当，大小差别不大；②侧向延伸好，整个剖面地层连续分布；③均表现出液化、流化的性质；④不对称变形构造倾向相同。大于 5cm 的可以确定是地震触发。如图 3-15 所示 1cm 级别的负载构造如果是重力流沉积时，快速堆积造成的不均匀载荷效应同时形成的，很难想象如此小规模不对称负载构造会在长约 70m 的地层中均匀分布。如图 3-15 所示 1cm 级别负载构造，具有明显的液化现象，呈砂岩滴状体下陷，并且很多部位已经脱离母岩形成了球枕构造。所以小型的负载构造并不能完全确定是地震触发，只是在多种因素下考虑认为最有可能的触发机制是地震。所以综合考虑认为本研究区的负载构造、球枕构造是由古地震触发形成。

3.11　水下非构造裂缝

收缩裂缝在寒武纪到显生宙各个地质时代都有发现，其成因一直存在争议。笔者在灵山岛莱阳群泥岩和砂岩中都发现了大量的非构造裂缝，除了收缩裂缝外还有脆性裂缝和液化砂岩脉。这些裂缝通常在单层内发育，极少量延伸到邻层，具有多形态、多尺度、多充填方式、多期次和多级别的特征，与干燥泥裂和后期构造裂缝区别明显，结合地层中无暴露标志，认为是在水下环境形成。总结水下裂缝的关键特征并对比，Pratt（1998）提出的地震收缩裂缝特征，推测灵山岛裂缝也是地震触发而形成。灵山岛已经识别出了大量地震成因的软沉积变形构造，证明当时本区域地震活动频繁，具有裂缝地震成因的要素。前人总结收缩裂缝特点发现裂陷盆地明显多于被动大陆边缘挤压盆地，笔者认为收缩裂缝在裂陷盆地拉张环境下容易形成和保存。灵山岛裂缝解释为水下环境地震成因具有更多的地质意义：可以解决沉积时水体深度问题；记录了古地震能量与频次，有效反映古地震的节律；是灵山岛莱阳群属于裂陷盆地的有利证据。

裂缝形态多样，有圆网形、多边形、线形、透镜形及立体鸡笼形。如果将灵山岛下部沉积岩中的裂缝视为干裂缝，那么灵山岛下部地层沉积时水体很浅，反复暴露形成。但是灵山岛下部地层中泥岩为黑色、灰黑色，砂岩细粒，含有槽模、正粒序的特点，证明当时水体应该为较深的浊流沉积环境，所以认为不可能为干裂，而是水下成因。笔者通过将灵山岛裂缝特征与 Pratt（1998）提出的地震成因裂缝对比，结合灵山岛地层中含有丰富的地震触发形成的软沉积物变形构造（吕洪波等，2011；王安东等，2013a，2013b），推测灵山岛莱阳群下部浊积岩段地层中的裂缝是水下准成岩阶段地震成因。

3.11.1　水下非构造裂缝形态分类描述

1. 脱水收缩裂缝

灵山岛船厂剖面大量岩层（泥岩占90%，砂岩占10%）中发现水下收缩裂缝（图3-24）。

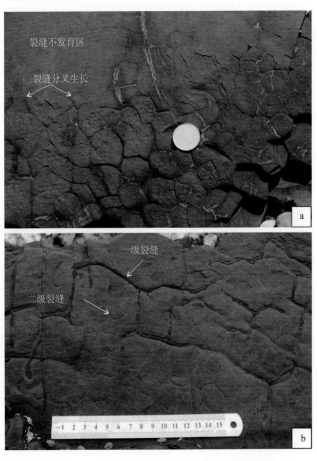

图 3-24　脱水收缩裂缝船厂剖面的泥岩收缩

a. 圆网形收缩裂缝，区域大面积分布，但局部不均匀，所以裂缝呈凸起状；b. 两个级别收缩裂缝

层面上，收缩裂缝以圆网形、次圆网形、多边形为主，裂缝规模非常小，延伸距离为 1～10cm，集中在 1～3cm。同一层上收缩裂缝局部随机分布，可分为裂缝发育区、裂缝不发育区和裂缝生长过渡区，裂缝发育区密集分布，在同一层中大小非常均匀，过渡区裂缝呈分叉状，未闭合（图 3-24a）。裂缝多数被充填，充填物性质影响到风化后的形态，充填钙质胶结物的裂缝，抗风化，导致裂缝呈凸起状。收缩裂缝可以分为多个级别，一级裂缝形成后，内部会在后期继续形成次级裂缝（图 3-24b）。

千层崖剖面收缩裂缝较窄，内部充填物与基质区别不大，岩层在完全干燥的情况下，裂缝不容易识别。裂缝吸水保存水的能力强，在潮水刚刚退去时裂缝因含有大量的水显示深颜色，而基质干燥之后发灰白色（图 3-25），因此是最好的观察时机。

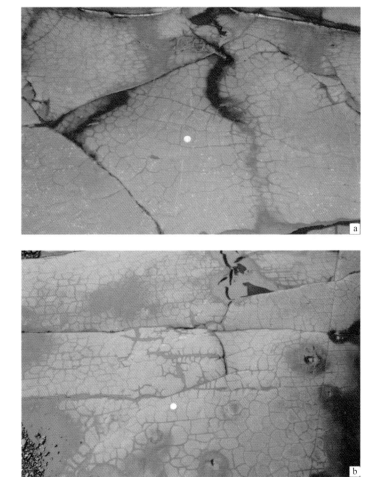

图 3-25　千层崖剖面水下收缩裂缝

a、b. 收缩裂缝的宏观特征

千层崖剖面的收缩裂缝局部放大，可以观察岩层内含有大量的砂质球枕构造，表明曾经液化过，液化促进排水，有利于形成水下收缩裂缝。裂缝内部观察到泄水过程中携带的碎屑，碎屑长轴沿裂缝展布（图 3-26）。

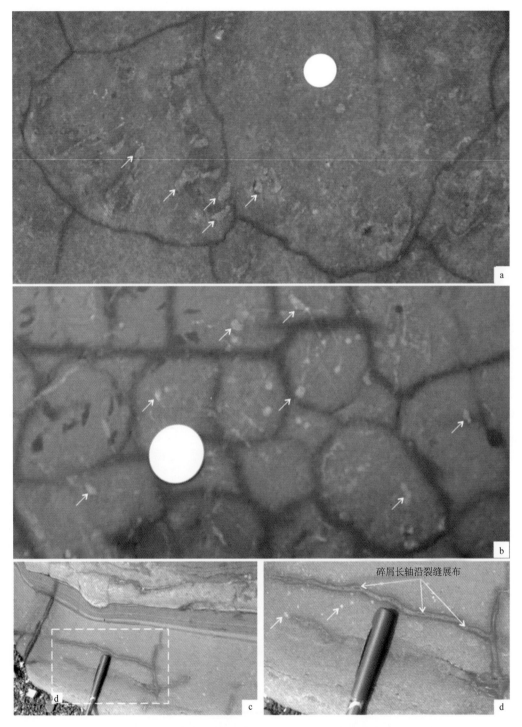

图 3-26　千层崖剖面水下收缩裂缝局部特征（白色箭头所指为砂质球枕构造）

a、b. 收缩裂缝微观特征，内部含有砂质球枕构造；c、d. 泄水裂缝，内部碎屑长轴沿裂缝展布

2. 脆性裂缝

地震的剪切力或拉张力形成脆性裂缝，中间填充围岩，灵山岛观察到的脆性裂缝在砂岩层中居多（图 3-27），泥岩层中也有，但相对较少。

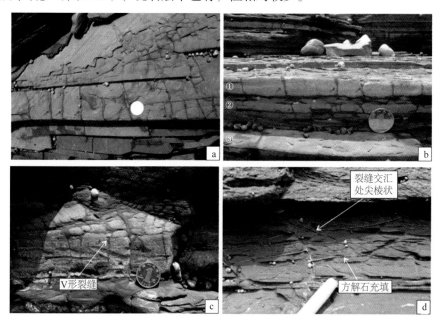

图 3-27　应力脆性裂缝

a～c. 船厂剖面脆性裂缝；a、b. 同一个剖面的顶面和侧面。a. 脆性裂缝顶面，由几组平行裂缝组成；b. 脆性裂缝侧面，裂缝仅限于层内，红色箭头所指为脆性裂缝；c. V 形裂缝，充填上覆粗砂岩；d. 千层崖剖面，单层厚泥岩中脆性裂缝侧面，裂缝交汇处呈尖棱状，充填亮晶方解石，推测为后期构造应力作用形成的脆性裂缝

层面上，砂岩中震裂缝延伸距离长，直线形占 80%，折线形或曲线形占 20%，泥岩中延伸距离短，折线型与曲线型比例显著增大。最终都会在层中自然尖灭、终止于相交裂缝或者分叉转变为收缩裂缝。一般可分为 2～3 个级别（图 3-27a）。层面剪切力形成的脆性裂缝有一定规律可循，由多组相互平行的裂缝组成，不同组系呈 X 形相交，形成一系列菱形、方格棋盘形、窗棂形裂缝，也存在单独出现的孤立线型裂缝，这些特征与构造裂缝具有相似性。利用不同期次裂缝相互切割关系看出应有多期次裂缝发育。

侧向上，薄岩层中的脆性裂缝呈高角度贯穿整个岩层，裂缝两侧平直，内部充填围岩泥质，厚岩层呈现多层裂缝叠置。脆性裂缝多限于单个地层，仅有少部分会延伸至邻层，相邻地层都含有脆性裂缝时，不同层位的震裂缝相互错开，不连通（图 3-27b）。这些特征与构造裂缝不同，因此脆性裂缝比较容易与构造裂缝区别开。图 3-27b 为图 3-27a 脆性裂缝侧面，图中侧面可见①、②、③三层薄砂岩，厚度均小于 3cm，砂层中间夹有薄层泥岩，每层砂岩都含有脆性裂缝，相邻层内部的裂缝被层间泥岩隔断。裂缝大多呈近直立的高角度分布，内部充填围岩泥质。如图 3-27c 所示拉张力形成的 V 形地裂缝，内部充填上覆粗砂岩。图 3-27d 为千层崖剖面中下部泥岩脆性裂缝，侧向上裂缝呈不规则多边形，交汇处呈尖棱状，中间充填方解石。

3. 混合成因裂缝

前面描述了收缩裂缝和脆性裂缝，它们是在互层的岩层中依次重复出现，因此两者在同一阶段形成，在相当多的地层中观察到两种裂缝同时发育。泥岩中的脆性裂缝和线型收缩裂缝极难区分，或者可能线型裂缝兼有脆性和收缩两种作用。当泥岩层很薄时，线型裂缝具有平行或重叠下伏岩层的同沉积断层或者脆性裂缝的趋势，可能受到它们的影响，呈线型收缩开裂，甚至是它们的向上延伸，线型裂缝延伸可达 50cm。图 3-28a 薄层泥岩中的线型裂缝明显受到下伏砂岩同沉积断层的影响，是因为沿着下伏断层更容易脱水收缩还是因为后者向上延伸还需继续研究。线型裂缝两侧呈梳子齿形均匀地分布着裂缝分叉，这些分叉靠近脆性裂缝一侧宽，延伸顶点变窄，层面上具有 V 形收缩开裂的特征（图 3-28a）。线型裂缝在泥岩中开叉延伸生长，相互连接闭合形成网状收缩裂缝，连接到圆网状收缩裂缝，形成裂缝密集区。砂岩中脆性裂缝两侧有时也有 V 形收缩裂缝分叉，但是延伸不远，不容易形成网状收缩裂缝（图 3-28b）。厚层泥岩可能受泥岩塑性或触变性影响，发育与下伏砂岩同沉积断层关系不大的线型裂缝。

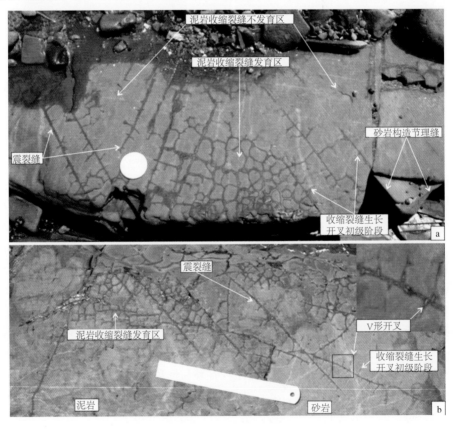

图 3-28　混合成因裂缝

a. 薄层泥岩中的线型收缩裂缝方向基本平行于下伏砂岩同沉积裂缝，线型裂缝与圆网形收缩裂缝逐渐连接交汇；
b. 灰黑色为薄层泥岩，灰黄色为砂岩，线型脆性裂缝与收缩裂缝共生

　　在同一期形成的混合成因裂缝中，脆性或者收缩形成的线型裂缝起到控制作用，线型裂缝开叉发展成网状收缩裂缝或促进泥岩脱水形成网状收缩裂缝。

3.11.2　水下非构造裂缝形成机制

　　水下收缩裂缝是最重要的，成因也是最具争议的，因此本书主要讨论收缩裂缝是如何形成的。水下收缩裂缝实质上是层内快速瞬时脱水收缩的结果，脱水速率加大使地层体积减小的部分明显大于自然压实作用使地层减小的部分。岩层在沉积成岩过程中脱水速率与压实作用是一个平衡状态，假如有干旱、盐碱度变化、岩浆烘烤、地震等外因打破这种平衡，造成加速脱水，就会形成脱水收缩裂缝。

　　（1）灵山岛收缩裂缝关键特征在地层组分均匀情况下，材质无差别，自然压实脱水形成的收缩裂缝也应该分布均匀。灵山岛收缩裂缝在同一层位大面积广泛分布，而局部又可分为裂缝密集发育区、不发育区和过渡区。表明裂缝不受地层性质决定，而是受到了外力的影响。

　　（2）不同层位裂缝发育差别大，常见连续多层发育（船厂连续约 20 层，向下为海平面无法观测）、连续多层不发育。紧邻火山流纹质熔岩下部的泥岩不一定含有收缩裂缝，而远离熔岩层位会含有收缩裂缝，因此收缩裂缝与熔岩烘烤无关。

　　（3）复理石层总体岩性无大的变化，也没有证据表明沉积环境发生大的变化，所以收缩裂缝与盐度变化无关。

　　（4）含裂缝泥岩与细砂、粉砂岩互层，裂缝发育层段泥岩、砂岩厚度比大于 1，层界面未见大冲刷面，表明为相对低能的沉积环境，推测不受快速堆积和大型波浪影响。

　　（5）整个复理石泥岩中含有丰富的植物碎屑，但动物化石、遗迹罕见，排除生物影响。

　　（6）收缩裂缝与脆性裂缝共生，脆性裂缝两侧常形成收缩裂缝的分叉，脆性裂缝有助于岩层脱水。

　　（7）收缩裂缝充填物为围岩、方解石或无充填物，填充物除了来自上方围岩，还有下方或者岩层自身内部，与干裂区别明显。

　　（8）裂缝层面保存非常好，不像是刚刚沉积、在紧邻水面时形成，而应该是经过浅埋、准成岩阶段形成。

　　（9）数层薄纹层组成的泥岩组，单层内裂缝形状、大小、填充物基本连续一致，各层之间差别大，表明变形应力并不是一成不变的（表明变形应力本质上是存在变化的）。但是施加应力时，在很大区域内是均匀施加的。

　　（10）脱水收缩裂缝主要在泥岩层，砂岩孔隙度大，脱水速度快，不易形成收缩裂缝，而在灵山岛砂岩层也发现了收缩裂缝，说明当时具有很强的触发机制，严重地破坏了平衡。

　　（11）含有收缩裂缝的泥岩层中含有大量的砂质球枕构造，表明强地震引起砂质泥岩液化，形成球枕构造，液化作用促使岩层排水，有利于形成收缩裂缝。

（12）Burst（1965）进行了水下收缩裂缝实验，只有含蒙脱石时才获得了成功，认为膨胀土的含量影响收缩裂缝的发育。灵山岛黏土 X 射线衍射实验得到的结果为：高岭石 6%、绿泥石 22%、伊利石 53%、伊蒙混层 19%，膨胀性黏土含量很低，并不利于收缩裂缝的形成。

3.12 滑塌褶皱

滑塌褶皱是灵山岛规模最大，纵向出现次数最多，外部形态最易识别，也是最重要的软沉积物变形构造。

3.12.1 灯塔剖面滑塌褶皱

灯塔剖面位于灵山岛西南侧，垂向上，地层在白色流纹质熔岩剖面下部，中间几十米距离被植被覆盖（图 3-29a）。船厂的巨型滑塌褶皱紧邻标志层白色流纹质熔岩，依据与标志层的接触关系，推断灯塔剖面褶皱与船厂剖面不是一期的，垂向上，灯塔剖面应该在船厂剖面的下部。地层为浊积岩，砂岩中含有正粒序层理、重荷模等现象，泥岩中含有植物碎屑，产状为 70°∠35°。灯塔剖面由近水平海岸线剖面和垂直剖面两部分组成，大潮时，水平段被完全淹没。灯塔剖面同样发育三层褶皱，自下而上依次为：水平段含有一层 70cm 厚滑塌褶皱，垂直剖面底部是一层负载 - 滑塌褶皱复合变形，顶部发育一层大型挤压褶皱变形层（图 3-29b）。其他层位含有不对称负载构造、液化底辟及球枕构造（王安东等，2013a，2013b）。在灵山岛的其他层位发现了几期滑塌褶皱，虽没有吕洪波等（2011）报道的滑塌构造那么大，但宏观的滑塌方向大致相同，观察不同层位的滑塌褶皱内部细节发现各有特点。

挤压褶皱3

滑塌褶皱2

滑塌褶皱1

图 3-29 灵山岛灯塔剖面宏观特征及三期褶皱的垂向分布

3.12.2 薄纹层滑塌褶皱

在灯塔剖面下部水平段，低潮时沿海岸出露约 70cm 厚滑塌褶皱的变形构造层（图 3-30a）。滑塌褶皱轴面走向总体一致，经测量统计发现走向主要集中在 5°～10°（下伏未变形地层产状为 70°∠35°）。褶皱轴面倾角杂乱无序，水平到直立都有。滑塌褶皱层轴面倾向优势方向为 SE，结合这层褶皱的轴面走向，表明地层受 NW 向的剪切应力发生滑塌。地层由毫米级砂岩、泥页岩薄互层构成，斜坡上未固结的砂泥岩薄互层在地震时很容易失去稳定性并发生滑塌变形。

滑塌褶皱下伏岩层平直，未变形。发生滑塌的层位是地表最上层，发生变形后的顶面应为弯曲不平的褶皱。这一层滑塌褶皱上覆地层为厚层砂质泥岩，内部含大量植物碎屑和碳质条带，分析认为是地震后的洪水把大量植物携带至此沉积。滑塌褶皱和含植物碎屑两个地层的岩性、层内沉积构造突变，明显不同（图 3-30b）。两个地层接触面虽然稍微凹凸不平，但是与地层相对平行，可见后期洪水将褶皱变形层原有的参差不齐的顶部侵蚀磨平，不整合覆盖在变形层之上，这个面称为震积不整合面（梁定益等，1994）。

室内做了模拟实验：将含饱和水的泥砂岩薄互层置于水槽内，一端逐渐抬高形成坡度。每次增加 10°，静止 24h，坡度至 40° 时仍未发生滑动。重复实验，在 10° 斜坡时敲击支架，产生地震效应，沉积物很快开始滑动褶皱变形，减小至 5°，依然滑动褶皱变形。通过实验认为存在某种触发机制（地震、海啸、快速堆积）才能形成滑塌，而地震震动作用是最容易形成滑塌褶皱的触发因素。

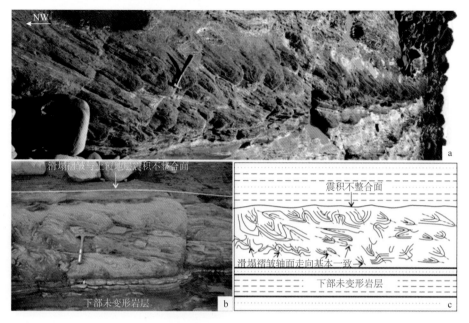

图 3-30　灯塔剖面的滑塌褶皱

a. 滑塌褶皱层；b. 滑塌褶皱层与上下地层的关系，上下层位均为未变形层，变形层与上覆地层之间震积不整合面；
c. 滑塌褶皱素描图，轴面走向基本一致

3.12.3　负载–滑塌褶皱

灯塔剖面第二层滑塌褶皱是比较特殊的软沉积物变形构造，具有负载构造和滑塌褶皱双重特征。这层变形构造可分为四套砂泥岩组合，每一套岩层都是反密度梯度的砂泥岩组合（图 3-31a 和 b）。四组地层的接触面是弯曲变形的，推断是一次强地震作用使这四组岩层同时发生了变形。分析其外部形态发现，具有负载构造和滑塌褶皱的双重特点，虽然几乎同时形成两种变形，但还是认为应该先形成负载构造，然后才发生了层内滑塌，形成滑塌褶皱。褶皱的轴面走向基本一致，为 20° ～ 25°，火焰尖端指向和滑塌褶皱倒向都是 NW，说明当时古斜坡 NW 低，SE 高。这层变形构造经历了原始沉积阶段、负载变形、滑塌褶皱及成岩压实四个阶段，在四个阶段的共同作用下，呈现出现今的形态。

1. 负载–滑塌褶皱形态特征

负载–滑塌变形层上下层均为未变形层。可将变形层分为四个砂泥岩组合，每个组合为上部高密度中粗砂岩，下部低密度粉砂岩、泥页岩或者薄层砂泥岩互层，薄层砂岩中可见正粒序、铁质结核。整个变形层的变形形态具有宏观上统一，但局部不同的特点。

宏观统一性特征（图 3-31a 和 b）：①整个变形层侧向 70m 全部发生了变形，上下围岩均为未变形层。②四套岩层组合都有明显的负载构造和滑塌褶皱，每个组合之间的

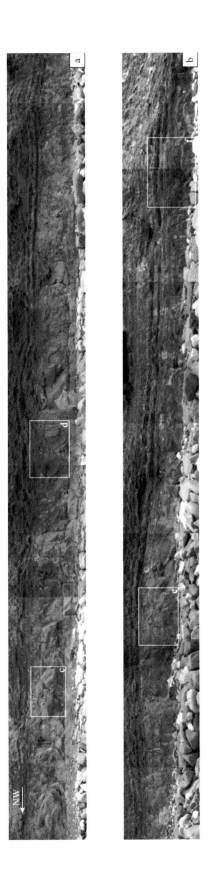

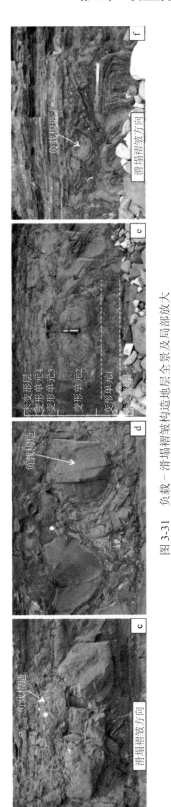

图 3-31　负载 - 滑塌褶皱构造地层全景及局部放大

a. 负载 - 滑塌褶皱构造地层全景北段；b. 负载 - 滑塌褶皱构造地层全景南段；c. 变形单元 2，变形单元 3 呈现明显的负载构造，下面第一单元则表现出滑塌褶皱构造；d. 负载 - 滑塌构造与挤入构造；e. 变形单元 1，变形单元 2 右部明显地向 NW 滑塌，变形单元 3，变形单元 4，变形单元 2 左部具有负载构造特性；f. 变形单元 1，变形单元 2 明显地向 NW 滑塌、变形单元 3 软岩层被变形单元 2 向 NW 牵引，也形成滑塌，变形单元 3 砂岩表现为负载构造形态接触面凹凸不平，与整个地层变形对应，表明这是一次强地震导致四套岩层一起发生变形。③滑塌变形的轴面走向基本一致，为 20°～25°，火焰构造、不对称负载及滑塌褶皱都指向 NW，结合其他两层滑塌褶皱，表明当时古斜坡方向 SE 高，NW 低，地层向 NW 向滑塌。④第二层厚砂岩是整个变形层的主导变形层，其他层的变形受其影响，甚至直接控制着第一层的变形。

局部不同特征（图 3-31c～f）：①四套岩层组合厚度差别大，导致每一层变形形态不同。②侧向追踪，同一层的不同部位变形存在差异，如第二层有的部位负载构造特征明显，有的滑塌褶皱特征明显，第一层形成的挤入构造又可以分为火焰状和箱状，第三层南段比北段滑塌褶皱明显。③第二层砂岩变形过程可以分为三个级别：有些部位形成圆润的负载构造；有些部位只形成滑塌褶皱，原始岩层的界线非常清晰；有些部位滑塌过程中，下部已经完全液化融合在一起，而上部还见原始层位界线。④滑塌过程软岩层局部受力复杂，存在个别火焰构造指向 SE。⑤低密度岩层液化侵位于负载或滑塌褶皱的砂岩体，以火焰状和复合火焰状侵入为主。⑥低密度层在挤入构造变形中受到复杂的挤压应力，薄纹层内部不同部位发生相应的挤压褶皱。⑦负载构造的下部软岩层变形过程中，随着负载下沉过程发生拉断，形成不连续的链条式砂岩。⑧外围砂岩液化向里层侵位的过程也可以把里面的砂岩切断，并且具有向里牵引的痕迹。

2. 负载－滑塌褶皱形成过程

1）原始层形成阶段

原始地层中沉积了四套砂岩／泥岩组合，每一套都是下面低密度、上面高密度的反密度梯度，这种地层组合是形成负载构造的先决条件，低密度薄层泥页岩、砂泥岩互层有助于斜坡带地层形成层内滑塌褶皱。这个阶段为负载－滑塌变形层的形成提供了必要的物质基础（图 3-32a）。

2）负载－滑塌初级阶段

这个阶段主要是负载构造的形成，兼有沿斜坡挤压应力形成的挤压褶皱，但是还未发生层内滑动。第二层砂岩层最厚，形成负载构造时主导了整个层变形，甚至控制了第一层的变形。第一层部分完全作为第二层的软岩层，形成挤入构造（图 3-32b）。

3）滑塌褶皱形成阶段

开始沿斜坡发生层内滑动，滑动过程中对前期形成的变形具有改造作用，挤压应力使液化层侵位砂岩层。滑塌褶皱内部变形复杂，薄纹层这时会吸收部分挤压应力，形成层内挤压褶皱（图 3-32c）。

4）压实成岩阶段

经过后期成岩压实阶段，褶皱变得更加低角度甚至平卧（图 3-32d）。

软沉积物变形层的上覆地层一般是未变形的水平层，因为它是均一液化下颗粒充填或者下一期侵蚀、重新沉积的过程（Moretti and Ronchi，2011）。这四层变形层之间的接触面是弯曲变形的，而且界面变形与整个地层的变形相呼应，因此推断四套地层同时发生了软沉积物变形，是一次强地震作用的结果。负载与滑塌两个阶段其实相隔时间非常短，有可能几乎是同时发生的。但是如果先形成了滑塌褶皱，绝不可能形成圆润的负载构造，只有先形成负载构造，然后发生层内滑塌，才能同时拥有目前的复杂特征。

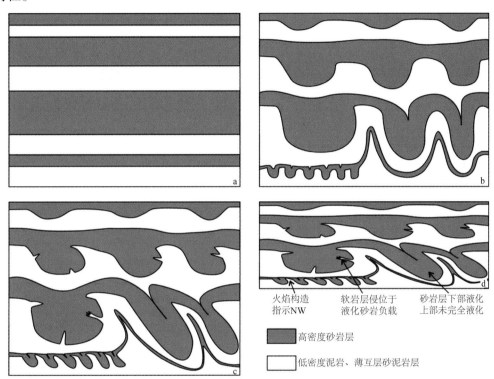

图 3-32 特殊软沉积物变形构造形成示意图

a. 原始沉积地层，未变形阶段；b. 负载 - 滑塌初级阶段；c. 滑塌褶皱形成阶段，挤入构造液化侵位砂岩；d. 成岩压实阶段

3.12.4 挤压褶皱

灯塔剖面上部褶皱厚 5 ～ 6m，下伏地层平直，上覆地层植被覆盖。横向上，从图 3-33a 中可以清楚地看到褶皱层分为两个不同单元，左侧为受到挤压发生褶皱变形的区域，右侧为地层保持原始状态未发生褶皱变形的区域。图 3-33a 中白色线划分的左右两侧，地层延续性非常好，同一套地层的左端（NW 端）发生褶皱，褶皱轴面倒向SE，即由 NW 向 SE 褶皱；而地层的右端位于原地，未滑动、未变形。依据地层右端未滑动、未变形的特点，确定这次褶皱不是因为整套地层沿斜坡滑动而产生的滑塌褶皱（图 3-33b）。这一层褶皱如果是滑塌成因，那么褶皱的轴面倒向应该与下部两层的滑塌褶皱相同，事实上，褶皱的轴面倒向（SE）与下部两层滑塌褶皱轴面倒向（NW）正好相反。灯塔剖面的左侧继续横向追踪，是构造背斜与向斜，推测这一个褶皱属于构造挤压型褶皱。灯塔剖面在受到 NW-SE 向挤压力时，左侧部分地层受 SE 向挤压力更强，地层向 SE 收缩、褶皱。左侧形成挤压褶皱后，挤压力应力得到释放，右侧地

层受到 SE 向挤压应力明显减小，这样右侧的地层就保持在原地未发生褶皱变形。从褶皱变形的形态来看，发生褶皱时，地层还未完全固结。

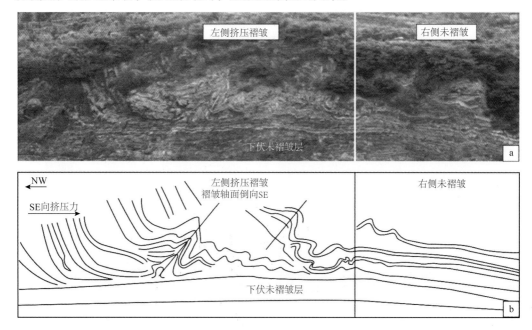

图 3-33　灯塔剖面挤压褶皱野外特征及素描示意图

这一滑塌层由混杂堆积而成，无层理，含大量的砾岩、植物碎屑、碳质条带。下伏地层、围岩被卷入滑塌层内，与前面的滑塌褶皱区别明显。

3.12.5　洋礁洞剖面滑积岩

洋礁洞剖面上部具有一层约 7m 厚的滑积岩，下伏地层为 20cm 黄色细砂岩层，再向下为约 120cm 厚的灰色火山碎屑流（图 3-34a 和 b）。由于滑塌层强大的侵蚀力，这两层下伏岩层部分被侵蚀掉或卷入滑塌层（图 3-34c）。层内最大见有超过 50cm 厚的围岩地层被卷入（图 3-34d），部分被卷入的下伏砂岩可以清楚地找到原始层位（图 3-34e）。层内含有植物碎屑，部分已经演化成黑色的碳质条带，这些植物碎屑都是陆相的，推测是形成滑塌的大洪水携带大量植物碎屑而来。除了滑塌过程卷入的围岩外，自身同样含有大量的砾石。这些砾石直径为 0.3～10cm，集中在 2～5cm。砾岩成分以变质岩为主，花岗岩次之，砂岩最少。

与其他滑塌褶皱层相比，区别明显，这一层属于滑塌混杂堆积岩层，基质以泥质、火山灰为主，含有不均匀的砾石，围岩卷入，无层理。虽属于滑塌形成，但是没有明显的褶皱。这么大规模的滑积岩应该与构造活动有关，古地震是最有可能的触发因素，这主要是古地震造成岩层液化、破碎、崩塌，在重力作用下沿斜坡流动，最终混杂堆积而成。

图 3-34　洋礁洞剖面滑积岩

中　篇

千里岩岛地质

第 4 章

南黄海千里岩岛地质特征与露头剖面调查

4.1 千里岩岛地质概况及研究意义

4.1.1 千里岩岛概况

千里岩岛位于南黄海北部，山东半岛临近海域，属胶东隆起向东延伸的海底部分。位于36°15′09″N，由南北相连的两座海岛组成。两翼陡峭高而宽，中间低而窄，呈哑铃状，海拔90.9m，岛长0.82km，宽0.24km，面积0.2km²，中间最窄处仅60m（图4-1）。

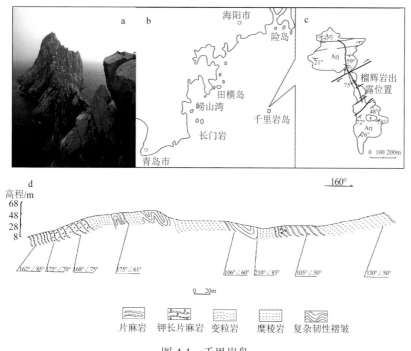

图 4-1 千里岩岛

a. 千里岩岛照片；b. 位置示意图；c. 地质图及其实测剖面（红线）；d. 实测剖面

千里岩岛距离陆地最近点是凤城码头，约50km，属山东省海阳市管辖。目前岛上没有常住居民，无饮用水，无电，无住房，手机信号曾无，至今信号也不好。曾被誉为"黄海前线第一哨"，当年岛上部队基础设施及道路甚好，多座楼房和平房。岛上小型码头两个，北岛西北翼码头宽14.5m，进深7.8m；东南翼码头宽13.6m，进深6.2m。目前岛上常驻国家海洋局海洋观察站一个，定点上报潮位气象状况，实行轮班制，生活艰苦，饮水食品定期供给。

4.1.2 千里岩岛地质特征与榴辉岩

现今文献报道的千里岩岛地质特征的研究成果并不多。多数认识与榴辉岩有关，1982～1983年，山东省地质八队与第一水文队在执行海岛调查任务期间发现千里岩岛发育榴辉岩；纪壮义等（1992）对该榴辉岩进行了岩相学的分析，并对围岩片麻岩的黑云母及钾长石进行了单矿物测年；韩宗珠等（2007）对千里岩岛出露的榴辉岩进行了矿物化学分析，并对其成因进行了讨论。

南黄海北部千里岩隆起区属于苏鲁造山带，隆起区内部发育千里岩断裂带。千里岩岛是千里岩隆起海域出露区，是一个由古老花岗片麻岩类岩石组成的海岛，由一套强烈韧性构造变形的原岩组成。岩石成分复杂，以石榴子石花岗片麻岩、变粒岩、斜长片麻岩、构造糜棱岩等长英质岩为主，并形成具有一定产状的片理及面理，片理倾角较大，倾向近于SE；还发现透镜体状及团块状出露榴辉岩。包括：①含高铝矿物或石墨的片麻岩类，其原岩为泥质岩。②其余大部分角闪－黑云斜长片麻岩的原岩为石英安山质、安山质、安山玄武质火山熔岩－火山碎屑岩。③石榴子石花岗片麻岩、变粒岩、斜长片麻岩、构造糜棱岩等长英质岩，形成具有一定产状的片理及面理，片理倾角较大，倾向近于SE。④韧性变形强烈，部分长英质岩面理之上叠加了小型韧性揉皱，包括系列复杂紧密褶皱，倾向SE。⑤中部发育大型斜歪伏褶皱，枢纽近直立，一翼倾向SEE，另一翼倾向NNW。榴辉岩见于岛的中南部，主要呈透镜状及团块状出露于构造片麻岩中。⑥发育角闪石等暗色岩类，呈条带状夹于长石质岩类中，或呈团块状或以透镜状出现在韧性揉皱的虚脱部分。

榴辉岩是玄武岩浆或地幔岩石部分熔融体在大地陆壳极大深度条件下形成的结晶变质岩，压力为11～30Pa，温度为450～750℃，密度为3.6～3.9g/cm³，因此，榴辉岩是密度最大的变质岩。

榴辉岩主要由绿辉石和富镁石榴子石组成，含量大于80%，其中绿辉石为含透辉石、钙铁辉石、硬玉、锥辉石组分的单斜辉石，石榴子石是含钙的铁铝榴石－镁铝榴石－钙铝榴石系列；矿物组合中还含有少量次要矿物柯石英、刚玉、金刚石、斜方辉石、多硅白云母、蓝晶石、绿帘石、斜黝帘石、蓝闪石、角闪石、金红石、石英、尖晶石、顽火辉石、橄榄石、硬柱石、黝帘石、榍石等，但不含斜长石。榴辉岩主要分布于中国东部沿海和大陆架海底，具有极高的科研价值。

榴辉岩在岩石学分类上属高温高压变质岩类，地表出露十分稀少，产状十分复杂，一般在造山带的核部，常常代表古板块的边界。它可以成为金伯利岩中的包体，也可在石榴橄榄岩中呈条带产出，深变质榴辉岩可与某些麻粒岩相岩性伴生，还可与高压变质带中的蓝闪石片岩相伴。

千里岩岛榴辉岩颜色偏淡红暗色，粗粒不等粒变晶结构，块状结构，密度较大，呈块状或层状体产出。常以次要的特征矿物命名，如千里岩岛发现金红石榴辉岩，化学成分与玄武岩相似，产状和成因比较复杂。

金红石是含钛的主要矿物之一。四方晶系，常具完好的四方柱状或针状晶形，集合体呈粒状或致密块状，可产于片麻岩、伟晶岩、榴辉岩体和砂矿中。

基于对同位素、流体包裹体、岩相学及榴辉岩的变形构造观测，以及榴辉岩和角闪岩地球化学与构造作用解析，发现榴辉岩退变质和变形作用强烈局域化，非保守元素（K、Rb、Cs 和 Ba）在这两类榴辉岩中的特征相似，从超高压榴辉岩相、榴辉岩相到角闪岩相甚至更低变质相的退变质作用对非保守元素（K、Rb、Cs、Ba 等）的影响很小。特别是在榴辉岩退变质作用中，基本上没有外来液体，流体来源为名义上无水矿物减压脱水或分解形成，且流体只做有限的迁移，溶解于这些流体中的保守元素近原地重新分布，因而，强退变质榴辉岩退变质带和榴辉岩韧性剪切带高度局域化。即使是在强退变质域内还能够保存颗粒极大的磷灰石，但因难以提供大量的水，难以形成斜长石＋角闪石的矿物组合。

千里岩岛榴辉岩有多种产出状态：①呈包裹体产于层状基性岩中；②呈夹层状、透镜体状产于角闪岩相岩石中；③呈夹层或透镜体产于麻粒岩相岩石中。但是，在千里岩岛找到它们，并且采集到不同的样品不是一件容易的事情。

4.2 千里岩岛地质露头核心区剖面调查与榴辉岩发现

千里岩岛调查之初没有任何概念，也没有奢望可以发现榴辉岩，至今 7 年过去，发现最初的选择十分正确，将历年过程及进展记录如下。

2009 年 9 月，初登千里岩岛，交通工具为小渔船。三人小组通过汽车至田横岛码头登小渔船，六个小时后在千里岩北岛西北码头登岛。这个长方形码头连接一条人工修筑坡度很大的小路，宽约 3m，直通北岛半山。因为小路随地取材，利用块状花岗岩就地修筑，由很小块填满孔隙，包括角闪片麻岩、黑白云母片岩等。首次登岛小路较为完整，发现多种动力成因砂岩、石英脉、角闪片岩。唯一失望的是，在岛上三个多小时，直到离岛，都没发现前人报道的榴辉岩。

2012 年 6 月 19 日，依托国家项目再登千里岩岛。由于先期准备工作扎实，所以蚊帐、棉被褥，18 磅重锤，50m 卷尺，罗盘，简易炊具及足量饮水、食品一应俱全（图 4-2）。住岛两天，完成以下关键工作：

图 4-2　露营帐篷，远端为食品，炊具和饮水

1）了解千里岩岛，实测地质剖面

首先，乘船环岛绕行 1 周，同时拍摄照片 219 幅，采集每张照片 GPS 坐标（图 4-3 左）。其次，完成剖面实测。一行六人由西北码头登岛后，沿小路拾级而上，行几十米小路，左转沿盘山陡峭分叉小路上行，实施地层岩石露头剖面实测，至两岛相接处沿小路下至南岛，沿唯一小路至南部陡坡前为止，采样 12 块，实测点与 GPS 坐标 47 个（图 4-3 左）。

2）室内研究千里岩岛照片

至 2012 年 9 月，完成了所有拍摄照片拼接及分析，先后发现千里岩岛南、北两翼两个独特的岩石地层剖面（图 4-3 右上）。

（1）西北翼大剖面：跨南北两岛。总长度超过 300m，海拔超过 90m；最高点位于南翼，岩层大角度北倾近直立；存在典型中轴，中轴高度超过 40m（图 4-3 右上和右下红色箭头指示）；由南向北，岩层倾角南缓北陡，过中轴向北的一段岩层无倾向（图 4-3 右上）；登岛后在中轴位置向海拍摄照片见图 4-3 右下左，可见岩层呈向心圆状倾向，长度超过 20m；并且岩层倾向不断加大直至近于直立。

（2）东南翼椭圆形大剖面：位于南岛东南部，呈斜坡状，与西北翼剖面相同，也有中轴（图 4-4），长 55m，进深 25m；高潮时可多半没于水下。

3）捡到榴辉岩

在实测剖面沿线并未发现榴辉岩。最后，在 50 年前驻岛部队修筑、位于中轴不远的小路边发现一块巨大的疑似榴辉岩。通过实验室鉴定分析，定名为蚀变榴辉岩。

图 4-3　千里岩岛岛陆陆碰撞大剖面

左侧外为环千里岩岛采集 GPS 坐标点位，内为实测露头地质剖面采样 GPS 坐标点。箭头所指为千里岩岛大剖面，箭头所指为中轴位置；右上为船上所拍千里岩岛大剖面；右下可见左翼岩层右翼岩层向心圆状倾向，中部横向，为岛上俯拍中轴，之间缺一张照片

中轴核心

图4-4　千里岩岛东南翼核心区露头地质剖面

2013年7月，三登千里岩岛。目标：完成2012年未完成的工作，找到有根榴辉岩。个人装备"鸟枪换炮"：升级为帐篷与睡袋（图4-5）；携带专业驴友背包，两条50m保险绳，18磅重锤和罗盘。行前，精心选择潮高、潮期、潮差；确定此行不但要找到榴辉岩而且必须采集到样品；预测东南翼椭圆形大剖面核心区是榴辉岩出露点。现场必须攀岩壁才能下至剖面核心（图4-5、图4-6），但到达现场后发现，岩层异常坚硬，18磅大锤多次敲击只获得小白点，特别是长满滑湿苔藓的剖面核心区无法敲击获得样品。最后，历尽艰辛采得样品16块并获得其坐标，全部样品在采样点直接抛接上船，关键是在核心区构造薄弱处采榴辉岩，为中温高压榴辉岩。

2014年7月，四登千里岩岛。计划在核心区剖面打一探槽完成样品系统采集。带手提钻机、柴油发电机，加上20kg柴油桶、90m粗电缆和20人大帐篷等。但搬运艰难，登陆点改为东南翼码头；抵达核心区剖面后，涨潮太快，风大浪高；在码头至剖面作业点间无运输工具，要想完成装备运输必须先克服这些问题。因此，所有人都只是劳动力，肩挑手抬将这些物件安置到了剖面位置，却因怕潮水上涨首先选择完成近海面核心点钻击时，一波巨风击打海浪上岸，导致平放的发电机插座进水，一下就烧坏了保险丝，而先期准备后备件远在码头，来回一趟超过1个小时，其时天色已晚，取得它显然已经不可能了，第二天将涨潮20cm以上，所以本轮工作显然失败了。但是，利用18磅大锤人工采集到核心区剖面偏北位置17块岩石样品，包括金红石榴辉岩。金红石富钛，呈密集小红点状，赋存于构造薄弱位置，形成条件近似苏鲁大别榴辉岩。

2015年9月，五登千里岩岛。本航次蒙中国海洋局北海分局大力支持，来自全国六大院所20余人搭乘千吨海警船1122号考察了千里岩岛（图4-6、图4-7）。

图 4-5　2013 年千里岩岛调查

图 4-6　各年度登登陆千里岩岛人员

2013 年：a. 在船上；b. 从左至右赵新伟、魏凯、闫桂京、孙和清、许红、张成、朱玉瑞；e. 赵新伟；2014 年：g. 董刚；2015 年：
c. 从左至右龚再升、许红、李旭平、李思田、孙和清；d. 从左至右王修齐（女）、张威威、孙和清、李祥权、马金全；
f. 从左至右张威威、王修齐（女）、许红、卢树参、张海洋；h. 中间长者为陈国威

图 4-7　2015 年千里岩岛考察

第 5 章

千里岩岛榴辉岩特征与成因机制

5.1 榴辉岩岩相学特征

本章分别鉴定分析了千里岩岛蚀变榴辉岩与金红石榴辉岩样品的岩相学特征。

5.1.1 金红石榴辉岩岩相学

1. 16QLY-01

该样品主要矿物为石榴子石，不规则粒状集合体，含量约55%，他形－半自形，淡粉红色正高突起，正交偏光下全消光，粒径为 0.5～1mm，多破裂，边缘有冠状体反应边；绿辉石呈他形粒状，含量约20%，无色到浅绿色，弱多色性，正高突起，两组完全解理，干涉色二级中部；普通角闪石，长柱状，薄片下为绿色，多色性明显，斜消光，N_g= 深绿色，N_p= 浅绿色，最高干涉色二级中部，正延性，含量约15%。白云母，片状，无色，正低突起，一组极完全解理，最高干涉色可达三级，平行消光，含量约7%。次要矿物为金红石，粒状，长柱状薄片中为浅红色，正高突起，高级白干涉色，含量约2%。岩石定名为普通榴辉岩（图5-1）。

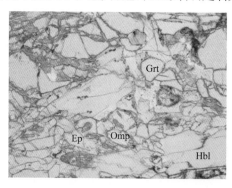

图 5-1　16QLY-01 的显微构造照片（单偏光 10×5）

Grt. 石榴子石；Ep. 绿帘石；Omp. 绿辉石；Hbl. 普通角闪石

2. 16QLY-02

该样品主要矿物为石榴子石，不规则粒状集合体，淡粉色，正高突起，正交偏光下全消光，含量约 55%；绿辉石，含量约 20%，他形粒状，薄片下为无色，弱多色性，正高突起，部分绿辉石已经退变为后成合晶；角闪石，长柱状到针状，薄片下为绿色，多色性显著，N_g= 深绿色，N_p= 浅绿色，含量约 15%；白云母，片状，无色，正低突起，一组完全解理，平行消光，最高干涉色可达三级，含量约 7%；金红石，细粒状，浅褐色，高级白干涉色，正高突起，部分金红石的边部发育有退变边，含量约 1%。岩石定名为普通榴辉岩（图 5-2）。

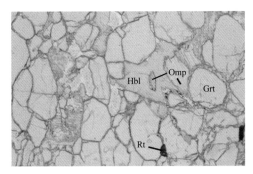

图 5-2　16QLY-02 的显微构造照片（单偏光 10 × 5）

Grt. 石榴子石；Omp. 绿辉石；Hbl. 普通角闪石；Rt. 金红石

3. 16QLY-03

该样品主要矿物为石榴子石，不规则粒状集合体，浅粉色，正高突起，正交偏光下全消光，部分石榴子石含有金红石、绿辉石等包体，含量约 45%；绿辉石，薄片下为无色，弱多色性，正高突起，两组完全解理，干涉色到二级中部，含量约 25%；普通角闪石，长柱状到针状，薄片下为绿色，多色性显著，N_g= 深绿色，N_p= 浅绿色，斜消光，最高干涉色二级中部，正延性，含量约 10%；白云母，片状，无色，正低到正中突起，一组完全解理，最高干涉色三级，平行消光，含量约 8%。次要矿物为金红石，粒状，正高突起，浅红褐色，高级白干涉色，含量约 6%；绿帘石，可见异常干涉色，含量约 1%。岩石定名为金红石榴辉岩（图 5-3）。

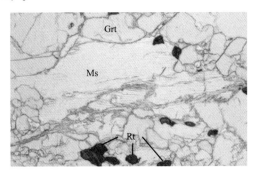

图 5-3　16QLY-03 的显微构造照片（单偏光 10 × 5）

Grt. 石榴子石；Ms. 白云母；Rt. 金红石

4. 16QLY-04

该样品主要矿物为石榴子石，不规则粒状集合体，淡红色，正高突起，正交偏光下全消光，含量约50%；绿辉石，他形粒状，薄片下为无色到浅绿色，弱多色性，正高突起，两组完全解理，干涉色二级中部，含量约20%；白云母，片状，无色，正低突起到正中突起，一组完全解理，最高干涉色可达三级，平行消光，含量约10%。次要矿物为金红石，粒状，正高突起，高级白干涉色，含量约5%；绿泥石，不规则粒状，淡绿色，正低突起，弱多色性，含量约3%。岩石定名为金红石榴辉岩（图5-4）。

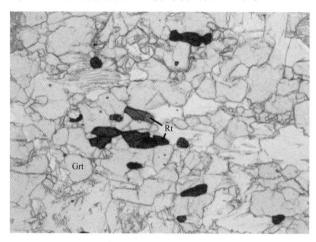

图 5-4 16QLY-04 的显微构造照片（单偏光 10×5）

Grt. 石榴子石；Rt. 金红石

5. 16QLY-05

该样品主要矿物为石榴子石，不规则粒状集合体，淡粉色，正高突起，正交偏光下全消光，含量约45%；绿辉石，他形粒状，薄片下为无色，弱多色性，正高突起，两组完全解理，干涉色二级中部，含量约25%；角闪石，薄片下为绿色，多色性显著，N_g=深绿色，N_p=浅绿色，斜消光，含量约15%。次要矿物为金红石，粒状，浅褐色，正高突起，高级白干涉色，发育退变边，含量约6%；石英，无解理，正低突起，干涉色一级灰白，表明干净，含量约1%。岩石定名为金红石榴辉岩（图5-5）。

6. 16QLY-06

该样品主要矿物为石榴子石，不规则粒状集合体，淡红色，正高突起，正交偏光下全消光，含量约50%；绿辉石，他形粒状，薄片下为无色到浅绿色，弱多色性，正高突起，两组完全解理，干涉色二级中部，含量约30%；白云母，片状，无色，正低突起到正中突起，一组完全解理，平行消光。次要矿物为金红石，粒状，正高突起，高级白干涉色，含量约6%；钛铁矿，深红色不透明或微透明，内部含有金红石包体，含量约5%；绿帘石，可见异常干涉色，正高突起，弱多色性，对称消光，含量约1%。岩石定名为金红石榴辉岩（图5-6）。

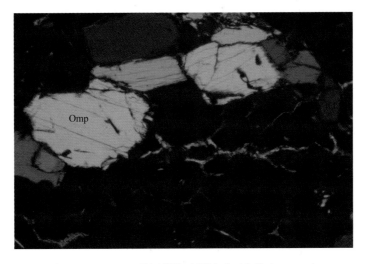

图 5-5　16QLY-05 的显微构造照片（正交偏光 10×5）

Omp. 绿辉石

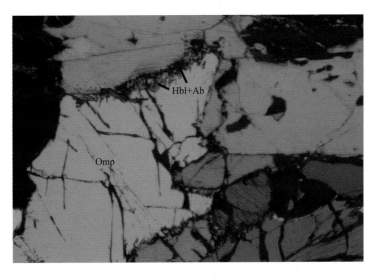

图 5-6　16QLY-06 的显微构造照片（单偏光 10×10）

Omp. 绿辉石；Hbl. 普通角闪石；Ab. 钠长石

7. 16QLY-07

该样品主要矿物为石榴子石，含量约 50%，不规则粒状，正高突起，多破裂，无色到淡红色，正交偏光下全消光，内部含有金红石、绿辉石等包体，边缘有冠状反应边；绿辉石，含量约 25%，无色，干涉色二级中部，正高突起，两组完全解理；角闪石，含量约 10%，薄片下为绿色，多色性显著，N_g= 深绿色，N_p= 浅绿色，斜消光，最高干涉色二级中部。次要矿物为金红石，粒状、针状，薄片中为浅褐色，正高突起，高级白干涉色，含量约 5%。岩石定名为金红石榴辉岩（图 5-7）。

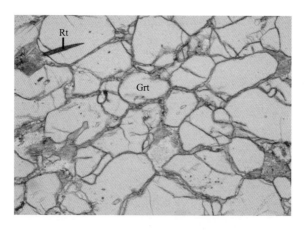

图 5-7　16QLY-07 的显微构造照片（单偏光 10×5）

Grt. 石榴子石；Rt. 金红石

8. 16QLY-08

该样品主要矿物为石榴子石，不规则粒状，浅粉色，正交偏光下全消光，含量约 40%；绿辉石，他形粒状，薄片中无色，正高突起，干涉色二级中部，有的绿辉石存在金红石包体，绿辉石常被 Hbl+Ab 后成合晶替代，含量约 30%；角闪石，薄片下为绿色，多色性显著，N_g= 深绿色，N_p= 浅绿色，斜消光，最高干涉色二级中部，含量约 15%；白云母，无色，正低到正中突起，一组完全解理，最高干涉色三级，平行消光，含量约 10%。次要矿物为金红石，针状或细粒状，薄片中浅褐色，正高突起，高级白干涉色，含量约 1%。岩石定名为榴辉岩（图 5-8）。

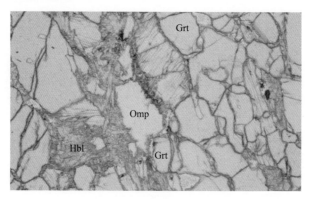

图 5-8　16QLY-08 的显微构造照片（单偏光 10×5）

Grt. 石榴子石；Omp. 绿辉石；Hbl. 普通角闪石

9. 16QLY-09

该样品主要矿物为石榴子石，不规则粒状，浅粉色，正高突起，正交偏光下全消光，含量约 40%；绿辉石，短柱状或他形粒状，薄片中无色，弱多色性，正高突起，部分绿辉石退变为后成合晶，含量约 20%；角闪石，薄片下为绿色，多色性显著，斜消光，角闪石主要有三种产状，第一种以变斑晶的形式，沿着石榴子石和绿辉石的粒间生长，有的包裹石榴子石和绿辉石，第二种以包体形式存在于石榴子石中，第三种与长石组成后成合晶，含量约 10%；白云母，片状，无色，正低到正中突起，一组完全解理，最高干涉色三级，平行消光，含量约 8%；金红石，浅褐色，正高突起，高级白干涉色，细粒状，含量约 1%。岩石定名为榴辉岩（图 5-9）。

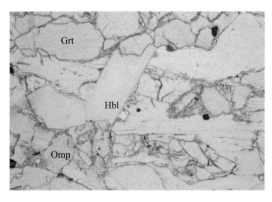

图 5-9　16QLY-09 的显微构造照片（单偏光 10×5）

Grt. 石榴子石；Omp. 绿辉石；Hbl. 普通角闪石

10. 16QLY-10

该样品主要矿物为绿辉石，他形粒状，无色，正高突起，两组完全解理，干涉色到二级中部，含量约 40%；石榴子石，不规则粒状集合体，正高突起，无色到淡红色，正交偏光下全消光，含量约 30%；白云母，片状，无色，正低到正中突起，一组完全解理，最高干涉色三级，平行消光，含量约 10%；角闪石，多色性明显，斜消光，含量约 10%。次要矿物为金红石，细粒状，薄片下浅褐色，高级白干涉色，金红石有两种产状，一种以包体形式产于石榴子石绿辉石中，另一种以粒间颗粒形式存在于石榴子石绿辉石之间，部分退变为榍石或钛铁矿，含量约 5%；绿泥石，淡绿色，正低突起，多色性微弱，含量约 2%。岩石定名为金红石榴辉岩（图 5-10）。

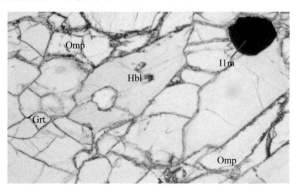

图 5-10　16QLY-10 的显微构造照片（单偏光 10×5）

Grt. 石榴子石；Omp. 绿辉石；Hbl. 普通角闪石；Ilm. 钛铁矿

11. 16QLY-11

该样品主要矿物为石榴子石，不规则粒状集合体，无色，正高突起，正交偏光下全消光，含量约 40%；绿辉石，短柱状，薄片中弱多色性，正高突起，两组完全解理，干涉色二级，多退变为角闪石，含量约 30%；普通角闪石，长柱状到针状，薄片下为绿色，多色性显著，N_g= 深绿色，N_p= 浅绿色，斜消光，最高干涉色二级中部，含量约 10%。次要矿物为白云母，片状，无色，正低到正中突起，一组完全解理，最高干涉色三级，平行消光，含量约 5%；金红石，粒状，针状，薄片下为浅褐色，正高突起，高级白干涉色，含量约 5%；绿泥石，不规则粒状，淡绿色，正低突起，异常干涉色，含量约 2%。岩石定名为金红石榴辉岩（图 5-11）。

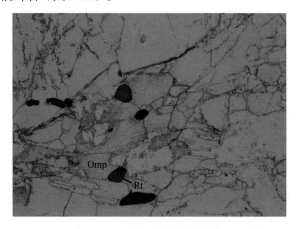

图 5-11   16QLY-11 的显微构造照片（单偏光 10×5）
Omp. 绿辉石；Rt. 金红石

5.1.2　蚀变榴辉岩岩相学

典型蚀变榴辉岩岩石样品手标本描述及岩石薄片镜下鉴定特征如下。

1. QLY-01

手标本描述：岩石表面呈深褐色，中粗粒纤状粒状变晶结构，片麻状构造，主要矿物为石榴子石、纤维状普通角闪石、辉石。

镜下鉴定：主要矿物为石榴子石，不规则粒状集合体，无色，正高突起，含量约 55%；绿辉石，短柱状，薄片下为无色，弱多色性，正高突起，两组完全解理，干涉色到二级中部，含量约 20%；普通角闪石，长柱状到针状，薄片下为绿色，多色性显著，N_g= 深绿色，N_p= 浅黄绿色，斜消光，最高干涉色二级中部，正延性，含量约 15%；白云母，片状，无色，正低到正中突起，一组完全解理，最高干涉色可达三级，平行消光，含量约 10%。次要矿物主要为金红石，长柱状或针状，有时呈细粒状，薄片中一般为浅红色，多色性弱，正高突起，高级白干涉色，含量约 2%。岩石定名为白云母角闪榴辉岩（图 5-12）。

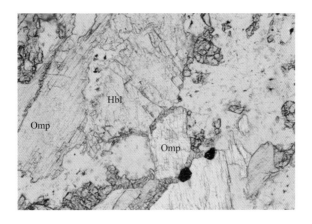

图 5-12　QLY-01 的显微构造照片（单偏光 10×5）

Omp. 绿辉石；Hbl. 普通角闪石

2. QLY-02

手标本描述：岩石表面呈灰绿色，中粒纤状粒状变晶结构，块状构造，主要矿物为石榴子石、绿辉石等。

镜下鉴定：主要矿物为石榴子石，不规则粒状集合体，无色，正高突起，无色到淡红色，含量约 55%；绿辉石，短柱状，薄片下为无色到浅绿色，弱多色性，正高突起，两组完全解理，干涉色到二级中部，边部多形成后成合晶，含量约 25%；普通角闪石，长柱状到针状，薄片下为绿色，多色性显著，N_g= 深绿色，N_p= 浅黄绿色，斜消光，最高干涉色二级中部，正延性，含量约 10%。次要矿物主要为白云母，片状，无色，正低到正中突起，一组完全解理，最高干涉色可达三级，平行消光，含量约 5%；金红石，长柱状或针状，有时呈细粒状，薄片中一般为浅红色，多色性弱，正高突起，高级白干涉色，含量约 2%；蓝晶石，板柱状或放射状集合体，蓝色或浅蓝色，薄片中无色，正高突起，干涉色一级亮黄 - 橙，斜消光，有一组完全解理，含量约 2%。岩石定名为白云母角闪榴辉岩（图 5-13）。

图 5-13　QLY-02 的显微构造照片（单偏光 10×5）

绿辉石（Omp）边部形成后成合晶

3. QLY-03

手标本描述：岩石表面呈浅肉红色，中粗粒粒状变晶结构，片麻状构造，主要矿物为斜长石、石英等。

镜下鉴定：主要矿物为微斜长石，不规则粒状，无色，负低突起，最高干涉色一级灰到一级灰白，发育格子状双晶，含量约60%；石英，无色，不规则粒状，无解理，正低突起，干涉色一级黄白，表面干净，含量约20%；斜长石，不规则粒状或板条状，薄片下为无色，正低到负低突起，一级灰白干涉色，发育聚片双晶，含量约10%。次要矿物主要为白云母，细鳞片状集合体，无色，正低到正中突起，一组完全解理，最高干涉色可达三级，平行消光，含量约3%；黑云母，呈鳞片状，薄片下为褐色到浅黄褐色，正中突起，一组完全解理，最高干涉色到二级顶部，平行消光，含量约1%；绿帘石，不规则粒状，无色到淡绿色，正高突起，干涉色鲜艳，分布不均匀，为普通角闪石退变质形成，含量约1%；磁铁矿，不规则粒状，不透明，含量约1%。岩石定名为绿帘黑云钾长片麻岩（图5-14）。

图5-14　QLY-03中微斜长石的格子状双晶（正交偏光10×10）

4. QLY-04

手标本描述：岩石表面呈灰白色，中细粒鳞片粒状变晶结构，片麻状构造，主要矿物为长石、石英等。

镜下鉴定：主要矿物为碱性长石，含量约65%；石英，无色，不规则粒状，无解理，正低突起，干涉色一级黄白，表面干净，含量约25%。次要矿物为绿帘石，不规则粒状，无色到淡绿色，正高突起，干涉色鲜艳，分布不均匀，为普通角闪石退变质形成，含量约5%；黑云母，呈鳞片状，薄片下为褐色到浅黄褐色，正中突起，一组完全解理，最高干涉色到二级顶部，平行消光，含量约2%；白云母，细鳞片状集合体，无色，正低到正中突起，一组完全解理，最高干涉色可达三级，平行消光，含量约1%。岩石定名为绿帘黑云钾长片麻岩（图5-15）。

图 5-15　QLY-04 的显微构造照片（正交偏光 10×5）

Mic. 微斜长石；Pert. 条纹长石

5. QLY-05

手标本描述：岩石表面呈肉红色，中粗粒粒状变晶结构，片麻状构造，主要矿物为长石、石英等。

镜下鉴定：主要矿物为碱性长石，含量约 65%，主要为微斜长石和条纹长石，微斜长石，不规则粒状，薄片中无色，负低突起，最高干涉色一级灰到一级灰白，发育格子状双晶，条纹长石，不规则粒状，有时呈板状，无色，正低到负低突起，条纹结构；石英，无色，不规则粒状，无解理，正低突起，干涉色一级黄白，表面干净，含量约 25%。次要矿物主要为黑云母，呈鳞片状，薄片中为褐色到浅黄褐色，正中突起，一组完全解理，最高干涉色到二级顶部，平行消光，含量约 2%；绿帘石，不规则粒状，无色到淡绿色，正高突起，干涉色鲜艳，分布不均匀，含量约 1%；榍石，菱形或楔形，褐色或黑色，薄片下为黄色和淡褐色，正高突起，干涉色高级白，对称消光，含量约 1%；磁铁矿，不规则粒状，不透明，含量约 1%。岩石定名为绿帘黑云钾长片麻岩（图 5-16）。

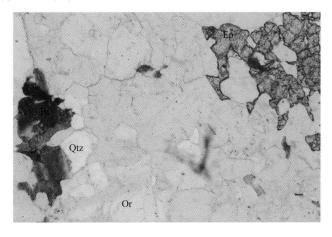

图 5-16　QLY-05 的显微构造照片（单偏光 10×5）

Ep. 绿帘石；Qtz. 石英；Or. 正长石

6. QLY-06

手标本描述：岩石表面呈灰黑色，中粒鳞片粒状变晶结构，块状构造，主要矿物为石榴子石、绿辉石。

镜下鉴定：主要矿物为石榴子石，不规则粒状集合体，无色，正高突起，薄片下为无色到淡红色，边部发生绿泥石化，含量约 55%；绿辉石，短柱状或他形粒状，薄片下为无色到浅绿色，弱多色性，正高突起，两组完全解理，干涉色到二级中部，含量约 35%。次要矿物主要为绿泥石，不规则粒状，淡绿色，正低突起，多色性微弱，异常干涉色（墨水蓝或锈褐色），含量约 5%；白云母，片状，无色，正低到正中突起，一组完全解理，最高干涉色可达三级，平行消光，含量约 3%；金红石，长柱状或针状，有时呈细粒状，薄片下一般为浅红色，多色性弱，正高突起，高级白干涉色，含量约 2%。岩石定名为榴辉岩（图 5-17）。

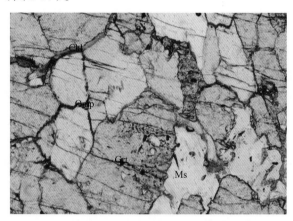

图 5-17　QLY-06 的显微构造照片（单偏光 10×5）

Chl. 绿泥石；Omp. 绿辉石；Grt. 石榴子石；Ms. 白云母。绿辉石和石榴子石边部出现绿泥石

7. QLY-07

手标本描述：岩石表面呈深褐色，中细粒纤状粒状变晶结构，片麻状构造，主要矿物为石榴子石、绿辉石等。

镜下鉴定：主要矿物为石榴子石，不规则粒状集合体，无色，正高突起，薄片下为无色到淡红色，含量约 50%；绿辉石，短柱状，薄片下为无色到浅绿色，弱多色性，正高突起，两组完全解理，干涉色到二级中部，多发生绿泥石化，含量约 30%；普通角闪石，长柱状到针状，薄片下为绿色，多色性显著，N_g= 深绿色，N_p= 浅黄绿色，斜消光，最高干涉色二级中部，正延性，含量约 10%。次要矿物主要为白云母，细鳞片状集合体，无色，正低到正中突起，一组完全解理，最高干涉色可达三级，平行消光，含量约 5%；绿泥石，不规则粒状，淡绿色，正低突起，多色性微弱，异常干涉色（墨水蓝或锈褐色），含量约 5%；金红石，长柱状或针状，有时呈细粒状，薄片下一般为浅红色，多色性弱，正高突起，高级白干涉色，含量约 2%；极少量石英。岩石定名为白云母角闪榴辉岩（图 5-18）。

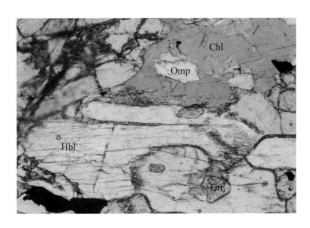

图 5-18　QLY-07 的显微构造照片（单偏光 10×5）

Omp. 绿辉石；Hbl. 角闪石；Chl. 绿泥石。绿辉石转变为角闪石和绿泥石

8. QLY-09

手标本描述：岩石表面呈深褐色，中细粒纤状粒状变晶结构，片麻状构造，主要矿物为石榴子石、普通角闪石、绿辉石等。

镜下鉴定：主要矿物为石榴子石，不规则粒状集合体，无色，正高突起，薄片下为无色到淡红色，含量约 45%；普通角闪石，长柱状，薄片下为绿色，多色性显著，N_g=深绿色，N_p=浅黄绿色，斜消光，最高干涉色二级中部，正延性，含量约 25%；绿辉石，短柱状或他形粒状，薄片下为无色到浅绿色，弱多色性，正高突起，两组完全解理，干涉色到二级中部，含量约 10%。次要矿物主要为绿泥石，不规则粒状，淡绿色，正低突起，多色性微弱，异常干涉色（墨水蓝或锈褐色），含量约 5%；石英，无色，不规则粒状，无解理，正低突起，干涉色一级黄白，表面干净，含量约 5%；白云母，细鳞片状集合体，无色，正低到正中突起，一组完全解理，最高干涉色可达三级，平行消光，含量约 3%；金红石，长柱状或针状，有时呈细粒状，薄片下一般为浅红色，多色性弱，正高突起，高级白干涉色，含量约 2%；绿帘石，不规则粒状，无色到淡绿色，正高突起，干涉色鲜艳，分布不均匀，为普通角闪石退变质形成，含量约 2%。岩石定名为石英榴辉岩（图 5-19）。

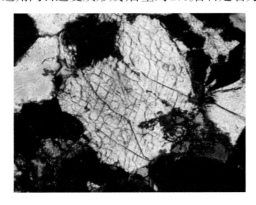

图 5-19　QLY-09 中的绿辉石，两组近正交解理发育（正交偏光 10×10）

9. QLY-10

手标本描述：岩石表面呈深褐色，中细粒纤维状粒状变晶结构，片麻状构造，主要由石榴子石、纤维状角闪石、绿辉石等组成，有角闪石细脉穿插，脉宽 1～5mm，呈分叉状。

镜下鉴定：主要矿物为石榴子石，不规则粒状集合体，无色，正高突起，薄片下为无色到淡红色，含量约 50%；普通角闪石，长柱状到针状，薄片下为绿色，多色性显著，N_g= 深绿色，N_p= 浅黄绿色，斜消光，最高干涉色二级中部，正延性，含量约 20%；绿泥石，不规则粒状，淡绿色，正低突起，多色性微弱，异常干涉色（墨水蓝或锈褐色），含量约 10%；绿辉石，呈短柱状或他形粒状，薄片下为无色到浅绿色，弱多色性，正高突起，两组完全解理，干涉色到二级中部，含量约 10%；石英，无色，不规则粒状，无解理，正低突起，干涉色一级黄白，表面干净，含量约 5%；白云母，细鳞片状集合体，无色，正低到正中突起，一组完全解理，最高干涉色可达三级，平行消光，含量约 5%。次要矿物主要为金红石，长柱状或针状，有时呈细粒状，薄片中一般为浅红色，多色性弱，正高突起，高级白干涉色，含量约 2%。岩石定名为石英榴辉岩（图 5-20）。

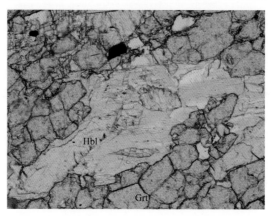

图 5-20　QLY-10 的显微构造照片（单偏光 10×5）
Grt. 石榴子石；Hbl. 绿泥石

10. QLY-12

手标本描述：岩石表面呈深褐色，鳞片粒状变晶结构，块状构造，主要矿物为石榴子石、普通角闪石、绿辉石、白云母等，有长英质脉体穿插。

镜下鉴定：主要矿物为石榴子石，不规则粒状集合体，无色，正高突起，薄片下为无色到淡红色，含量约 45%；普通角闪石，长柱状到针状，薄片下为绿色，多色性显著，N_g= 深绿色，N_p= 浅黄绿色，斜消光，最高干涉色二级中部，正延性，含量约 20%；绿辉石，呈他形粒状，薄片下为无色到浅绿色，弱多色性，正高突起，两组完全解理，干涉色到二级中部，含量约 15%；白云母，片状，无色，正低到正中突起，一组完全解理，最高干涉色可达三级，平行消光，含量约 5%；石英，无色，不规则粒状，无解理，正低突起，干涉色一级黄白，表面干净，含量约 10%。次要矿物主要为绿泥石，不规则粒状，淡绿色，正低突起，多色性微弱，异常干涉色（墨水蓝或锈褐色），含量约 3%；金红石，长柱状或针状，有时呈细粒状，薄片下一般为浅红色，多色性弱，正高突起，高级白干涉色，含量约 2%。岩石定名为白云母石英榴辉岩（图 5-21）；其核部见半自形石榴子石（图 5-22）。

图 5-21　QLY-12 的显微构造照片（正交偏光 10×5）

Grt. 石榴子石；Chl. 绿泥石；Qtz. 石英；Omp. 绿辉石；Hbl. 普通角闪石；Ms. 白云母

图 5-22　在榴辉岩透镜体核部产出的由半自形石榴子石、绿辉石和
白云母组成的鳞片粒状变晶结构，块状构造

岩相学观察表明，千里岩岛榴辉岩变形作用主要表现为多期退变质作用，表现在矿物组合上具体为：①石榴子石＋绿辉石＋蓝晶石组合；②石榴子石＋蓝晶石＋白云母＋石英组合，该组合表明绿辉石＋蓝晶石转变为白云母和石英；③石榴子石＋角闪石＋白云母＋石英 ± 蓝晶石组合，该组合表明透辉石转变为普通角闪石；④角闪石＋斜长石＋白云母＋石英，该组合表明石榴子石转变为钙镁闪石和斜长石；⑤绿泥石＋绿帘石＋斜长石＋白云母＋石英（图 5-23 ～图 5-25）。

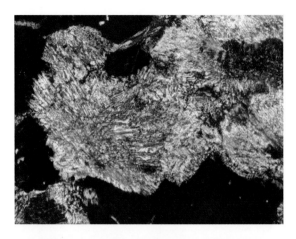

图 5-23　绿辉石转变为透辉石＋斜长石＋石英组成的后成合晶

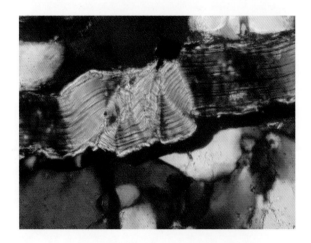

图 5-24　白云母塑性扭曲呈膝形结构图

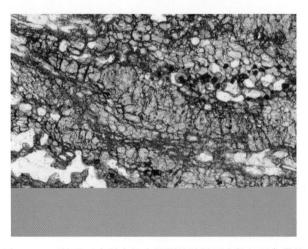

图 5-25　石榴子石碎裂为细小的颗粒并被压扁拉长呈条带状

5.2　榴辉岩矿物地球化学特征

5.2.1　矿物化学特征

榴辉岩中主要造岩矿物的化学组成及其变化可为其成因和演化提供重要的信息，尤其是利用矿物地质温压计成为探讨榴辉岩成岩条件的重要手段，近 20 年来被国内外学者广泛应用。

1. 石榴子石

石榴子石是榴辉岩的主要造岩矿物之一，其化学组成除受控于母岩的化学组成之外，还在很大程度上受控于岩石形成时的物理化学条件，因此，对榴辉岩中石榴子石的成分研究，可以探讨其成因和物质来源。

千里岩岛榴辉岩中石榴子石的电子探针分析结果列入表 5-1。从计算出的石榴子石端元组成来看，千里岩岛榴辉岩中的石榴子石为铁铝榴石 - 钙铝榴石 - 镁铝榴石系列的石榴子石，三个端元分子的含量分别为 40.5% ～ 57.4%、20.7% ～ 32.7%、16.7% ～ 24.2%。

Coleman 等（1965）根据榴辉岩中石榴子石的固溶体端元组分与榴辉岩地质产状的关系将石榴子石分为三类：A 类为地幔来源榴辉岩，B 类为地壳深处角闪岩相变质成因榴辉岩，C 类为蓝闪岩相变质岩中的榴辉岩（韩宗珠，1991；韩宗珠等，2007）。将千里岩岛榴辉岩石榴子石的端元组分组成投影到 Coleman 的判别图解中（图 5-26），可以看出该区榴辉岩全部位于 C 类榴辉岩区。

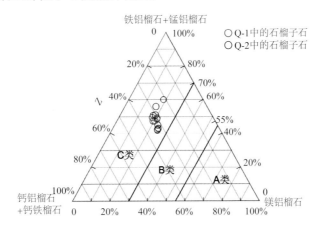

图 5-26　千里岩岛榴辉岩中石榴子石端元组分图解（Coleman *et al.*，1965）

表 5-1 千里岩岛榴辉岩中石榴子石电子探针分析结果

样品	Q-1									Q-2				
	1	2	3	4	5	6	7	8	9	1	2	3	4	5
SiO$_2$	37.93	38.27	36.23	37.79	37.58	38.08	37.06	37.19	38.23	38.00	38.15	37.15	37.88	38.25
TiO$_2$	0.01	0.06	0.00	0.03	0.17	0.03	0.01	0.03	0.06	0.04	0.06	0.08	0.03	0.09
Al$_2$O$_3$	22.54	22.81	22.58	22.66	22.71	22.40	22.13	22.46	22.40	22.09	23.13	22.61	21.53	22.84
Cr$_2$O$_3$	0.02	0.03	0.08	0.11	0.00	0.00	0.05	0.00	0.02	0.00	0.05	0.00	0.00	0.00
FeO	22.07	19.92	22.60	22.27	19.52	22.12	26.90	23.69	19.97	23.22	19.81	22.01	25.64	20.74
MnO	0.43	0.31	0.38	0.32	0.29	0.51	0.51	0.43	0.37	0.48	0.20	0.32	0.71	0.28
MgO	5.31	6.48	4.67	5.46	6.48	5.40	4.77	4.75	6.42	4.92	6.42	5.11	4.34	6.08
CaO	10.80	12.08	11.91	11.22	12.40	12.00	7.61	11.65	12.00	10.96	12.42	12.19	9.86	11.67
以 12 个氧原子为基础的阳离子数														
Si	2.95	2.93	2.87	2.93	2.91	2.94	2.94	2.90	2.95	2.96	2.92	2.90	2.97	2.94
Ti	0.00	0.00	0.00	0.00	0.01	0.00	0.00	0.00	0.00	0.00	0.00	0.00	0.00	0.01
Al	2.07	2.06	2.11	2.07	2.07	2.03	2.07	2.06	2.04	2.03	2.08	2.08	1.99	2.07
Cr	0.00	0.00	0.01	0.01	0.00	0.00	0.00	0.00	0.00	0.00	0.00	0.00	0.00	0.00
Fe^{3+}	0.00	0.00	0.00	0.00	0.00	0.01	0.00	0.00	0.00	0.00	0.00	0.00	0.03	0.00
Fe^{2+}	1.44	1.28	1.50	1.44	1.26	1.42	1.78	1.54	1.29	1.51	1.27	1.44	1.65	1.33
Mn	0.03	0.02	0.03	0.02	0.02	0.03	0.03	0.03	0.02	0.03	0.01	0.02	0.05	0.02
Mg	0.62	0.74	0.55	0.63	0.75	0.62	0.56	0.55	0.74	0.57	0.73	0.59	0.51	0.70
Ca	0.90	0.99	1.01	0.93	1.03	0.99	0.65	0.97	0.99	0.92	1.02	1.02	0.83	0.96

续表

石榴子石端元组分百分含量

样品	Q-1									Q-2				
	1	2	3	4	5	6	7	8	9	1	2	3	4	5
钙铬榴石	0.06	0.09	0.24	0.32	0.00	0.00	0.15	0.00	0.06	0.00	0.14	0.00	0.00	0.00
钙铁榴石	0.00	0.00	0.00	0.00	0.00	0.36	0.00	0.05	0.00	0.00	0.00	0.00	1.58	0.00
镁铝榴石	19.85	23.93	17.40	20.25	24.06	20.26	18.15	17.82	24.15	18.78	23.37	19.06	16.73	22.45
锰铝榴石	0.91	0.65	0.80	0.67	0.61	1.09	1.10	0.92	0.79	1.04	0.41	0.68	1.56	0.59
钙铝榴石	28.96	31.98	31.65	29.59	33.09	31.99	20.66	31.37	32.39	30.07	32.35	32.68	25.74	30.97
铁铝榴石	46.29	41.28	47.24	46.34	40.66	46.31	57.42	49.84	42.15	49.73	40.46	46.05	54.40	42.96
其他	3.92	2.07	2.67	2.82	1.57	0.00	2.52	0.00	0.46	0.38	3.26	1.54	0.00	3.04

1967 年地球科学革命以后，Lovering 和 White（1969）在 Coleman 等的基础上，对世界各地不同产状的榴辉岩中的石榴子石进行了统计分析，提出了榴辉岩成因分类图解，将榴辉岩分为 A、B、C 三大类，并将 A 类定义为地幔岩中的榴辉岩包体，B 类定义为角闪岩相中的榴辉岩块体，C 类定义为发育于板块缝合线的蓝闪石片岩中的榴辉岩透镜体（韩宗珠，1991；韩宗珠等，2007）。将千里岩岛榴辉岩中石榴子石的端元组成投影于 Lovering 等的判别图解中（图 5-27），可以看出该区榴辉岩位于 C 类榴辉岩与 B 类榴辉岩的重合区，从中可以推断该区榴辉岩可能形成于蓝闪石片岩的板块碰撞带，后经角闪岩相的变质作用叠加。

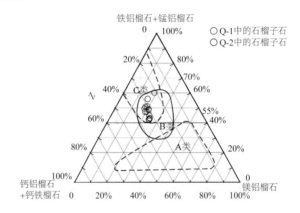

图 5-27　千里岩岛榴辉岩中石榴子石成因分类图解（Lovering and White，1969）

在前人研究资料的基础上，从柏林和张雯华（1977）注意到榴辉岩中石榴子石的 Ca^{2+} 含量和 $Mg/(Mg+Fe^{2+}+Mn)$ 值与榴辉岩形成时的压力温度条件存在密切的制约关系，从而提出了根据石榴子石的 Ca^{2+} 阳离子数与 $Mg/(Mg+Fe^{2+}+Mn)$ 值的相关性判别榴辉岩的成因和物质来源（韩宗珠，1991）。将千里岩岛榴辉岩中的石榴子石的组成投影到从柏林等的判别图解（图 5-28）中，可以看出千里岩岛榴辉岩基本位于Ⅶ区（蓝闪片岩相榴辉岩区）和Ⅳ区（刚玉榴辉岩区），且有个别点位于Ⅵ区（角闪岩相榴辉岩区），这些证据表明该区榴辉岩尽管是在蓝闪石片岩相变质条件下形成的，但后期经历了高温叠加改造的过程（韩宗珠等，2007）。

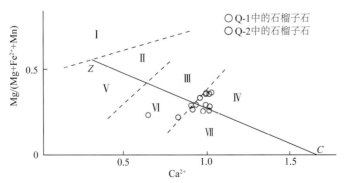

图 5-28　千里岩岛榴辉岩中石榴子石的 $Mg/(Mg+Fe^{2+}+Mn)$-Ca^{2+} 相关性图解（从柏林和张雯华，1977）

ZC 线以上为地幔成因榴辉岩；Ⅰ、Ⅱ、Ⅲ.金伯利岩中榴辉岩；Ⅳ.刚玉榴辉岩；ZC 线以下为地壳成因榴辉岩；Ⅴ.麻粒岩相榴辉岩；Ⅵ.角闪岩相榴辉岩；Ⅶ.蓝闪片岩相榴辉岩

Hirajima 等（1988）在研究 Motalafjella 造山带榴辉岩中具环带结构的石榴子石时指出：从核部到边部，其 *P-T* 条件从 $5 \times 10^8 \sim 8 \times 10^8 Pa$、$350 \sim 400 \ ℃$ 升至 $17 \times 10^8 \sim 24 \times 10^8 Pa$、$575 \sim 645 ℃$。伴随这一 *P-T* 变化，核部石榴子石的 MnO 含量从 $1.26\% \sim 2.4\%$ 下降到边部的 $0.26\% \sim 1.10\%$，MgO 含量从 $1.29\% \sim 2.62\%$ 上升到 $3.33\% \sim 5.63\%$。这说明石榴子石中的 MnO、MgO 含量可以指示变质作用 *P-T* 大小的等级。张寿广等（1991）在研究秦岭宽坪群变质岩中石榴子石成分时指出，随着变质程度的增加（从绿片岩相到低角闪岩相），其具有 MgO 含量增加，而 MnO 含量下降的规律。李曙光和肖益林（1994）对多个榴辉岩及其退变质岩，以及一般角闪岩相变质岩中石榴子石 MnO 和 MgO 含量的统计结果表明，角闪岩相变质岩的石榴子石 MnO 含量一般大于 1.16%，少数样品的 MnO 含量稍低，但不小于 0.8%。一般在角闪岩相岩石中，随着变质程度的增加斜长角闪岩的石榴子石 MnO 含量下降。图 5-29 证实千里岩岛榴辉岩发生过退变质作用。

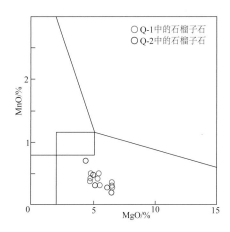

图 5-29　榴辉岩及其变质岩和普通角闪岩相变质岩中石榴子石的 MnO-MgO 判别图

2. 角闪石

千里岩岛榴辉岩中角闪石的电子探针分析结果列入表 5-2 中。

表 5-2　千里岩岛榴辉岩中角闪石电子探针分析结果

样品	Q-1-1	Q-1-2	Q-1-3	Q-1-4	Q-1-5	Q-1-6	Q-2
SiO_2	45.73	46.63	45.55	46.56	47.08	45.95	45.36
TiO_2	0.4	0.34	0.13	0.35	0.29	0.46	0.37
Al_2O_3	14.46	13.99	13.59	14.23	12.49	13.97	14.71
Fe_2O_3							
FeO	14.6	13.19	13.02	14.25	14.04	14.8	14.79
MnO		0.2	0.12	0.04	0.1	0.15	0.15
MgO	10.81	10.55	12.47	10.56	11.55	10.26	9.54

续表

样品	Q-1-1	Q-1-2	Q-1-3	Q-1-4	Q-1-5	Q-1-6	Q-2
CaO	8.7	9.19	11.57	9.25	9.71	8.84	10.19
Na_2O	2.21	2.1	1.22	2.28	1.61	2.3	1.82
K_2O	0.15	0.18	0.01	0.19	0.15	0.17	0.23
以 23 个氧原子为基础的阳离子数							
Si	6.6776	6.8125	6.6103	6.7462	6.8629	6.7413	6.6523
Al^{IV}	1.3224	1.1875	1.3897	1.2538	1.1371	1.2587	1.3477
Al^{VI}	1.1661	1.2214	0.9347	1.1761	1.0087	1.1569	1.1949
Ti	0.0439	0.0374	0.0142	0.0382	0.0318	0.0508	0.0408
Fe^{3+}	0.6390	0.7401	0.6142	0.6615	0.7261	0.6569	0.6842
Fe^{2+}	1.1440	0.8715	0.9660	1.0653	0.9855	1.1590	1.1298
Mn		0.0247	0.0148	0.0049	0.0123		0.0186
Mg	2.3532	2.2978	2.6978	2.2809	2.5099	2.2440	2.0857
Ca	1.3612	1.4386	1.7990	1.4360	1.5166	1.3896	1.6012
Na	0.6257	0.5949	0.3433	0.6405	0.4550	0.6542	0.5175
K	0.0279	0.0335	0.0019	0.0351	0.0279	0.0318	0.0430
阳离子总数	15.36	15.26	15.39	15.34	15.27	15.34	15.32
Si_T^{*}	6.6776	6.8125	6.6103	6.7462	6.8629	6.7413	6.6523
Al_T	1.3224	1.1875	1.3897	1.2538	1.1371	1.2587	1.3477
Al_C	1.1661	1.2214	0.9347	1.1761	1.0087	1.1569	1.1949
Fe_C^{3+}	0.6390	0.7401	0.6142	0.6615	0.7261	0.6569	0.6842
Ti_C	0.0439	0.0374	0.0142	0.0382	0.0318	0.0508	0.0408
Mg_C	2.3532	2.2978	2.6978	2.2809	2.5099	2.2440	2.0857
Fe_C^{2+}	0.7978	0.7033	0.7391	0.8433	0.7235	0.8915	0.9944
Mn_C							
Fe_B^{2+}	0.3462	0.1681	0.2269	0.2220	0.2620	0.2675	0.1354
Mn_B		0.0247	0.0148	0.0049	0.0123		0.0186
Ca_B	1.3612	1.4386	1.7583	1.4360	1.5166	1.3896	1.6012
Na_B	0.2926	0.3685		0.3371	0.2091	0.3429	0.2447
Ca_A			0.0407				
Na_A	0.3331	0.2263	0.3433	0.3034	0.2460	0.3113	0.2728
K_A	0.0279	0.0335	0.0019	0.0351	0.0279	0.0318	0.0430

* 下标表示离子在晶体中所占位置

在 Al^{VI} 和 Si 变异图上（图 5-30），其为高压型角闪石（张儒瑗、从柏林，1982）。根据 Ti-Si 变异图解（图 5-31）分析，千里岩岛榴辉岩处于典型的变质闪石区。

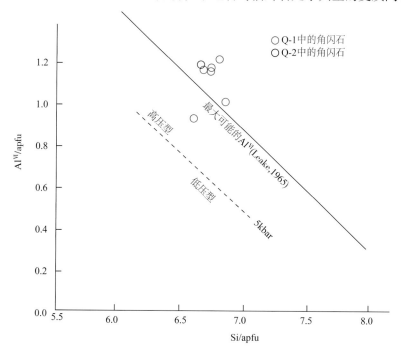

图 5-30　千里岩岛榴辉岩中角闪石压力型的 Al^{VI} 对 Si 变异图（Rease，1974）

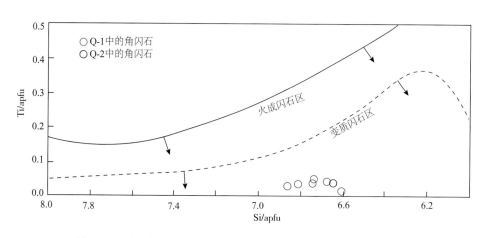

图 5-31　千里岩岛榴辉岩中角闪石的 Ti-Si 变异图（Leake，1965）

角闪石的 Ca_B 和 Na_B 分别为 1.36～1.76 和 0.21～0.37，均属于钙质角闪石。从图 5-32 可以看出，千里岩岛榴辉岩中的角闪石 $(Na+K)_A$ 为 0.26～0.36，均小于 0.5，投影于普通角闪石的区域中（图 5-33）。

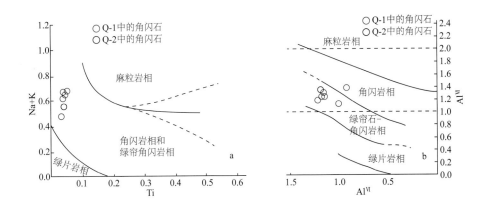

图 5-32　千里岩岛榴辉岩中角闪石的变异图（3aKprнн，1968）

a.（Na＋K）-Ti 图解；b. Al^{IV}-Al^{VI} 图解。角闪石的坐标均为以 23 个氧原子为基础的角闪石分子式中的阳离子数

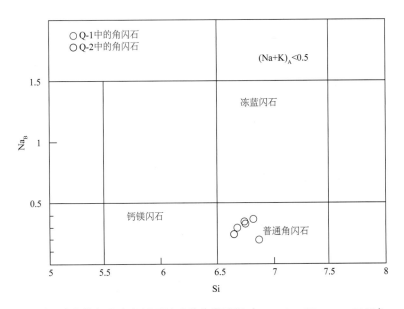

图 5-33　千里岩岛榴辉岩中角闪石的成分分类图解（Enami and Banno，2000）

3. 地质温度计

别尔丘克（Perchuk，1966，1967）先后对角闪石－斜长石、角闪石－辉石、角闪石－石榴子石等共存矿物对进行了热力学分析，研究了共存矿物对的 K_D 与 P-T 的关系。根据别尔丘克关于石榴子石－角闪石这对共存矿物的研究结果，将千里岩岛两个样品投影于图 5-34 中，可以看到其温度为 680 ～ 760℃，这个温度可能是榴辉岩的退变质温度（韩宗珠，1991）。韩宗珠等（1992）在研究青岛仰口榴辉岩的岩石矿物学特征时，采用 Ellis 和 Green（1979）的 Gt-Cpx 地温计计算仰口地区的榴辉岩的成岩温度为 580 ～ 760℃，压力为 1.2 ～ 1.6GPa，地热梯度为 13.2℃ /km，与蓝闪石片岩相伴生

的榴辉岩形成的地热梯度（12 ～ 15℃ /km）一致。

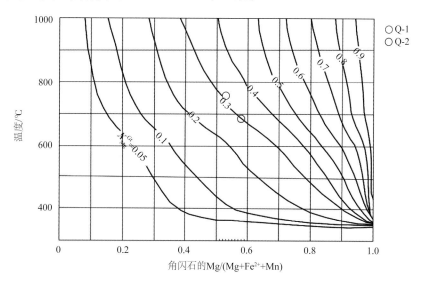

图 5-34　与石榴子石共生的角闪石相图（Perchuk，1967）

X_{Mg}^{Gt} 为石榴子石的 Mg/（Mg+Fe^{2+}+Mn）值

　　根据格列鲍维斯基编制的 $\overline{K}_{Mg}^{Gt-Am}$ 和 $\overline{K}_{Ca}^{Gt-Am}$ 与 T-P 相关图（图 5-23）推算千里岩岛榴辉岩的温压条件为 600 ～ 700℃，12kbar。

　　现有的多数研究表明，苏鲁榴辉岩的变质温度为 700 ～ 800℃。但是张泽明等（2005c）和 Zhang 等（2006a）认为运用石榴子石 - 单斜辉石之间的 Fe-Mg 分配系数温度计计算出来的温度并不是榴辉岩相变质作用的峰期温度，而是榴辉岩经历折返后石榴子石与绿辉石之间发生成分再平衡后的温度，即超高压至高压榴辉岩相退变质温度，榴辉岩的真正峰期变质温度可能会超过 900 ～ 1000℃（Zhang *et al.*，2006a，2006b，2006c），因此，很可能与地幔榴辉岩具有类似的形成温度（石超、张泽明，2007）。

5.2.2　矿物红外光谱特征

　　高压 - 超高压变质流体的研究一直是地学界关注的焦点和前沿领域，也一直是大陆造山带动力学研究的薄弱环节。

　　近十几年来，对地球深部物质（主要是各种地幔捕虏体）的广泛观察发现，许多名义上的无水矿物（如橄榄石、辉石、石榴子石、石英、长石、蓝晶石等）都可以含有微量的结构氢，以 OH$^-$ 或 H$_2$O 的形式存在（通称结构水）。虽然这些矿物中结构水的含量一般来说都远小于含水矿物，但由于这些矿物在体积上的重要性，它们可能是最主要的地幔水储库（Bell and Rossman，1992a，1992b；Rossman，1996）。同样，由于名义上的无水矿物是高压 - 超高压变质岩中的最主要物相，所以它们也可能是将地表水携带至地球深部，参与高压 - 超高压变质过程的重要载体（夏群科等，2000），是示踪超高压变质流体的重要途径。而高压－超高压榴辉岩矿物中的水，可以为建立超高压变质岩俯冲和折返动力学模型提供重要的限定条件（徐薇，2007）。

对中国大别山和苏鲁地区超高压变质岩的氧、碳、氢同位素研究表明，表壳岩在俯冲到地幔深度并经历超高压变质作用时，并无大规模流体活动。因此，在这些岩石中保留了超高压变质作用之前与大气水进行氧同位素交换的信号，而且在 *m* 级尺度上表现出氧同位素的不均一性（Yui *et al.*，1995；Zhang *et al.*，1998；Zheng *et al.*，1996；Zheng，1997；Baker *et al.*，1997；Wang and Rumble，1999）。仰口榴辉岩中粒间柯石英的保存表明，这些榴辉岩是在没有流体参与的条件下快速折返的（Liou and Zhang，1996），否则，流体可促进熔融以及抹去超高压变质记录。但是，大多数榴辉岩都不同程度地经历了角闪岩相退变质作用，与榴辉岩相峰期矿物组合相比，退变质矿物组合无疑表明了水的介入。氢、氧同位素研究也表明，超高压变质岩在折返至中地壳时发生了角闪岩相退变质，并在水的介入下与围岩片麻岩发生了有限的氢、氧同位素交换（Zheng，1997；Wang and Rumble，1999）。

上述看似矛盾的事实或许是同一事物的两个不同侧面，一方面，在超高压变质环境中有水介入；另一方面，这些水的活动被限制在很小的范围或特定的渠道。看来，在超高压变质过程中的水－岩反应与流体活动问题仍需进一步研究（从柏林、王清晨，1999）。石榴子石的红外吸收光谱集中在 300 ～ 1200nm（图 5-35），将样品所做的红外吸收光谱与标准的镁铝榴石、铁铝榴石、钙铝榴石等的吸收光谱做对照，可以看出千里岩岛榴辉岩的石榴子石可能主要由铁铝榴石、镁铝榴石和钙铝榴石等组成。千里岩岛榴辉岩发生了明显的退变质，绿辉石基本上退变质为角闪石和绿帘石等，角闪石的红外吸收峰为 995nm、748nm、682nm、535nm、456nm（图 5-36），笔者所测得的角闪石红外吸收光谱与之有较多的重复，因此可以进一步推断千里岩岛榴辉岩的绿辉石发生了退变质。

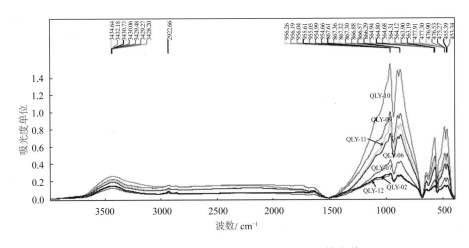

图 5-35　千里岩岛榴辉岩的石榴子石红外光谱

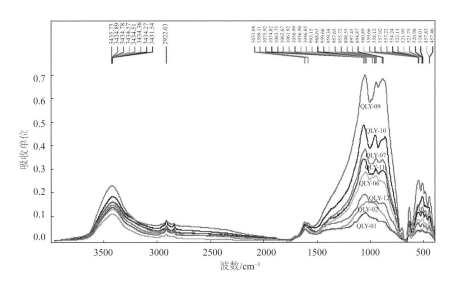

图 5-36　千里岩岛榴辉岩的角闪石红外光谱

典型的 OH⁻ 红外吸收区域为 3000 ~ 3800cm⁻¹，对天然的和合成的石榴子石进行详细观察显示，石榴子石结构 OH⁻ 的红外吸收频率范围为 3500 ~ 3700cm⁻¹（盛英明等，2005b）。徐薇等（2006）做过的研究表明石榴子石的 OH⁻ 峰可分为四组：① 3400 ~ 3450cm⁻¹；② 3555 ~ 3575cm⁻¹；③ 3610 ~ 3635cm⁻¹；④ 3640 ~ 3655cm⁻¹。3400cm⁻¹ 的峰非常宽缓，Bell 和 Rossman（1992a）观察了来自南非金伯利岩以及榴辉岩捕虏体中的大量石榴子石巨晶后发现，结构 OH⁻ 的主要吸收峰在 3570cm⁻¹ 附近。由于石榴子石的成分复杂，OH⁻ 吸收峰也很复杂，参考其他文献，这四组峰是常见的峰，一般都认为，波数在 3500 ~ 3700cm⁻¹ 的峰是结构 OH⁻ 的峰，而低波数 3400 ~ 3450cm⁻¹ 的峰是由颗粒的流体包裹体引起的（Rossman *et al.*，1989；Bell and Rossman，1992b；Langer *et al.*，1993；Bell *et al.*，1995；Zhang *et al.*，2001；Su *et al.*，2002a，2002b；Blauchard and Jugrin，2004；盛英明等，2004，2005a，2005b；Xia *et al.*，2005；Katayama *et al.*，2006）。

从 KBr 压片法获取的谱图来看，千里岩岛榴辉岩样品石榴子石的红外图谱具有较强的 H₂O（3430cm⁻¹ 附近），说明石榴子石中可能含有水。很明显，本书所做的石榴子石红外图谱中，第 I 组峰通常都很宽（半高宽 FWHH 通常大于 150），符合分子水的特征。因此，与已有的报道（Rossman *et al.*，1989；Rossman and Aines，1991；Bell and Rossman，1992b；Langer *et al.*，1993；Amthauer and Rossman，1998；Matsyuk *et al.*，1998）一样，本书将第 I 组峰解释为显微流体包裹体中的分子水（盛英明等，2005b）。

在典型的 OH⁻ 吸收区域，千里岩岛榴辉岩的角闪石红外图谱具有较强 H₂O 吸收带（千里岩岛 3434cm⁻¹ 附近）。这与 Kazakhstan 变质榴辉岩中绿辉石的结构 OH⁻ 吸收峰位置和相对强度较为一致（Katayama and Nakashima，2003）。南非和 Yakutia 金伯利岩的榴辉岩捕虏体中绿辉石的结构 OH⁻ 吸收峰在：① 3450 ~ 3465cm⁻¹；② 3520 ~ 3535cm⁻¹；

③ 3620 ~ 3635cm^{-1}，三个位置上（Smyth *et al.*，1991；Beran *et al.*，1993）。本书中千里岩岛的 OH$^-$ 与其第①组峰（3400 ~ 3450cm^{-1}）是基本对应的。由以上分析和对比可知，本书榴辉岩样品的 OH$^-$ 吸收峰是结构 OH$^-$ 的吸收峰。值得注意的是，本区的第①组峰通常比较宽，可能是由于和绿辉石中流体包裹体分子水的吸收峰叠加造成的（盛英明等，2005b）。

Wang 等（1996）的实验显示，石榴子石中的结构水具有很强的活动性，在抬升超高压变质岩的构造过程中，石榴子石不太可能保存其超高压条件下获得的结构水。因此，认为尽管绿辉石在超高压条件下获得了较多的结构水，但在快速降压过程中，这些结构水会快速释放，并参与了高压退变质反应。苏鲁榴辉岩绿辉石中出溶流体包裹体和高压变质脉的存在，证明出溶流体很可能是榴辉岩早期高压退水化退变质作用的重要流体来源（张泽明等，2006）。

石榴子石和辉石及退变质形成的角闪石是榴辉岩的最主要物相，因此这些单矿物红外光谱的分析结果说明名义上的无水矿物含有结构水，可能是高压 – 超高压变质过程中流体的主要来源，也就是说即使是超高压变质过程，系统也不是"干"的，另外，这些结构水还可能是榴辉岩退变质过程中流体的来源之一（夏群科等，2000）。

5.3　榴辉岩元素地球化学特征

5.3.1　主量元素特征

千里岩岛地区 8 件榴辉岩样品 SiO_2 含量为 40.84% ~ 50.02%（表 5-3），大部分小于 45%，属于超基性岩的范围，但是 MgO 含量较低（6.29% ~ 11.52%），明显低于超基性岩的 MgO 含量，而与超基性岩有关的榴辉岩相对富 Al_2O_3 和 MgO（张建珍等，1998），因此该区榴辉岩的原岩可能不是超基性岩。地球化学分析数据表明千里岩岛榴辉岩的化学成分与张泽明等（2006）划分的正常型榴辉岩相对应（图 5-37）。

表 5-3　千里岩岛榴辉岩岩石化学组成（质量百分含量）　　　（单位：%）

样品	QLY-01	QLY-02	QLY-06	QLY-07	QLY-09	QLY-10	QLY-11	QLY-12
岩石定名	白云母角闪榴辉岩	白云母角闪榴辉岩	榴辉岩	白云母角闪榴辉岩	石英榴辉岩	石英榴辉岩	榴辉岩	白云母石英榴辉岩
SiO_2	40.84	45.73	43.15	41.43	41.36	42.31	41.3	50.02
TiO_2	1.97	0.66	2.02	1.78	1.92	1.27	2.05	1.73
Al_2O_3	11.19	12.34	11.25	11.76	11.19	9.25	10.67	10.12
Fe_2O_3	21.46	15.53	19.61	20.41	21.41	17.24	21.05	18.3

续表

样品	QLY-01	QLY-02	QLY-06	QLY-07	QLY-09	QLY-10	QLY-11	QLY-12
岩石定名	白云母角闪榴辉岩	白云母角闪榴辉岩	榴辉岩	白云母角闪榴辉岩	石英榴辉岩	石英榴辉岩	榴辉岩	白云母石英榴辉岩
MnO	0.23	0.18	0.42	0.23	0.23	0.16	0.23	0.24
MgO	7.42	8.90	6.44	7.60	7.98	11.52	8.01	6.29
CaO	11.71	11.14	11.05	10.88	10.7	13.69	10.59	9.03
Na_2O	3.32	4.23	3.64	3.66	3.52	2.79	3.51	3.44
K_2O	0.23	0.38	0.61	0.23	0.19	0.25	0.25	0.44
P_2O_5	1.21	0.18	0.25	0.27	0.22	0.1	0.25	0.31
总和	99.58	99.27	98.44	98.25	98.72	98.58	97.91	99.92
里特曼指数	−5.81	7.79	119.55	−9.67	−8.39	−13.45	−8.31	2.15
Na_2O+K_2O	3.55	4.61	4.25	3.90	3.71	3.04	3.76	3.89
Na_2O/K_2O	0.07	0.09	0.17	0.06	0.05	0.09	0.07	0.13

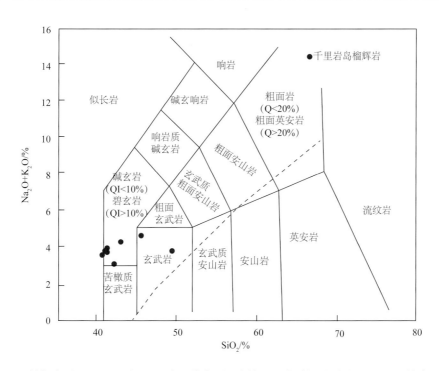

图 5-37　榴辉岩（Na_2O+K_2O）-SiO_2 岩石分类图，虚线以上为碱性系列（Sabine、王焕章，1990）

从 Al_2O_3 和 TiO_2 含量来看，千里岩岛榴辉岩 Al_2O_3 和 TiO_2 含量的平均值分别为 10.97% 和 1.68%，与洋岛拉斑玄武岩相似（Al_2O_3 含量平均为 13.45%，TiO_2 含量平均为

2.63%）（Wilson，1989）。

确定样品的火山岩系列和火山岩类型采用 Irvine 和 Baragar（1971）（SiO₂-ALK）、Miyashiro（1974）（SiO₂-FeO*/MgO）和 Middlemost（1972）等以不同组分参数为判别标准的不同判别图（李巍然等，1997）（图 5-38），均得出相同的结果，即样品属于碱性系列的拉斑玄武岩系列，岩石类型为钠质类型。

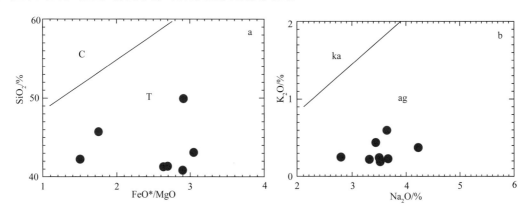

图 5-38　SiO₂-FeO*/MgO 图解（a）（Miyashiro，1974）和 K₂O-Na₂O 图解（b）（Middlemost，1972）

C. 钙碱性系列；T. 拉斑系列；ag. 钠质型；ka. 钾质型

在 AFM 图解中（图 5-39），千里岩岛榴辉岩为岛弧拉斑玄武岩系列。图中显示的强烈的富 Fe 演化趋势不能支持洋壳环境（郭敬辉等，2002）。

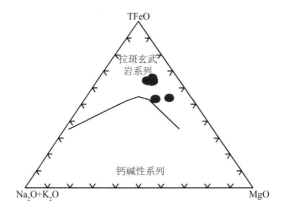

图 5-39　AFM 图解

千里岩岛榴辉岩 Na₂O+K₂O 变化范围为 3.04% ～ 4.61%，平均为 3.84%，里特曼指数基本都小于 4（大部分为负值），应属于钙碱性系列，样品 K₂O/Na₂O 变化范围为 0.053 ～ 0.19，平均为 0.11，均为低钾系列（史仁灯等，2004）。图 5-37 中玄武岩命名采用国际地质科学联合会（IUGS）火成岩分类委员会 1989 年推荐的 TAS 分类命名图。从 TAS 分类图上的投点情况可以看出，千里岩岛榴辉岩的岩性与碧玄岩或玄武岩相当，分布于碱性区域中。图 5-37 大致表示了榴辉岩与其可能的原岩类型。但要注意的是，

图 5-37 中使用了较活动的碱性元素，它们在变质过程中可能发生过迁移，因此，用这个图解所给出的榴辉岩原岩类型仅能作为参考（王来明等，2005）。

在 TiO$_2$-TFeO/MgO 图解中（图 5-40），千里岩岛榴辉岩分布在岛弧拉斑玄武岩的附近。

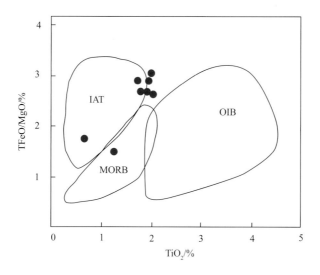

图 5-40　TiO$_2$-TFeO/MgO 判别图解

IAT. 岛弧拉斑玄武岩；OIB. 洋岛玄武岩；MORB. 大洋中脊玄武岩

在 TFeO-MgO-Al$_2$O$_3$ 图中（图 5-41）可以看出，千里岩岛榴辉岩样品投影在大洋岛玄武岩的区域范围内。

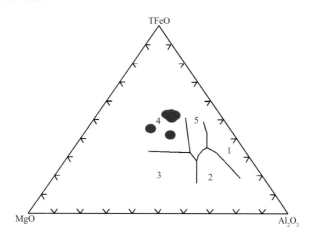

图 5-41　TFeO-MgO-Al$_2$O$_3$ 图解（王仁民等，1987）

1. 扩张性中央岛玄武岩；2. 造山玄武岩；3. 洋中脊或洋底玄武岩；4. 大洋岛玄武岩；5. 大陆玄武岩

从图 5-42 可以看出，千里岩岛榴辉岩分布在岛弧拉斑玄武岩和大洋中脊玄武岩的区域。

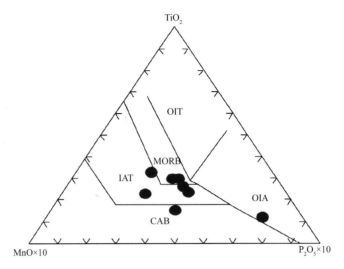

图 5-42　TiO_2-$MnO \times 10$-$P_2O_5 \times 10$ 图解

CAB. 钙碱性玄武岩（岛弧）；IA T. 岛弧拉斑玄武岩；MORB. 大洋中脊玄武岩；
OIT. 洋岛拉斑玄武岩；OIA. 洋岛碱性玄武岩

大陆环境的玄武岩，只有落在 TiO_2-K_2O-P_2O_5 与 $Nb/3$-TiO_2-Th 两图内的岩区才予以认可（Holm，1987）。综合图 5-43 和图 5-44 可知，千里岩岛榴辉岩是大洋拉斑玄武岩。

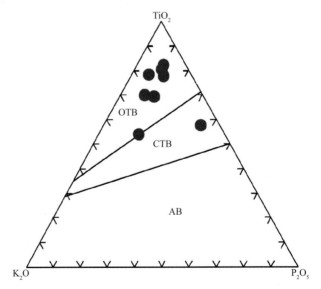

图 5-43　TiO_2-K_2O-P_2O_5 图解（李昌年，1992）

OTB. 大洋拉斑玄武岩；CTB. 大陆拉斑玄武岩；AB. 碱性玄武岩

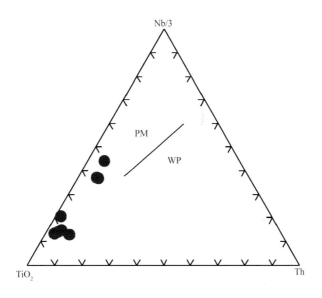

图 5-44　Nb/3-TiO₂-Th 图解（Pearce，1981）

WP. 板内玄武岩；PM. 板边玄武岩

　　1965 年美国地质调查所的 Colemn 等（1965）根据化学组成将榴辉岩分为三类：A 类 SiO₂ 含量为 46%，MgO 含量为 13%，推测为地幔来源；B 类 SiO₂ 含量为 48%，MgO 含量为 9%，推测为下部地壳成因；C 类 SiO₂ 含量为 48%，MgO 含量为 6%，为与蓝闪片岩相伴生的榴辉岩。从榴辉岩的 SiO₂-MgO 相关性图解（图 5-45）可以看出，千里岩岛地区为 B 类榴辉岩。

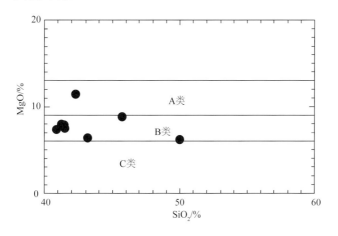

图 5-45　SiO₂-MgO 判别图解

5.3.2　微量元素特征

　　微量元素是体系中的微量组分，它们的地球化学行为受体系特点控制，并服从

Henry 定律和 Nernst 分配定律。因此，微量元素在各种地质体中的含量、分布，以及微量元素之间、微量元素与主量元素之间的组合关系等地球化学特征的研究，已成为成岩、成矿等地球化学作用以及地球、行星的形成与演化研究的一个组成部分（涂光炽，1984）。目前，微量元素作为一种地球化学指示剂已越来越受到重视。

千里岩岛榴辉岩及其相关岩类的微量分析是在中国地质调查局青岛海洋地质研究所实验中心采用 ICP-MS 和 ICP-AES 完成的，结果列入表 5-4。

图 5-46 为研究区榴辉岩的 $Zr/TiO_2 \times 0.0001$-Nb/Y 判别图解，从图中可以看出，研究区榴辉岩的原岩基本上为亚碱性玄武岩。

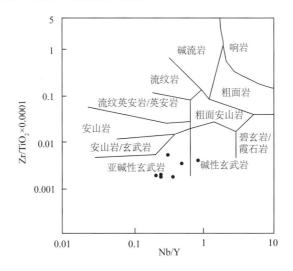

图 5-46　$Zr/TiO_2 \times 0.0001$-Nb/Y 判别图（Winchester and Floyd，1976）

蛛网图（标准化多元素图解）是最为常见的一种用于描述火山岩不相容元素地球化学特征的图解。大离子亲石元素（LILE）也称亲岩浆元素，其中多数相对于玄武质岩浆而言属于不相容元素，随着岩浆分异作用的进行，它们在残余熔浆中不断富集。一般说来，由于大洋中脊玄武岩（MORB）直接来源于地幔，其中不相容元素含量很低，最接近于地幔源区，因而常用大离子亲石元素含量相对于 MORB 标准化来讨论火山岩的地球化学行为（孟繁聪等，2003）。

表 5-4　青岛仰口榴辉岩和千里岩岛榴辉岩的微量元素分析结果

样品	QLY-01	QLY-02	QLY-06	QLY-07	QLY-09	QLY-10	QLY-11	QLY-12
V	491.20	337.30	466.10	450.10	524.80	647.90	547.00	476.20
Cr	15.39	131.58	6.31	8.31	8.22	79.79	7.05	6.23
Co	44.55	42.57	34.27	42.27	42.06	68.08	65.15	56.37
Ni	11.08	67.72	8.28	6.57	6.75	33.48	6.13	7.35
Rb	2.35	6.60	12.30	3.25	1.55	2.10	4.33	9.48
Sr	153.98	64.39	61.23	59.70	60.56	50.11	60.37	44.75

续表

样品	QLY-01	QLY-02	QLY-06	QLY-07	QLY-09	QLY-10	QLY-11	QLY-12
Y	22.63	13.19	29.90	13.25	11.85	9.14	11.79	24.11
Zr	33.94	36.02	68.81	32.89	35.60	22.07	36.95	68.70
Nb	1.01	1.31	4.02	1.01	1.01	1.01	1.01	4.63
Cs	0.07	0.29	0.50	0.14	0.05	0.07	0.08	0.40
Ba	65.85	103.41	259.28	84.36	36.03	5.57	9.79	96.76
Hf	1.53	1.81	2.71	1.53	0.90	0.90	1.44	1.08
Ta	6.34	0.54	4.46	2.85	4.52	0.54	5.00	5.32
Pb	3.77	3.91	5.26	14.00	2.69	3.19	3.19	6.45
Th	0.22	0.08	0.28	0.11	0.10	0.03	0.08	0.21
U	2.43	0.27	1.26	0.35	0.12	0.06	0.11	0.25
Rb/Cs	33.10	22.52	24.5	23.55	32.98	30.85	57.03	23.58
Zr/Hf	22.11	19.95	25.41	21.43	39.43	24.44	25.58	63.42
Nb/Ta	0.16	2.43	0.90	0.35	0.22	1.87	0.20	0.87
Ta/Nb	6.31	0.41	1.11	2.83	4.49	0.53	4.97	1.15
Rb/Sr	0.02	0.10	0.20	0.05	0.03	0.04	0.07	0.21
Y/Nb	22.50	10.09	7.43	13.17	11.78	9.09	11.72	5.21
Nb/Y	0.04	0.10	0.13	0.08	0.08	0.11	0.09	0.19
Zr/Nb	33.74	27.54	17.10	32.70	35.39	21.94	36.74	14.85

注：微量元素的单位为 μg/g

在相对于 MORB 的标准化微量元素分布图（图 5-47）中，千里岩岛榴辉岩 MORB 标准化值为 0.8 ~ 10，与 MORB 具有一定的亲缘性，Ba、Ta、P、Ti 相对富集，Th、Ce、Sm 相对亏损，表明千里岩岛榴辉岩受到地壳物质的混染。

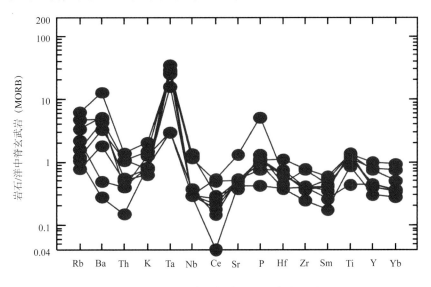

图 5-47 千里岩岛榴辉岩微量元素蛛网图

　　根据岩浆岩的微量元素地球化学特征判别玄武岩形成的大地构造环境和岩浆源区的化学性质在 20 世纪 80 年代发展很快，提出了许多判别理论和方法。这些方法集中在对地壳中分布最广泛的玄武岩质岩浆岩和花岗质岩浆岩的判别。适合玄武质岩浆岩判别的有 Zr/Y-Zr、V-Ti/1000、Nb×2-Zr/4-Y、Ti/100-Zr-3×Y 关系图等（孙书勤等，2006）。

　　在 Zr/Y-Zr（王仁民等，1987）图解中（图 5-48a），研究区的榴辉岩分布范围接近岛弧玄武岩的区域；在 V-Ti/1000 图解中（图 5-48b），本区榴辉岩均落在了 MORB 和弧后盆地玄武岩的分布范围内。Nb×2-Zr/4-Y 图解中（图 5-49），千里岩岛榴辉岩分布于 N-MORB 和火山弧玄武岩区域内。

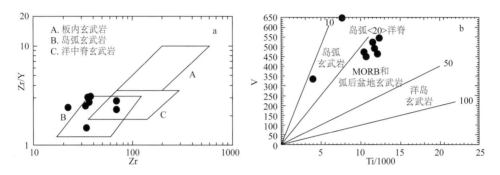

图 5-48　榴辉岩构造环境判别图解

a. Zr/Y-Zr 判别图解（Pearce and Norry，1979）；b. V-Ti/1000 判别图解（Shervais，1982）

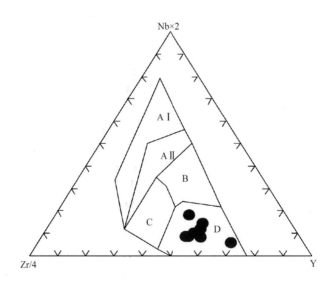

图 5-49　Nb×2-Zr/4-Y 判别图（Wood，1979）

AⅠ. 板内碱性玄武岩；AⅡ. 板内拉斑玄武岩；B. E-MORB；
C. 板内拉斑玄武岩和火山弧玄武岩；D. N-MORB 和火山弧玄武岩

　　在 Nb/0.35-Th/0.05-La/0.315 图解中（图 5-50），千里岩岛榴辉岩样品落在 OIB 和 MORB 区域附近，显示受陆壳混染程度较低（张安达，2006）。

进一步在 Y/l5-La/10-Nb/8 图解中(图 5-51),千里岩岛榴辉岩大部分落在 N-MORB 区内。

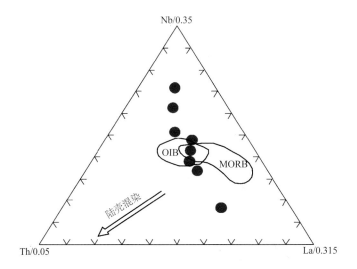

图 5-50 Nb/0.35-Th/0.05-La/0.315 图解（Jochum *et al.*，1991）

MORB. 大洋中脊玄武岩；OIB. 洋岛玄武岩

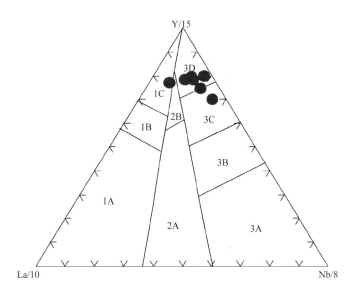

图 5-51 Y/l5-La/10-Nb/8 图解（Cabanis and Lecolle，1989）

1A. 钙碱性玄武岩；1B. 1A 和 1C 的重叠区；1C. 火山弧拉斑玄武岩；2A. 大陆玄武岩；2B. 弧后盆地玄武岩；

3A. 大陆间裂谷碱性玄武岩；3B 和 3C. E-MORB（3B 富集，3C 轻微富集）；3D. N-MORB

综合上述特征，千里岩岛榴辉岩具有 N-MORB 的典型特征。

根据 Cr-Y 和 Ni-Y 判别图解（图 5-52、图 5-53）可初步判断研究区的榴辉岩属于岛弧低钾拉斑玄武岩。

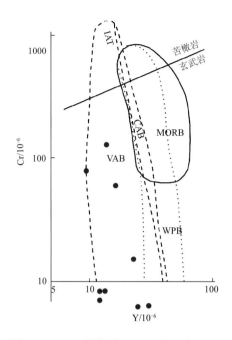

图 5-52　Cr-Y 图解（Pearce，1982）

VAB. 火山弧玄武岩（虚线圈定），其内部又分为岛弧拉斑玄武岩（IAT）和碱性玄武岩（CAB）；
MORB. 大洋中脊玄武岩（实线圈定）；WPB. 板内玄武岩（点线圈定）

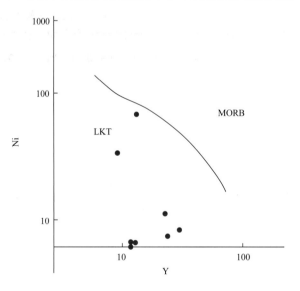

图 5-53　Ni-Y 图解

MORB. 大洋中脊玄武岩；LKT. 岛弧低钾拉斑玄武岩

　　不相容元素丰度及其元素比值特征是判断成岩过程及源区特征的重要手段。在玄武岩类幔源区微量元素示踪方面，特别注意选用两种强不相容元素的比值（如 Nb/La、Th/La、Ba/Nb、Pb/Ce 等）及两种化学性质十分相似的不相容元素的比值（如 Nb/Ta、Zr/Hf、Y/Tb 等）作为指示参数。因为这两类元素对的比值已被证明在地幔岩石部分熔融形成玄武岩浆的过程中不随熔融程度而变化，所以它们在玄武岩中的比值可以代表它们在地幔源区中的比值（Bougault and Treuil，1980；Hoffman *et al.*，1986）。

对于千里岩岛榴辉岩，它们的 Nb/Y ＜ 1（千里岩岛榴辉岩 Nb/Y 为 0.04 ～ 0.19，平均为 0.10），原岩属于亚碱性系列。

千里岩岛榴辉岩 Zr/Nb 平均值为 27.5，表现为典型 N-MORB 的特征（N-MORB 的 Zr/Nb 值大于 16）。

不同大地构造环境区玄武岩系的 Th、Nb、Zr 特征具有显著差异。大致以原始地幔（Taylor and McLennan，1985）的 Th/Nb 值 0.11 为界，将大陆和大洋环境分开，大洋板内及岛弧玄武岩的 Th/Nb 值低于原始地幔值。这一特征是大陆岩石圈地幔与大洋地幔成分差异的反映，被认为是地球早期历史中大陆地壳分离的结果（Hoffman，1997）。据孙书勤等（2003）的研究发现 N-MORB、T-MORB、E-MORB、OIB 及地幔热柱成因玄武岩的 Th/Nb ＜ 0.11，但 Nb/Zr 值递增。其中，N-MORB 的 Nb/Zr ＜ 0.04，地幔热柱成因玄武岩的 Nb/Zr ＞ 0.15，T-MORB、E-MORB 和 OIB 介于二者之间。岛弧和大陆板内裂谷区玄武岩的 Th/Nb 值均大于 0.11，但前者的 Nb/Zr ＜ 0.04，后者的 Nb/Zr ＞ 0.04，大致可以 Nb/Zr=0.04 为界。大陆板内的大陆裂谷、大陆拉张和陆陆碰撞三种类型的玄武岩的共同特点是 Th/Nb ＞ 0.11、Nb/Zr ＞ 0.04。一般来说，在大陆拉张带（裂谷初期）环境形成的玄武岩，由于其岩浆源区相对较浅，岩石的 Th/Nb 值比典型的裂谷环境的 Th/Nb 值大，Th/Nb 为 0.11 ～ 0.27。随着拉张的逐渐增大，岩石的 Th/Nb、Th/Zr 值逐渐下降，直至具有典型裂谷玄武岩的特征，据此可以推断裂谷形成过程（Sinjo *et al.*，1999）。另外，陆陆碰撞、陆内俯冲环境形成的高钾性玄武岩也落入大陆板内区，即 Nb/Zr ＞ 0.04，但 Th/Nb ＞ 0.67（孙书勤等，2007）。

由图 5-54 可见，千里岩岛榴辉岩主要分布在大洋板内或大洋板块发散边缘 N-MORB 区。

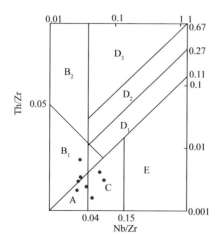

图 5-54　玄武岩大地构造环境的 Th/Zr-Nb/Zr 双对数判别图（孙书勤等，2007）

A. 大洋板块发散边缘 N-MORB 区；B. 板块汇聚边缘（B₁. 大洋岛弧玄武岩区；B₂. 陆缘岛弧及陆缘火山弧玄武岩区）；
C. 大洋板内（洋岛、海山玄武岩区，T-MORB、E-MORB）；D. 大陆板内（D₁. 陆内裂谷及陆缘裂谷玄武岩区；
D₂. 大陆拉张带（或初始裂谷）玄武岩区；D₃. 陆陆碰撞带玄武岩区）；E. 地幔热柱玄武岩区

从构造判别图解中（图 5-55），可以判断出千里岩岛榴辉岩原岩具有岛弧玄武岩和大洋拉斑玄武岩的双重性质。

5.3.3 稀土元素特征

稀土元素（REE）在地球化学研究中占很重要的地位，是一种良好的地球化学指示剂（涂光炽，1984）。由于稀土元素在角闪岩相到麻粒岩相的变质作用中相对稳定（王凯怡，1981），甚至在榴辉岩的形成过程中稀土元素也相对稳定（Shatsky *et al.*，1990）。Tribuzio 等（1996）的研究证明，在榴辉岩相变质作用过程中稀土元素不会发生大规模的迁移。因而利用稀土元素地球化学特征来探讨榴辉岩的原岩类型以及与其共生岩石的关系应是有效手段之一（张建珍等，1998）。研究区榴辉岩的稀土元素丰度及特征参数列入表 5-5。

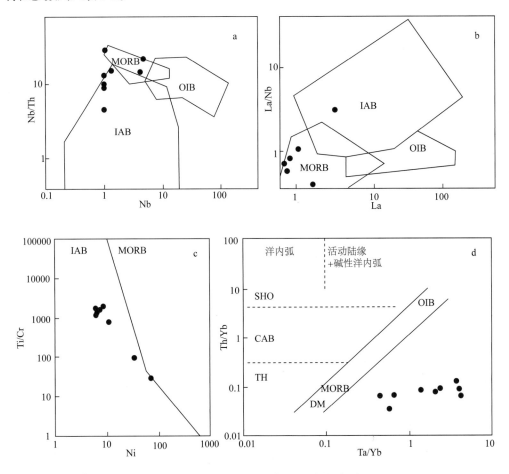

图 5-55　研究区榴辉岩构造环境判别图解

a. Nb/Th-Nb 图解；b. La/Nb-La 图解；c. Ti/Cr-Ni 图解；d. Th/Yb-Ta/Yb 图解。IAB. 岛弧拉斑玄武岩；
MORB. 大洋中脊玄武岩；OIB. 洋岛玄武岩；DM. 亏损地幔；SHO. 钾玄岩；CAB. 钙碱性玄武岩；TH. 拉斑玄武岩。
a、b 据李曙光等，1992；c、d 据史仁灯等，2004

表 5-5　青岛仰口榴辉岩和千里岩岛榴辉岩的稀土元素分析结果

样品	QLY-01	QLY-02	QLY-06	QLY-07	QLY-09	QLY-10	QLY-11	QLY-12
La	3.14	0.77	1.65	1.09	0.84	0.17	0.71	1.14
Ce	5.37	1.44	4.92	2.55	2.17	0.41	1.78	2.95
Pr	0.86	0.22	0.89	0.43	0.40	0.09	0.34	0.53
Nd	4.24	1.19	4.73	2.32	2.35	0.64	2.05	2.95
Sm	1.72	0.86	1.96	1.34	1.34	0.58	1.16	1.42
Eu	0.75	0.43	0.77	0.68	0.66	0.32	0.56	0.58
Gd	2.39	1.61	2.62	1.87	1.86	1.14	1.65	2.43
Tb	0.47	0.37	0.63	0.37	0.38	0.26	0.35	0.59
Dy	3.07	2.37	4.59	2.38	2.31	1.74	2.27	4.26
Ho	0.66	0.48	1.07	0.50	0.47	0.37	0.48	0.94
Er	1.83	1.27	3.03	1.33	1.27	1.00	1.33	2.60
Tm	0.28	0.20	0.49	0.20	0.19	0.15	0.19	0.40
Yb	1.72	1.23	3.19	1.24	1.15	0.93	1.20	2.54
Lu	0.28	0.19	0.51	0.20	0.18	0.15	0.19	0.40
ΣREE	26.77	12.64	31.03	16.48	15.57	7.94	14.22	23.73
LREE	16.08	4.92	14.90	8.41	7.76	2.20	6.60	9.58
HREE	10.70	7.72	16.12	8.07	7.81	5.74	7.62	14.15
LREE/HREE	1.50	0.64	0.92	1.04	0.99	0.38	0.87	0.68
$(La/Yb)_N$	1.23	0.42	0.35	0.60	0.49	0.12	0.40	0.30
δEu	1.13	1.12	1.03	1.32	1.27	1.20	1.24	0.96
δCe	0.79	0.83	0.98	0.90	0.90	0.79	0.88	0.91

注：各元素的单位为 μg/g

　　千里岩岛榴辉岩的稀土元素分配模式接近于 N-MORB，但千里岩岛榴辉岩轻稀土相对亏损，可能是榴辉岩的退变质作用造成的。

　　在球粒陨石标准化图解（图 5-56）和稀土元素丰度表中，可以看出研究区榴辉岩的稀土元素具有以下特征：千里岩岛榴辉岩 ΣREE 偏低，为 7.94 ~ 31.03μg/g，平均为 18.55μg/g；稀土元素分布型式为左倾型，贫 LREE，$(La/Yb)_N$ 为 0.12 ~ 1.23，平均为 0.49，反映其原岩可能来自上地幔深处（周存亭等，2000），非常接近标准大洋中脊玄武岩（N-MORB）的 $(La/Yb)_N$ 值（0.35 ~ 1.1），正常洋中脊拉斑玄武岩形成于亏损 LREE 的地幔（李昌年，1992）。δEu 为 0.96 ~ 1.32，平均为 1.16，Eu 异常不明显，表明千里岩岛榴辉岩母岩浆在其演化过程中的结晶分离作用很弱，斜长石结晶程度较低，可能代表了熔融残留体的高压变质产物（韩宗珠，1994）。

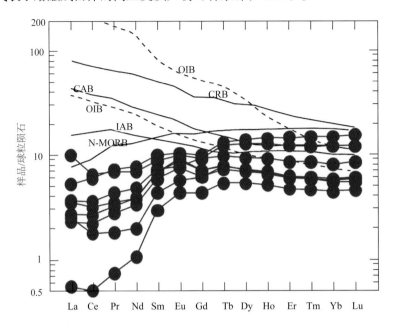

图 5-56　稀土元素球粒陨石标准化模式图解

N-MORB. 正常大洋中脊玄武岩；IAB. 岛弧拉斑玄武岩；CAB. 钙碱性岛弧玄武岩；CRB. 大陆裂谷玄武岩（张本仁，2001）；虚线表示洋岛碱性玄武岩（OIB）范围

使用 N-MORB 进行稀土元素的标准化（图 5-57），可以看出，千里岩岛榴辉岩与 N-MORB 的稀土元素分布型式基本一致。因此，从图 5-56 和图 5-57 中可以推测，千里岩岛榴辉岩的稀土元素特征显示其原岩可能形成于洋盆环境。

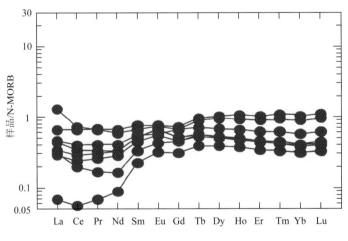

图 5-57　榴辉岩的稀土元素 N-MORB 标准化图解

稀土元素特征参数值可以提供有关岩石成因过程的重要信息。如根据 La-La/Sm 变异图，可判别岩浆是不同程度部分熔融的产物还是经不同程度分离结晶作用而形成，因

为部分熔融生成的熔浆 La/Sm 与 La 同步增加，在分离结晶过程中，熔浆 La/Sm 保持不变而 La 持续增加。在 La-La/Sm 变异图上，可以清楚地看出千里岩岛榴辉岩的投影点基本是 La/Sm 与 La 同步增加，表明千里岩岛榴辉岩可能是部分熔融残留物质或分离堆积物质中的变质产物，说明样品的稀土含量和稀土分配模式是地幔岩不同程度部分熔融的结果，后期变质事件对其影响较小，所以其稀土分配模式能反映其原岩性质和形成环境（吴元保等，2000）。

在 $^{87}Sr/^{86}Sr-^{206}Pb/^{204}Pb$ 谐和图上（图 5-58），千里岩岛榴辉岩均落入低程度混染区域；δEu 值和 La/Sm-La 判别图（图 5-59）表明，千里岩岛榴辉岩母岩浆在其演化过程中以部分熔融为主。这种低程度混染、低程度结晶分异的岩浆源区特征以及形成以拉斑系列为主的海相熔岩组合，说明千里岩岛榴辉岩为一个低成熟度的火山弧（闫全人等，2001），岩浆的部分熔融可能也是造成该区榴辉岩轻稀土亏损的原因之一（李昌年，1992）。

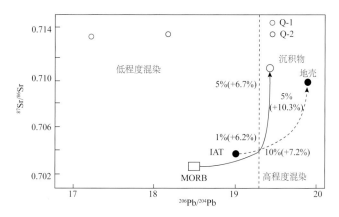

图 5-58　$^{87}Sr/^{86}Sr-^{206}Pb/^{204}Pb$ 谐和图

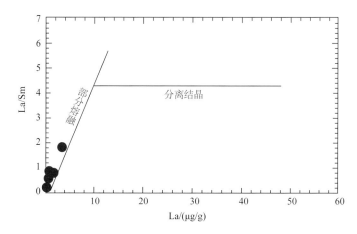

图 5-59　榴辉岩的 La/Sm-La 相关性图解

在图5-60中，千里岩岛榴辉岩的原岩可能是大洋拉斑玄武岩。

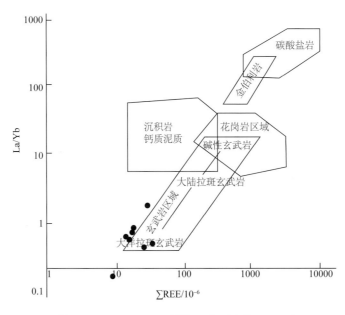

图5-60　La/Yb-∑REE图解（高天山等，1995）

在图5-61中，千里岩岛榴辉岩主要形成于初始岛弧环境（闫全人等，2001）。

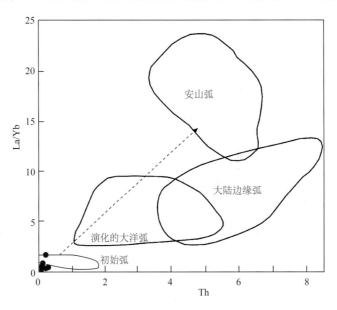

图5-61　榴辉岩构造环境判别图（Condie，1989）

5.3.4　同位素特征

20世纪60年代以来，同位素地质学在解决岩石成因、成岩、成矿物质的来源及地壳、上地幔的演化等重大地质问题上作出了重要贡献。特别是 Sr、Rb、Pb 同位素的测定，对探索岩石的成因提供了可靠的依据。

千里岩岛榴辉岩的 Sr、Rb、Pb 同位素测试结果列入表 5-6。

表 5-6　千里岩岛榴辉岩的同位素分析结果

样品号	Q-1	Q-2
Rb/10^{-6}		
Sr/10^{-6}		
$^{143}Nd/^{144}Nd$	0.512386	0.512427
$^{87}Sr/^{86}Sr$	0.713380	0.713533
$^{206}Pb/^{204}Pb$	17.2159	18.1742
$^{207}Pb/^{204}Pb$	15.4707	15.5185
$^{208}Pb/^{204}Pb$	37.4677	38.0007

资料来源：韩宗珠，1991

千里岩岛榴辉岩的 $^{87}Sr/^{86}Sr$ 平均值为 0.71345，明显高于 0.704，可能是地壳物质的混染所致。

从图 5-62 可以看出，千里岩岛榴辉岩的 Pb 同位素比值与华北板块南缘和扬子板块北缘 Pb 同位素比值均有一定的联系。

朱炳泉和李献华（1998）、朱炳泉和常向阳（2001）指出扬子陆块的壳幔一致以明显富放射成因 Pb 而区别于华北陆块的壳和幔。张理刚（1995）根据中生代花岗岩长石的 Pb 同位素组成变化，在各个构造 Pb 同位素省内进一步划分亚省，其中扬子内各亚省的 Pb 同位素组成差异明显。张本仁等（2003）对秦岭造山带及相邻两陆块区开展 Pb 同位素填图成果，表明华北陆块南缘显示低的 Pb 同位素比值；扬子陆块北缘总体上显示较富放射性成因 Pb 同位素组成的特征，其西段较东段上地幔较富放射性成因 Pb；南秦岭西段较东段明显富放射性成因 Pb；北秦岭全部岩石一致显示十分富集放射性成因 Pb 的特征，Pb 同位素比值接近扬子北缘西段和南秦岭西段的 Pb 同位素比值（张本仁等，2003）。前人的研究成果为笔者判断千里岩隆起基底的构造归属，即与扬子陆块和华北陆块的关系提供了基础。U-Pb 系统中绝大部分 ^{235}U 已在地球历史早期通过放射性衰变而几近消失，因而 $^{207}Pb/^{204}Pb$ 现代比值基本可以代表岩石形成时的初始比值，尤其对于显生宙的岩石更为适用（Hamelin *et al.*，1984；邢光福，1997）。因此本书将千里岩岛榴辉岩的 $^{207}Pb/^{204}Pb$ 值与北秦岭、扬子板块和华北板块的 $^{207}Pb/^{204}Pb$ 值直接进行对比，以确定千里岩岛基底的归属。千里岩岛榴辉岩 $^{207}Pb/^{204}Pb$ 值的变化范围为 15.4707～15.5185，部分位于华北陆块南缘玄武岩 $^{207}Pb/^{204}Pb$ 值范围 15.198～15.490 内，但更接近北秦岭玄武岩 $^{207}Pb/^{204}Pb$ 值范围 15.456～15.774（侯青叶等，2005），说明千里岩隆起的基底更可能属于扬子板块。

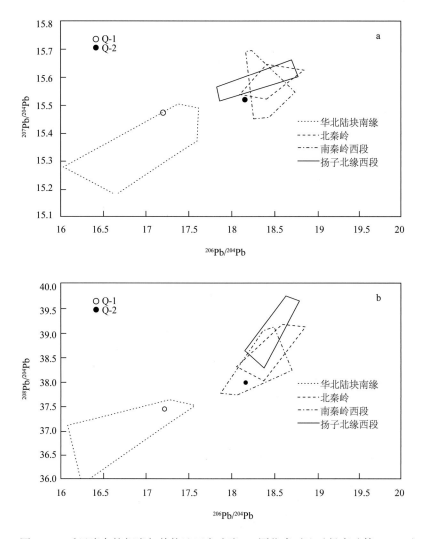

图 5-62　千里岩岛榴辉岩与其他地区玄武岩 Pb 同位素对比（侯青叶等，2005）

第 6 章
千里岩岛构造属性、榴辉岩特征与成因机制

6.1 千里岩岛构造属性

榴辉岩成因问题十分复杂，不同产状类型的榴辉岩其原岩类型和成因机理存在差异。总体而言，榴辉岩是在地球深部地幔形成的，是地幔物质在相当深的深度的结晶产物，或是地幔岩石由于板块运动部分熔融的残留体，或是在大陆地壳深部高压高温变质作用的条件下，由玄武质岩浆结晶形成。榴辉岩形成压力极高，一般为 1.1～1.5GPa，最高可达 3.0GPa；温度范围较宽，为 450～750℃。从千里岩岛地质剖面核心露头区的情况来看，榴辉岩的围岩为花岗片麻岩、糜棱片岩。

千里岩岛榴辉岩呈较小的透镜体及扁豆体状顺面理产出，其地质特征与荣成大瞳一带的榴辉岩相似（纪壮义等，1992）。由于变质与构造作用的叠加，榴辉岩与其围岩呈整合接触，其基本特征主要受原岩控制，有明显的继承性。本书研究涉及区域岩石地球化学特征，变质作用对岩石化学成分的影响，原岩地球化学特性，原岩的元素组成、性质及其形成的大地构造背景。就几个关键问题讨论如下。

6.1.1 榴辉岩是否经历了退变质过程

岩相学观察可知青岛地区榴辉岩的退变质作用特征，发现崂山仰口榴辉岩经历了多期退变质作用，矿物变形程度存在明显的差异性。在较大榴辉岩透镜体核部产出的榴辉岩为中细粒半自形鳞片粒状变晶结构，块状构造，变形程度较弱，大多为自形或半自形晶平衡共生，在透镜体边部和条带状榴辉岩中矿物变形的作用强烈。千里岩岛榴辉岩变形作用分两部分，边部较崂山仰口榴辉岩明显减弱，核心区剖面榴辉岩加强。主要为多期退变质作用，前者除榴辉岩透镜体核部尚保留了部分绿辉石之外，在透镜体边部的榴辉岩几乎完全退变质为榴闪岩；后者则因金红石的增加，退变质作用不大。

6.1.2 榴辉岩的物质来源

崂山仰口榴辉岩的原岩是活动陆缘板内钙碱性系列的岛弧拉斑玄武岩，成岩温度为 $580 \sim 760℃$，压力为 $1.2 \sim 1.6GPa$。千里岩岛榴辉岩为拉斑系列玄武岩，在地球化学性质上具有大洋（板内）和岛弧环境形成的两重属性，可能形成于早期大别–苏鲁造山带基底的扩张（大陆）裂解阶段（杜建国等，2000），中后期经历了高温叠加改造和绿帘石–角闪岩相变质作用叠加，绿辉石部分退变成普通角闪石，成岩温度为 $680 \sim 760℃$。

6.1.3 榴辉岩围岩的地球化学特征

千里岩岛的钾长片麻岩为副片麻岩，可能是由活动大陆边缘上地壳沉积岩（如长石砂岩和杂砂岩）经变质而来；仰口榴辉岩的围岩除超基性岩外，其余围岩都与大陆壳的地球化学特征相似。

6.1.4 千里岩岛构造属性

对一个地块的归属问题进行研究，基底对比是首要的。片麻岩是苏鲁超高压变质带中出露最广泛的岩石类型，占该带变质岩出露面积的 90% 以上。千里岩岛榴辉岩围岩钾长片麻岩为副片麻岩，可能因活动大陆边缘上沉积岩（如长石砂岩和杂砂岩）变质形成；崂山仰口榴辉岩的围岩除超基性岩外，都与大陆壳地球化学特征相似，其花岗质片麻岩与荣成地区 I-A 型花岗岩、日照岚山头 A 型花岗岩具有可比性，是后造山 A 型花岗岩，形成于活动大陆边缘的拉伸引张环境。

据此，认为千里岩岛隆起区基底应当归属于扬子板块。

6.1.5 千里岩岛榴辉岩形成机制

结合区域变质特征研究，古元古代早期，胶东—鲁南一线是华北–扬子陆块之间大洋岩石圈板块向古华北陆块消减的俯冲带，千里岩岛榴辉岩的发现证实了千里岩隆起带正是华北–扬子板块碰撞缝合线出露的位置。来自锆石离子探针年龄数据的时间是 2.3 亿年，其时华北陆块–扬子陆块沿大别–苏鲁造山带对接碰撞，两大陆块间的岛弧拉斑玄武岩俯冲于华北板块之下，随着大洋岩石圈板块进一步下沉，温压条件升高，岛弧拉斑玄武岩发生高温高压的金红石相变质作用及其低温高压的蓝闪石相变质作用，形成了多种类型包括 B 类和 C 类榴辉岩。随着榴辉岩进一步俯冲下沉，温度压力条件继续增高，蓝闪石相变质岩石组合向角闪岩相过渡，之后，华北陆块受扬子陆块 NW 方向挤压的作用，产生 SE 方向的推覆作用力，导致陆块边界——五莲杂岩带北缘发生向扬子陆块的推覆作用，下部的榴辉岩相形成古洋壳溢出物并抬升到地壳上部。在逆冲折返过程中，榴辉岩相发生退变质作用，在该边界南侧保留了扬子陆块的属性。

6.2　苏鲁地区榴辉岩系列锆石 SHRIMP U-Pb 定年与分布特征

前人利用锆石 U-Pb（TIMS）、SHRIMP U-Pb 定年技术对出露在苏鲁东海县、莒南－日照、诸城－青岛及荣成－威海的超高压变质岩进行了详细而又系统的研究，获得了大量年代学数据（表 6-1、表 6-2、图 6-1、图 6-2）。

如表 6-1 所示，是锆石 U-Pb（TIMS）定年方法的超高压变质岩定年数据。这种方法的原理是根据测定的 U-Pb 值得出一条不一致线，它与谐和线的上下交点就可以判断继承锆石年龄和变质锆石年龄。由表 6-1 可见，上交点 t_1 除仰口（Y90-11）为 625Ma 外，其他均在 700～800Ma，大多年龄数据集中在 750～800Ma，指示了继承锆石的年龄，即原岩岩浆岩形成时间：研究区超高压变质岩原岩形成于新元古代时期，800Ma 时岩浆已经开始活动，到 750～800Ma 岩浆活动剧烈。下交点 t_2 年龄在 153～224Ma，年龄最高值与最低值相差很大。除威海的两个酸性片麻岩样品 SL-91-2（153±13Ma）和 SL-91-7（177±45Ma）获得的年龄值较低外，其他年龄在 216～224Ma，可以指示超高压变质时代。威海两个酸性片麻岩获得的低值年龄可能与超高压变质过程中锆石 U-Pb 的复杂行为以及部分 Pb 丢失有关，所以不能作为超高压变质年龄。

表 6-1　苏鲁超高压变质岩单颗粒锆石的 TIMS U-Pb 不一致线定年结果

样品号	岩石类型	地点	t_1/Ma	t_2/Ma	参考文献
CSB94-Z1	榴辉岩	诸城石头河	788±10		王来明等（1994）
CSB94-R4	榴辉岩	荣成滕家镇	747±13		王来明等（1994）
SL-91-17	酸性片麻岩	荣成	751±59		Ames 等（1996）
SL-91-7	酸性片麻岩	威海	782±32	177±45	Ames 等（1996）
SL-91-2	酸性片麻岩	威海	728±25	153±13	Ames 等（1996）
SL-91-28	榴辉岩	东海	762±28	217±9	Ames 等（1996）
Y90-11	斜长片麻岩	青岛仰口	625	220	李曙光和李惠民（1997）
WTW1	二长闪长岩	莒县桑园	742±9		Zhou 等（2003）
WTW2	石英二长岩	五莲大双墩	747±14		Zhou 等（2003）
00YK14	花岗片麻岩	青岛仰口	798±75	224±14	Zheng 等（2003）
00LS17	花岗片麻岩	日照岚山头	751±72	224±27	Zheng 等（2003）
99QL19	花岗片麻岩	青龙山	702±130	218±16	Zheng 等（2003）
00QL01	榴辉岩	青龙山	765±33	216±10	Zheng 等（2003）

资料来源：Zheng *et al.*，2003

表 6-2　大别苏鲁超高压变质带变质岩锆石 SHRIMP U-Pb 定年结果

样品号	采样位置	岩石类型	继承岩浆锆石年龄 /Ma	超高压变质锆石年龄 /Ma	退变质锆石年龄 /Ma	参考文献
S1	钻孔 PP2	副片麻岩	345 ～ 743	228 ± 5	208 ± 4	Liu 等（2004）
S20	钻孔 PP2	副片麻岩	330 ～ 792	229 ± 4		Liu 和 Liou（2011）
S27	钻孔 PP2	副片麻岩	402 ～ 756	230 ± 7	210 ± 2	Liu 等（2009）
B441	钻孔 MH	副片麻岩	313 ～ 659	228 ± 5	213 ± 6	Liu 等（2006a）
B490	钻孔 MH	副片麻岩	730 ± 23	232 ± 6		许志琴等（2006）
B526	钻孔 MH	副片麻岩	621	238 ± 8 219 ± 5		许志琴等（2006）
B574	钻孔 MH	副片麻岩	680 ± 14	211 ± 6		许志琴等（2006）
S5	钻孔 MH	副片麻岩	741 ± 8	231 ～ 236	210 ～ 215	许志琴等（2006）
MB1	东海毛北	副片麻岩	432 ～ 789	233 ± 3	211 ± 4	Liu 和 Liou（2011）
S21	钻孔 2304	副片麻岩	310 ～ 840	228 ± 3		Liu 和 Liou（2011）
QL1	青龙山	副片麻岩	523 ～ 781	227 ± 3	210 ± 3	Liu 和 Liou（2011）
JN004	莒南	副片麻岩	386 ～ 786	230 ± 4		刘福来和薛怀民（2008）
YK02	仰口	副片麻岩	326 ～ 758	225 ± 3	202 ～ 215	刘福来和薛怀民（2008）
99SMC6	荣城	副片麻岩	739 ± 18	202.4 ± 2.7		Hacker 等（2006）
94WHB05	威海	副片麻岩	722 ± 15	223.7 ± 4.9		Hacker 等（2006）
WH1	威海	副片麻岩	338 ～ 810	226 ± 2	205 ～ 216	刘福来和薛怀民（2008）
S2	钻孔 PP2	正片麻岩	574 ～ 680	232 ± 4	213 ± 5	Liu 等（2004）
S28	钻孔 PP2	正片麻岩	609 ～ 810	230 ± 7	210 ± 3	Liu 等（2009）
S3	钻孔 PP1	正片麻岩	548 ～ 753	227 ± 3	213 ± 7	Liu 等（2006b）
S4	钻孔 PP1	正片麻岩	506 ～ 748		211 ± 6	Liu 等（2006b）
R498	钻孔 MH	正片麻岩	584 ～ 750	227 ± 3	209 ± 3	Liu 和 Xu（2004）
B650	钻孔 MH	正片麻岩	780.7 ± 4.9			许志琴等（2006）
02-II9A	钻孔 MH	正片麻岩	783 ± 34	222 ± 2		Chen 等（2007）
02-I4A	钻孔 MH	正片麻岩	785 ± 19	228 ± 3		Chen 等（2007）
95HZ14A	东海	正片麻岩	523 ～ 813	226 ± 7		Hacker 等（2006）
F1-3	房山	正片麻岩	632 ～ 754			徐慧芬等（2001）
H108	虎山	正片麻岩	581 ～ 684	221 ～ 242		Rumble 等（2002）
L001-3	青龙山	正片麻岩	632 ～ 753			Rumble 等（2002）
CF99-01	青龙山	正片麻岩		218 ± 5		Li（2004）
L61	胸山	正片麻岩	728 ～ 833			徐慧芬等（2001）
SL8	碱场	正片麻岩	568 ～ 785	228 ± 3	215 ± 2	Liu 和 Liou（2011）
HD1	黑豆涧	正片麻岩	678 ～ 800	232 ± 4	214 ± 5	Liu 和 Liou（2011）
RZ1	日照	正片麻岩	683 ～ 795	229 ± 4	211 ± 3	Liu 和 Liou（2011）
SL5	岚山头	正片麻岩	568 ～ 770	228 ± 2	215 ± 3	Liu 和 Liou（2011）
W04	五莲	正片麻岩	736 ～ 758			Wu 等（2004）
DPC2	娑椤树	正片麻岩	764 ± 43	218.7 ± 2.2		Hacker 等（2006）

续表

样品号	采样位置	岩石类型	继承岩浆锆石年龄/Ma	超高压变质锆石年龄/Ma	退变质锆石年龄/Ma	参考文献
00TH17	桃行	正片麻岩	771±9	227±3		Zheng 等（2004）
00TH08	桃行	正片麻岩	838±100	202±23		龚冰等（2004）
00TH03	桃行	正片麻岩	762±43	249±93		龚冰等（2004）
TH001	桃行	正片麻岩	765～833	225±2		刘福来和薛怀民（2008）
94YK46	仰口	正片麻岩	728±37	226±14		Hacker 等（2006）
Yk33	仰口	正片麻岩	685～820	226±2	201～212	刘福来和薛怀民（2008）
94MY08A	荣城	正片麻岩	765±135	229.5±5.6		Hacker 等（2006）
WH29	威海	正片麻岩	597～796	225±3	205～216	刘福来和薛怀民（2008）
03SD27	皂埠	正片麻岩	751±27	232±4		Tang 等（2008）
04SD03	皂埠	正片麻岩	779±25	214±10		Tang 等（2008）
04SD04	皂埠	正片麻岩	784±19	228±25		Tang 等（2008）
S13	钻孔 MH	榴辉岩	754～780	229±3	212±4	Liu 和 Liou（2011）
SD001	钻孔 MH	榴辉岩	767±21	230±4	209±4	Zong 等（2010）
B528	钻孔 MH	榴辉岩		220±7		许志琴等（2006）
B2641	钻孔 MH	榴辉岩	765±15	218±8		许志琴等（2006）
02-Ⅱ1A	钻孔 MH	榴辉岩		216±3		Zhao 等（2006）
02-I6A	钻孔 MH	榴辉岩	779±42	223±3		Chen 等（2007）
B42	钻孔 MH	榴辉岩	682～820	224～238	211～217	刘福来和薛怀民（2008）
G13	牛山	榴辉岩	529～695	231±3	214±4	Liu 等（2008）
QL4	青龙山	榴辉岩	542～756	228±2	213±3	Liu 和 Liou（2011）
00QL02	青龙山	榴辉岩	689～789	226～231		Zheng 等（2004）
02QL-1	青龙山	榴辉岩		227.4±3.5		Li 等（2005）
XG3C、XJ1E	许沟	榴辉岩		237±8		Zhao 等（2005）
XG07	许沟	榴辉岩		224.8±2.7		Liu 等（2006a，2006b）
XG09	许沟	榴辉岩		217±18		Liu 等（2006a，2006b）
LJ32	莒南	榴辉岩		227.6±3.7		Liu 等（2006a，2006b）
LST1	岚山头	榴辉岩	622～794	225±2	210±4	Liu 和 Liou（2011）
LSD-1	岚山头	榴辉岩	682～810	233±4	205～217	刘福来和薛怀民（2008）
ZC	诸城	榴辉岩	710～812	227±2		刘福来和薛怀民（2008）
00TH08	桃行	榴辉岩	777±9			Zheng 等（2004）
00YK10	仰口	榴辉岩	730～782			Zheng 等（2004）
YK01	仰口	榴辉岩	652～796	226±3	201～214	刘福来和薛怀民（2008）
CD01	迟家店	榴辉岩		227±2.6		Liu 等（2006a，2006b）
CJ4A	迟家店	榴辉岩		232±7		Zhao 等（2006）
CJ4C	迟家店	榴辉岩		238±3		Zhao 等（2006）
CJ4D	迟家店	榴辉岩		218±5		Zhao 等（2006）
SDY-27	威海	榴辉岩	1822±25	232±56		Yang 等（2003）

续表

样品号	采样位置	岩石类型	继承岩浆锆石年龄 /Ma	超高压变质锆石年龄 /Ma	退变质锆石年龄 /Ma	参考文献
C24	钻孔 PP1	石榴橄榄岩		221 ± 3		Zhang 等（2005）
C27	钻孔 PP1	石榴橄榄岩		212 ± 3		Zhang 等（2005）
C50	钻孔 PP1	石榴橄榄岩		220 ± 2		Zhang 等（2005）
M2	芝麻坊	石榴橄榄岩		216.3 ～ 233.5		Rumble 等（2002）
XG13	许沟	石榴橄榄岩		244.6 ± 7.6		Liu 等（2006a，2006b）
03SD570	胡家林	石榴橄辉岩		216 ± 3		高天山等 (2004)
SDY-16	威海	石榴橄榄岩	581 ± 44	221 ± 12		Yang 等（2003）
B2614	钻孔 MH	石榴角闪岩	765 ± 15	218 ± 8		许志琴等（2006）
02-II8A	钻孔 MH	角闪岩		221 ± 2		Chen 等（2007）
G12	钻孔 MH	角闪岩	750 ± 29	229 ± 3		Liu 等（2008）
G13	牛山	角闪岩	800 ± 31	231 ± 3		Liu 等（2008）
RC14	荣成	大理岩	655 ～ 1765	235 ± 3	202 ～ 214	刘福来和薛怀民（2008）
QC1	荣成	大理岩	1800 ～ 2530	232 ± 2	210 ± 3	Liu 和 Liou（2011）
HSH01	虎山	蓝晶石英岩	652 ～ 1801	232 ± 2		刘福来和薛怀民（2008）
QL3	青龙山	石英岩		231 ± 5	214 ± 3	Liu 和 Liou（2011）

资料来源：刘福来、薛怀民，2008；Liu and Liou，2011

如表 6-2 所示，对继承岩浆锆石、变质增生锆石和退变质锆石年龄的测定，可以追溯超高压变质岩原岩形成时代、峰期变质时代及退变质时代，分别对应原岩岩浆活动阶段、板块俯冲阶段和板块折返阶段。榴辉岩的继承岩浆锆石年龄为 529 ～ 820Ma，大多数年龄数据集中在 680 ～ 780Ma，说明榴辉岩原岩形成于新元古代。此外，威海榴辉岩 SDY-27 继承岩浆锆石年龄为 1001 ～ 1817Ma，加权平均年龄为 1822 ± 25Ma，反映原岩可能形成于中元古代。正片麻岩的继承岩浆锆石年龄为 506 ～ 833Ma，大多为 680 ～ 800Ma，说明正片麻岩原岩也形成于新元古代。副片麻岩的继承锆石岩浆年龄为 326 ～ 840Ma，年龄跨度较大，可能与超高压变质过程中发生不完全重结晶或者 Pb 丢失有关。副片麻岩一般呈夹层或透镜体形式赋存于正片麻岩中，其原岩的形成时代一般要老于正片麻岩的原岩形成时代。角闪岩的继承岩浆锆石年龄为 750 ～ 800Ma，说明其原岩形成时代也是新元古代。荣成大理岩 RC14 和 QC1 的继承锆石年龄分别为 655 ～ 1765Ma 和 1800 ～ 2530Ma，说明其基底年龄在 2530Ma 以上（古元古代），并经历了 1700 ～ 1800Ma 的变质事件，明显不同于苏鲁其他地方的新元古代基底。荣成大理岩和东海虎山石英岩继承锆石岩浆年龄为 652 ～ 1800Ma，记录了中元古代的年龄信息。可以看出，苏鲁绝大部分超高压变质岩的原岩形成时代为新元古代，小部分原岩形成于中元古代。

超高压变质锆石年龄主要是通过测定超高压变质岩中的变质增生锆石年龄来确定。通常以榴辉岩测年为主，以正片麻岩、副片麻岩、石榴橄榄岩和角闪岩等围岩为辅。由

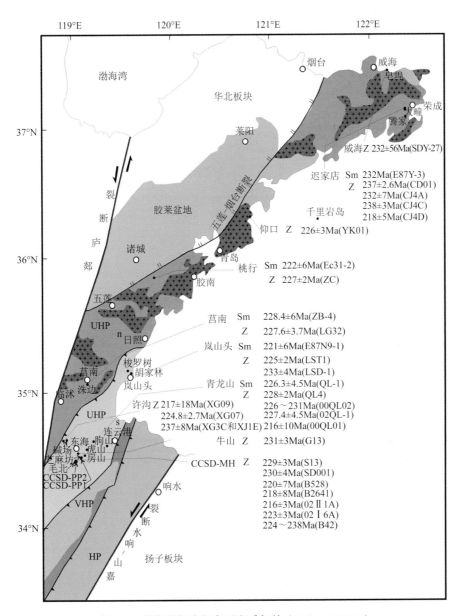

图 6-1　苏鲁榴辉岩超高压变质年龄（216～238Ma）

表 6-2 可知，它们都记录了比较相似的年龄信息。榴辉岩 216～238Ma、正片麻岩 218～249Ma（诸城桃行 00TH08 为 202Ma，威海皂埠 04SD03 为 214Ma）、副片麻岩 219～238Ma（荣成 99SMC6 为 202Ma，钻孔 MH 中 B574 为 211Ma）、石榴橄榄岩 216～245Ma（钻孔 PP1 中 C27 为 212Ma）和角闪岩 218～231Ma（表 6-2）。说明榴辉岩及围岩一起经历了超高压变质事件，除个别年龄数据出现低值外，大多数超高压变质岩的变质年龄为 216～249Ma，与表 3-1 和表 3-2 分别反映的两组超高压变质年龄 221-232Ma 和 216～224Ma 保持一致。

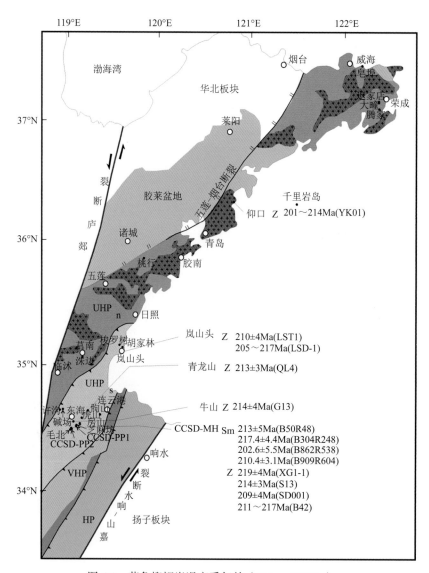

图 6-2　苏鲁榴辉岩退变质年龄（201 ～ 219Ma）

退变质锆石的年龄信息也比较相似，榴辉岩 201 ～ 217Ma、正片麻岩 201 ～ 216Ma、副片麻岩 202 ～ 216Ma、大理岩 202 ～ 214Ma 和石英岩 214Ma。这说明榴辉岩及围岩的超高压退变质年龄为 201 ～ 217Ma，与前面表 3-1 反映的一组年龄信息 202.6 ～ 219Ma 十分吻合，即大部分超高压变质岩在 201 ～ 219Ma 发生超高压退变质事件。

6.3　千里岩岛榴辉岩系列锆石 SHRIMP U-Pb 定年与成因机制

千里岩岛榴辉岩中具有不同的锆石，代表性颗粒进行 SHRIMP U-Pb 定年测试，所有测试数据列入图 6-3、图 6-4、表 6-3 中。根据阴极发光（CL）图像显示的锆石特征，千里岩岛榴辉岩锆石可以分为以下几类。

（1）继承性锆石，该类锆石的 Th/U 值为 0.41 ～ 1.44，均大于 0.3，大部分锆石具有双层结构，即内部结晶锆石。

（2）变质锆石，该类锆石的 Th/U 值为 0.01 ～ 0.3，内部结构明暗呈斑杂状，可能是由于变质过程中锆石的固态结晶速率不同造成的。

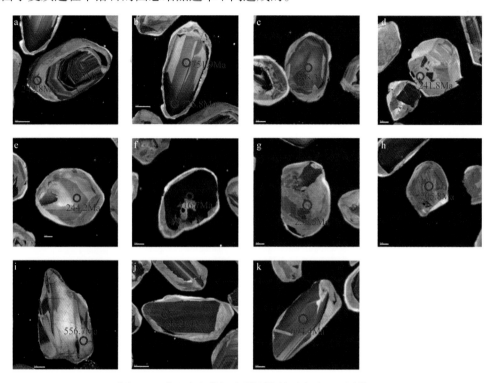

图 6-3　千里岩岛榴辉岩单颗粒锆石高清 CL 图像

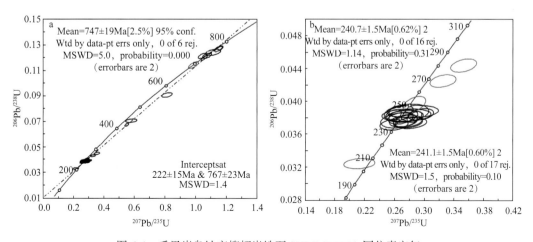

图 6-4　千里岩岛蚀变榴辉岩锆石 SHRIMP U-Pb 同位素定年

表 6-3 千里岩岛蚀变榴辉岩锆石 SHRIMP U-Pb 定年结果

点号	$U/10^{-6}$	$Th/10^{-6}$	$^{232}Th/^{238}U$	$^{206}Pb/10^{-6}$	$^{238}U/^{206}Pb$	误差/%	$^{207}Pb/^{206}Pb$	误差/%	$^{207}Pb/^{235}U$	误差/%	$^{206}Pb/^{238}U/Ma$	误差/%
QLY-1-1.1	210	11	0.05	6.7	26.87	1.4	0.0583	2.7	0.28	3.4	234.6	3.3
QLY-1-2.1	312	217	0.72	19.7	13.60	1.1	0.0635	1.4	0.61	2.7	455.5	5.0
QLY-1-3.1	479	375	0.81	52.0	7.92	1.1	0.0663	0.9	1.15	1.4	766.5	7.9
QLY-1-3.2	436	19	0.04	14.7	25.42	1.2	0.0717	2.6	0.27	8.0	242.8	3.1
QLY-1-4.1	148	148	1.03	15.8	8.05	1.3	0.0684	1.6	1.11	2.9	751.9	9.0
QLY-1-4.2	812	976	1.24	83.2	8.38	1.1	0.0641	0.7	1.05	1.3	726.8	7.3
QLY-1-5.1	306	5	0.02	10.2	25.89	1.2	0.0591	2.5	0.29	3.8	243.2	2.8
QLY-1-6.1	350	12	0.04	11.3	26.65	1.2	0.0571	2.0	0.26	4.9	235.5	2.8
QLY-1-7.1	513	11	0.02	17.6	25.10	1.6	0.0556	1.7	0.29	3.5	250.8	4.0
QLY-1-8.1	597	49	0.08	19.6	26.18	1.1	0.0555	1.5	0.29	2.2	241.3	2.7
QLY-1-9.1	349	413	1.22	38.0	7.89	1.1	0.0666	1.0	1.15	1.6	768.3	8.2
QLY-1-10.1	327	17	0.05	10.6	26.54	1.2	0.0576	3.0	0.28	4.7	237.2	2.8
QLY-1-11.1	431	17	0.04	14.3	25.94	1.3	0.0575	2.5	0.27	4.7	242.0	3.1
QLY-1-12.1	215	6	0.03	7.2	25.56	1.2	0.0598	5.2	0.28	8.1	245.4	3.1
QLY-1-13.1	320	404	1.30	33.3	8.26	1.1	0.0638	1.1	1.04	1.8	736.0	7.7
QLY-1-14.1	278	4	0.02	9.2	25.98	1.2	0.0572	3.8	0.27	5.9	241.8	2.9
QLY-1-15.1	192	115	0.62	11.6	14.17	1.2	0.0660	1.8	0.58	4.4	436.4	5.3

续表

点号	U/10⁻⁶	Th/10⁻⁶	$^{232}Th/^{238}U$	$^{206}Pb/10^{-6}$	$^{238}U/^{206}Pb$	误差/%	$^{207}Pb/^{206}Pb$	误差/%	$^{207}Pb/^{235}U$	误差/%	$^{206}Pb/^{238}U/Ma$	误差/%
QLY-1-16.1	242	4	0.02	8.1	25.64	1.8	0.0598	3.8	0.27	7.2	244.2	4.5
QLY-1-17.1	305	88	0.30	11.7	22.45	1.2	0.0601	2.0	0.35	3.2	280.0	3.3
QLY-1-18.1	276	20	0.07	10.1	23.44	1.2	0.0582	2.1	0.32	3.6	268.4	3.1
QLY-1-19.1	2181	2132	1.01	125.3	14.95	1.0	0.0610	0.6	0.55	1.6	416.7	4.2
QLY-1-20.1	343	19	0.06	11.2	26.42	1.3	0.0563	2.3	0.27	4.0	238.5	3.0
QLY-1-21.1	347	23	0.07	11.2	26.58	1.2	0.0592	3.2	0.28	4.9	236.7	2.8
QLY-1-22.1	254	13	0.05	7.1	30.52	1.2	0.0553	2.4	0.21	6.5	205.8	2.5
QLY-1-23.1	430	27	0.06	14.3	25.86	1.1	0.0552	2.1	0.26	2.8	242.7	2.7
QLY-1-24.1	487	26	0.05	16.4	25.54	1.1	0.0560	1.7	0.27	4.1	245.8	2.8
QLY-1-25.1	267	5	0.02	8.8	26.20	1.2	0.0550	2.2	0.27	4.2	240.3	2.8
QLY-1-26.1	196	79	0.41	15.2	11.05	1.3	0.0679	1.8	0.81	2.8	556.7	7.1
QLY-1-27.1	295	4	0.01	9.6	26.37	1.3	0.0592	3.0	0.27	5.3	238.1	3.0
QLY-1-28.1	255	7	0.03	8.3	26.31	1.6	0.0572	3.1	0.26	6.1	238.6	3.8
QLY-1-29.1	384	535	1.44	40.1	8.24	1.1	0.0671	1.0	1.07	1.9	736.2	7.8
QLY-1-30.1	340	453	1.38	33.4	8.77	1.5	0.0650	1.1	0.98	2.2	694.4	10.2

SHRIMP U-Pb 定年结果显示 $^{206}Pb/^{238}U$ 年龄范围较大,最新年龄为 416.7Ma,最老年龄为 768.3Ma,说明继承性锆石来源比较复杂,而且继承性岩浆锆石的 $^{207}Pb/^{206}Pb$ 年龄值老于 $^{206}Pb/^{238}U$ 年龄,表明原岩的岩浆结晶锆石发生了 Pb 的部分丢失,并经历了超高压变质及后期退变质热事件的改造,因此继承性锆石中记录的偏新的年龄不能代表榴辉岩原岩的形成年龄。在 $^{206}Pb/^{238}U$-$^{207}Pb/^{235}U$ 图解中,所有锆石分析测试点均落在谐和线上方或落在谐和线下方,上交点年龄为 747 ± 19Ma,下交点年龄为 222 ± 15Ma,与千里岩岛片麻岩锆石记录的上下交点年龄非常吻合,且与苏鲁其他地区榴辉岩的原岩形成年龄及超高压变质年龄一致(Liu et al.,2004;Zhang et al.,2005;Zheng et al.,2004),说明千里岩岛榴辉岩原岩形成于新元古代,在晚三叠世发生超高压变质作用。Liu 等在三清阁、岚山头、仰口及 CCSD-MH 榴辉岩的锆石中识别出锆石的退变边,指出该微区形成于角闪岩相退变质阶段,加权平均年龄分别为 214 ± 4Ma、209 ± 3Ma、207 ± 2Ma、214 ± 5Ma。本书第 22 颗锆石的核部记录了 205.8Ma 的年龄,应代表千里岩岛榴辉岩折返阶段角闪岩相退变质的时代。至于绿片岩相退变质作用的形成时代,本书采用张泽明等(2005)的研究结果,认为该过程形成于 190Ma 左右。

结合锆石 SHRIMP U-Pb 年龄的限定和前人的研究成果,对千里岩岛榴辉岩的变质演化过程可以做出如下的年代学限定。

(1)千里岩岛榴辉岩的原岩形成于新元古代(747 ± 19Ma)。

(2)榴辉岩相进变质是在 234.6 ～ 250.8Ma(加权平均年龄为 241.1 ± 1.5Ma)。

(3)超高压变质作用峰期在晚三叠世,为 222 ± 15Ma。

(4)角闪岩相退变质作用可能发生在晚三叠世末期,约 205.8Ma。

(5)绿片岩相变质作用形成时代为 190Ma。

6.4　陆陆碰撞动力学机制与盆山耦合关系

6.4.1　陆陆碰撞动力学模式

关于大别－苏鲁超高压变质岩的形成演化过程和俯冲折返的动力学机制,国内外很多学者做了广泛而又深入的研究,提出了多种折返机制用来解释超高压变质岩的形成机制。例如,Okay 等的陆内逆冲侵蚀模式、Ernst 等的浮力驱动模式、Maruyama 等的挤出－伸展模式、Chemenda 等的垂向挤出模式、Lious 等的斜向挤出模式、Harcker 等的平行挤出机制等。不过这些模式都是假定陆壳物质作为一个整体,俯冲到岩石圈地幔位置发生超高压变质作用,然后再整体折返回地表。与此不同的是,现今很多学者根据多年对大别－苏鲁超高压变质带的研究,提出了俯冲陆壳内多层次拆离解耦和多板片差异折返的模式,比较有代表性的是许志琴等的大陆板片多重性俯冲与折返模式、李曙光等的陆壳多层次拆离和多板片差异折返模式。两者在俯冲大陆板片非整体性俯冲和折返的观点上是一致的,均认为俯冲大陆板片并非整体俯冲和折返,而是具有差异性，呈分片式俯冲和折返。

这种模式应用于苏鲁造山带是基于以下几个方面的佐证。

（1）超高压变质带的各类变质岩锆石中普遍存在柯石英包体，说明大部分陆壳物质参与了深俯冲。

（2）苏鲁造山带从南向北由南苏鲁高压变质带、中苏鲁很高压变质带、北苏鲁超高压变质表壳岩带和北苏鲁超高压变质带组成，面理呈 NE-SW 向，总体向 ES 缓倾。各构造带之间被强烈变形的韧性剪切带分开，前者总是叠置在后者之上，地震反射剖面也揭示了这一点。

（3）测年结果显示，南苏鲁高压变质带的峰期变质时代（253Ma）和折返时代（253～240Ma）要早于北苏鲁超高压变质带的峰期变质时代（240～220Ma）和折返时代（220～200Ma），说明高压变质带的俯冲和折返在超高压变质带之前。

（4）在五莲和石桥等地发现了仅经过绿片岩相的浅变质岩，其原岩为新元古代岩浆岩，说明这些浅变质岩并没有俯冲到地幔发生高压超高压变质作用的深度，而是被刮削下来经绿片岩相变质叠置于板块俯冲带附近。此外，在胶北粉子山群发现超高压变质（240±44Ma）的大理岩，其原岩为新元古代火山碎屑沉积（786±67Ma），说明上地壳中的沉积盖层与结晶基底在俯冲过程中发生了拆离，在碰撞的缝合线带形成构造楔。

根据以上讨论，厘定苏鲁超高压变质带的年代学数据和以往的研究成果，苏鲁超高压变质带经历了以下动力学演化过程。

（1）早在 258Ma 以前，随着扬子板块与华北板块之间的洋盆关闭，扬子板块与华北板块碰撞，在两个板块挤压力作用下，扬子板块开始俯冲到华北板块之下，在洋壳的拖拽下，大约俯冲到 30km 的位置，形成了以蓝闪石、文石等高压（HP）矿物为代表的高压变质岩片，温度为 300～360℃，压力为 0.7～0.85GPa。

（2）在 258～245Ma，扬子板块继续俯冲，大约俯冲到 75km 深度，形成了以黄玉、蓝晶石等很高压（VHP）矿物为特征的很高压变质岩片，此时温度为 500～600℃，压力为 1.5～2.0GPa。与此同时，由于高压岩片密度小，又位于地壳浅部，在俯冲过程中受到地幔向上的浮力会越来越大，直到与地壳中下部的很高压岩片拆离然后折返抬升。

（3）在 245～219Ma，扬子板块在挤压力作用下继续俯冲，最终俯冲深度在 220km 以上，形成了以柯石英、金刚石等超高压（UHP）矿物为特征的超高压变质岩片，此时的温度为 722～866℃，压力为 2.8～4.2GPa，最大压力可达 5.5GPa 以上。与此同时，高压岩片继续折返，很高压岩片在俯冲过程中受到的阻力越来越大，最终在两板块挤压力与地幔向上浮力的联合作用下与超高压变质岩片拆离，并沿拆离断层折返抬升。

（4）在 219～201Ma，随着下沉洋壳的拆离，扬子板块最下部超高压变质岩片在浮力作用下快速折返上升，超高压变质岩发生退变质作用，这一时期分为两个阶段：第一阶段（219～217Ma）是一近似等温降压阶段，发生石英榴辉岩相退变质作用，温度为730～780℃，压力为1.7～2.6GPa，折返到离地表75km左右；第二阶段（217～201Ma）是缓慢的降温降压过程，发生角闪岩相退变质作用，温度为600～700℃，压力为0.75～1.05GPa，折返到离地表25km左右。此时很高压和高压变质岩片也继续向上折返抬升。

（5）在201～100Ma，尤其是在中侏罗世—白垩纪，区域应力由挤压变为拉张，板块伸展拉伸，岩石圈减薄，地幔岩浆上涌侵入形成热穹窿构造，苏鲁变质板片在折返伸展过程中弯曲变形，遭受剥蚀沉积，在穹窿构造两侧形成陆相碎屑沉积。

6.4.2 变质*PTt*轨迹估算

前人通过仰口地区超高压变质岩石学的变质作用过程研究，得出该地区超高压变质岩石经历了石英榴辉岩相进变质、峰期柯石英榴辉岩相变质以及后期的角闪岩相退变质作用，这三个变质作用发生的年代分别为早三叠世（246～244Ma）、晚三叠世（227～225Ma）和晚三叠世末期（215～205Ma）。根据对千里岩岛地区多硅白-云母榴辉岩的锆石SHRIMP的U-Pb同位素测年以及前人对苏鲁地区超高压变质作用的研究发现，千里岩岛地区榴辉岩的榴辉岩相进变质是在234.6～250.8Ma（加权平均年龄为241.1±1.5Ma）、超高压变质作用峰期在晚三叠世（222±15Ma）、角闪岩相退变质作用可能发生在晚三叠世末期约205.8Ma。根据苏尚国和张春林（1996）、叶凯（1999）对海阳所地区超高压变质岩石的变质作用过程及其温压条件进行研究，发现海阳所地区超高压变质岩石可能经历了四期超高压变质作用，分别为麻粒岩相进变质作用、榴辉岩相变质作用、角闪岩相退变质作用及绿片岩相变质作用；海阳所地区麻粒岩相开始时间在榴辉岩相变质作用之前，属于进变质作用，不同于威海、荣成地区超高压榴辉岩中发现的麻粒岩相退变质矿物组合，并且海阳所地区并没有经历苏鲁造山带其他地区的高温高压变质作用。结合前人的研究成果，绘制了三个地区的*PTt*轨迹（图6-5）。

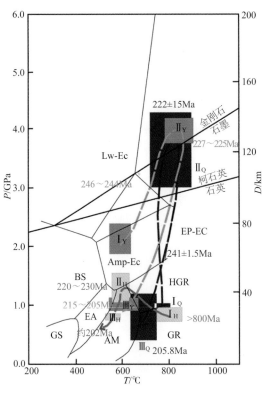

图6-5　三个地区的变质超高压变质岩石的*PTt*轨迹

I_Q、II_Q和III_Q代表千里岩岛变质岩高温高压变质作用期次；
I_Y、II_Y和III_Y代表仰口高温高压变质作用期次；I_H、
II_H和III_H蓝色曲线代表海阳所镇变质岩变质作用期次

6.4.3　俯冲折返模式的假设

根据前文所述，千里岩岛榴辉岩的地球化学特征基本上代表了古秦岭洋板块的洋壳特征，而其记录的年代学特征基本上与苏鲁造山带的两期热事件吻合。因此，可以确定千里岩隆起为苏鲁造山带的向海延伸，海阳所镇地区铁镁质变质岩代表了扬子板块北缘叠加榴辉岩相的下地壳特征，仰口地区榴辉岩代表了受到俯冲流体作用影响发生部分熔融作用的下地壳特征（图 6-6）。

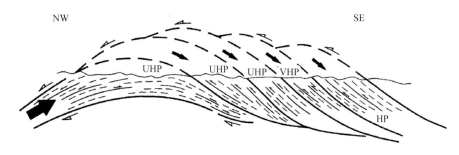

图 6-6　苏鲁变质地体折返隧道透入性挤出机制模拟图（许志琴，2007）

许志琴根据大陆科学钻探主孔岩石年代学以及变质矿物组合特征，提出多重性和穿时性俯冲折返模式（图 6-7），而后又根据大陆科学钻探主孔提出面型俯冲折返模式和透入性挤出模式。该模式指出扬子板块向华北板块的俯冲折返是以一种面型的杂岩带向下俯冲及折返，而在折返过程中主要沿着不同岩性之间的接触面呈片状折返。根据这种模式千里岩岛和仰口地区榴辉岩可能代表了面型俯冲的前端，经历深俯冲的高温高压变质作用；海阳所镇地区可能代表了面型的后端，未经历深俯冲的高温高压变质作用，在俯冲中途随着前端发生面型折返。这还需要进一步的年代学、岩石学以及构造地质学的研究以实现深入探讨。

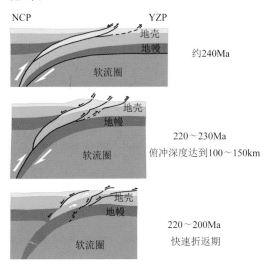

图 6-7　三个地区的俯冲折返模式示意图（许志琴，2007）

下 篇
南黄海盆地油气地质

第 7 章

下扬子两个地质剖面烃源岩特征及对于南黄海盆地的意义

南黄海盆地合计钻井 26 口，平均超过 6100km² 仅一口井，特别是近十年未钻一口井，揭示最古老地层为石炭系。特别是古生界被认为是主要勘探目的层系之一，但多数研究者都缺少包括这些钻井在内特别是前石炭系样品的资料，因而难以对中古生界沉积岩石特征进行准确把握，导致井震联合解释很难破解一系列难题，成为海域盆地油气地质特征研究的短板。通过精心研究毗邻南黄海下扬子陆区露头地质剖面特征，针对性选择上下古生界多条不同露头剖面实施调查，以体会感知南黄海海域盆地上下古生界沉积岩石的地质特征；通过测试分析评价获得珍贵数据，以弥补海区钻井实物资料及测试数据的不足。

7.1 下扬子陆区古生界露头地质剖面调查

本次野外地质调查路线如下（图 7-1）：青岛—连云港—南京—巢湖—泾县—宁国—长兴。在连云港、南京、巢湖、泾县—宁国、长兴五大预选调查区观察野外露头剖面 25 条，实测剖面 1 条。具体为五条调查路线：①路线一，江苏连云港花果山地区，花果山玉女峰顶 - 水帘洞出口剖面；②路线二，江苏南京周边地区，汤山 - 方山 - 湖山村 - 幕府山山剖面；③路线三，安徽巢湖地区，狮子口 - 凤凰山 - 平顶山 - 马家山 - 汤山北剖面；④路线四，安徽泾县 - 宁国地区，昌桥 - 里马 - 外马村 - 杨树岭 - 胡乐 - 宁国剖面；⑤路线五，浙江长兴地区，长兴金钉子国家地质公园剖面。其中，前人报道过苏北幕府山组生烃层系的特征，被认为是苏北页岩气勘探的有利层系；二叠系形成一套浅海相泥页岩及海陆过渡相含煤岩系；栖霞组深灰色灰岩有机碳含量高，综合评价为中等烃源岩。

以下选择性分析位于南京寒武系幕府山剖面和安徽巢湖平顶山二叠系栖霞组臭灰岩剖面的调查成果，结果与前人研究成果或侧重点不同，测试评估栖霞组灰岩的生储能力、寒武系幕府山组深灰黑色泥岩的生烃潜量指标低，是与前人研究的区别所在。

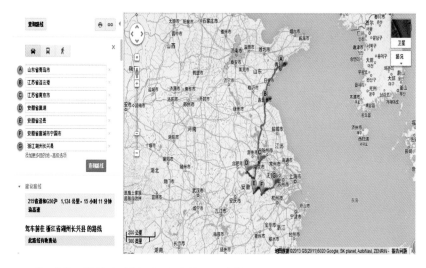

图 7-1　下扬子陆区野外地质剖面调查路线及研究剖面位置图（C 为南京，D 为巢湖剖面）

7.2　地质调查剖面构造背景特征与意义

下扬子地块（块体）位于扬子地台东北缘陆区，西以郯庐断裂为界，西北与鲁苏 – 千里岩隆起相连，西南到九江，以赣江断裂为界与中扬子地区相邻，南及东南以江绍断裂为界伸入南黄海，面积为 $36 \times 10^4 km^2$。本研究区位于下扬子陆区地块中北部（图 7-2），可代表直接延伸进入南黄海海区苏皖北次地块的地质沉积岩石性质特征。因此，无论是对于直观研究南黄海盆地前石炭系沉积地层和岩性的特征，还是对于补充海域极度缺乏的古生界岩石样品及其烃源岩测试评价的认识，对海陆盆地对比，都具有实际意义。

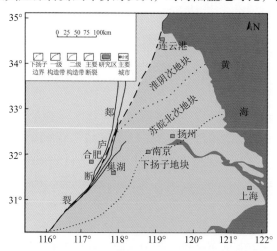

图 7-2　下扬子陆区南京下古生界和巢湖上古生界地质剖面构造位置图

7.2.1　南京幕府山寒武系剖面的特征

　　该剖面及采样点位于南京幕府山山脚,掩映在绿树环抱之中。寒武系幕府山组地层是该剖面出露的两大岩性之一。沉积层大多为植被覆盖,露头无产状,深灰色、黑色,以大小无序堆积的深色泥岩夹似煤系岩块为主,随机采集该剖面样品特征见表7-1、图7-3。

表 7-1　南京－巢湖调查剖面样品采集数据表

序号	剖面名称	地质年代	海拔/m	岩性	采集点产状
1	幕府山组	寒武纪	95.5	泥页岩	沿山坡无序堆积
2	栖霞组	二叠纪	117	硅质灰岩	倾向297°,倾角44°
3	栖霞组	二叠纪	117	硅质灰岩	倾向297°,倾角44°

图 7-3　江苏南京寒武系幕府山组露头剖面及黑色泥岩

7.2.2　巢湖平顶山南二叠系剖面的特征

　　很庆幸,由于采石场的开发出露,观察到该剖面。无名山被整体切开,形成面积巨大的人工剖面(图7-4),可见二叠系栖霞组灰岩呈多种颜色及深灰黑色(图7-5),远远闻到一股浓浓臭味,近前发现其味源于黑色岩系。自下而上为栖霞组和葛村组(图7-6),前者顶部岩性即深灰黑色含燧石结核臭灰岩,室内定名为含硅质灰岩,可能白云化,采集样品特征见表7-1。

图 7-4　安徽巢湖平顶山南二叠系栖霞组露头剖面

图 7-5　安徽巢湖平顶山南二叠系栖霞组露头剖面近景

图 7-6　安徽巢湖平顶山南二叠系栖霞组剖面臭灰岩特写

7.3　样品系统油气地球化学特征测试及分析

7.3.1　有机质类型

1. 干酪根显微组分特征与有机质类型

利用显微镜透射光和显微有机组分含量分析技术，测试干酪根显微组分及有机质类型。结果涉及透射光颜色、形态及结构的特征与各类显微有机组分含量百分比等。利用干酪根类型指数计算式：TI=[腐泥组 ×100+ 壳质组 ×50+ 镜质组 ×（-75）+ 惰质组 ×（-100）]/100，计算获得了 TI 值；进一步开展干酪根镜质组、惰质组、壳质组和腐泥组等显微组分类型划分评价，依据见表 7-2，结果见表 7-3。

表 7-2　干酪根镜下特征鉴定分类表

类型	TI/%	产油气性质
腐泥型 I	>80	产油为主
含腐殖腐泥型 II₁	80 ～ 40	产油气
含腐泥腐殖型 II₂	40 ～ 0	产气油
腐殖型 III	<0	产气为主

表 7-3　南黄海盆地烃源岩样品干酪根类型表

原始样品编号	地区 / 井号	层位	岩性	TI/%	干酪根类型	备注
NO.13	下扬子地区	二叠系	深灰黑色硅质灰岩	98.3	I	大块状
NO.14			深灰黑色硅质灰岩	98.3	I	
NO.15	下扬子地区	寒武系	深灰黑色泥岩	96.5	I	碎屑状

不难发现，二叠系和寒武系烃源岩以腐泥型干酪根为主，主要属于产油母岩；在演化程度高的情况下，该母岩将以产气为主。

2. 岩石热解参数划分有机质类型

评价有机质类型的热解参数有氢指数（HI）和类型指数（S_2/S_3）（表 7-4）。在高成熟 - 过成熟阶段，划分有机质类型的有效指标是干酪根的碳同位素。本书根据 HI-T_{max} 有机质类型判识图划分样品的有机质类型。

表 7-4　岩石热解参数划分有机质类型标准

参数 \ 类型	I	II₁	II₂	III
HI/（mg 烃 /g TOC）	>500	500 ～ 350	350 ～ 100	<100
C_p/TOC	>50	50 ～ 30	30 ～ 10	<10
S_2/S_3	>20	20 ～ 5	5 ～ 2.5	<2.5

利用岩石热解 HI-T_{max} 测试结果进行综合分析，可部分反映样品有机质类型的特征。由图 7-7 可见，三个样品落在 HI-T_{max} 有机质类型分析图的典型 I 型干酪根区。

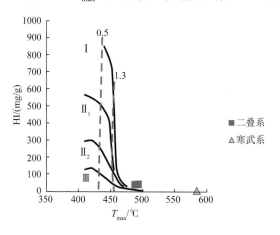

图 7-7　下扬子地区烃源岩样品 HI-T_{max} 有机质类型判识图

3. 烃源岩氯仿沥青"A"族组分判断有机质类型

根据饱/芳值大小与饱+芳相对含量可区分四种干酪根类型：有机质的饱+芳含量 >60%、饱/芳 >3 为 I 型，饱/芳 <3 或者有机质饱+芳含量 <10% 为Ⅲ型。根据测试结果数据（表 7-5），样品饱/芳和饱+芳数据居于 I-Ⅱ型干酪根。

表 7-5　研究区烃源岩样品族组分含量统计表

原编号	层位	族组分				饱/芳	饱+芳/%
		烷烃/%	芳烃/%	非烃/%	沥青质/%		
NO.13	二叠系	9.86	21.13	42.25	26.76	0.47	30.99
NO.14		13.44	25.54	41.67	8.06	0.53	38.98
NO.15	寒武系	28.83	28.63	9.68	19.76	1.01	57.46

7.3.2　有机质丰度

有机质丰度是衡量和评价岩石生烃能力的重要参数。目前有机质丰度指标主要有总有机碳含量（TOC）、氯仿沥青"A"、总烃含量（HC）、岩石热解参数（S_1+S_2）等。不同烃源岩有机质丰度评价标准不同，我国目前通用的烃源岩有机质丰度评价标准见表 7-6。

表 7-6　我国陆相泥质烃源岩有机质丰度评价标准

类型	好烃源岩	中等烃源岩	差烃源岩	非烃源岩
沉积相	深湖 – 半深湖相	半深湖 – 浅湖相	浅湖 – 滨湖相	河流相
干酪根类型	腐泥型（I）	混合型（Ⅱ₁）	混合型（Ⅱ₂）	腐殖型（Ⅲ）

续表

类型	好烃源岩	中等烃源岩	差烃源岩	非烃源岩
TOC/%	3.5～1.0	1.0～0.6	0.6～0.4	<0.4
氯仿沥青 "A" /%	>0.12	0.12～0.06	0.06～0.01	<0.01
产烃潜能 / (mg HC/g Rock)	>6.0	6.0～2.0	2.0～0.5	<0.5

1. 有机碳含量

沉积物中的碳主要以有机碳和碳酸盐岩两种形式存在，有机碳含量是指岩石中存在于有机质中的碳含量，是有机质丰度指标中最重要的指标之一。

由 TOC 分布直方图（图 7-8）可知，寒武系样品 TOC>2%，属于好烃源岩。二叠系样品为碳酸盐岩，其有机质丰度属于好烃源岩。

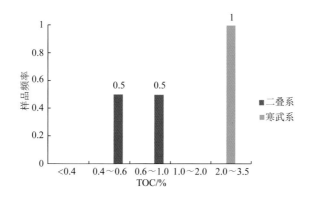

图 7-8　研究区烃源岩样品 TOC 分布直方图

2. 生烃潜量

游离烃（S_1）和岩石热解过程中干酪根热解生成烃（S_2）之和（S_1+S_2）构成生烃潜量，当有机质成熟度和类型相同时，有机碳含量高，生烃潜量大，但是有机质类型不同的烃源岩，有机碳含量相同其生烃潜力可能不同，并依此评价烃源岩的生烃能力。由表 7-7 可见，二叠系碳酸盐岩生烃潜量较寒武系黑色泥岩要高，是很好的烃源岩；寒武系黑色泥岩产烃率反而较低，与年代久远游离烃损失殆尽有关。由图 7-9 可知，样品分别属于一般和较好烃源岩，但二叠系作为碳酸盐岩的生烃潜力有待深入讨论。

表 7-7　生烃潜量综合测试数据表

岩性	层位	可溶烃 S_1 / (mg/g)	热解烃 S_2 / (mg/g)	产油潜率 S_1+S_2 / (mg/g)	产率指数 PI	氢指数 HI / (mg/g)	有效碳 PC /%	降解率 D /%	烃指数 HCI / (mg/g)
深灰黑色灰岩	二叠系	0.08	0.21	0.29	0.28	41.18	0.02	4.72	15.69
深灰黑色灰岩	二叠系	0.07	0.31	0.38	0.18	39.74	0.03	4.04	8.97

续表

岩性	层位	可溶烃 S_1 / (mg/g)	热解烃 S_2 / (mg/g)	产油潜率 S_1+S_2 / (mg/g)	产率指数 PI	氢指数 HI / (mg/g)	有效碳 PC /%	降解率 D /%	烃指数 HCI / (mg/g)
深灰黑色泥岩	寒武系	0.01	0.07	0.08	0.13	2.76	0.01	0.26	0.39

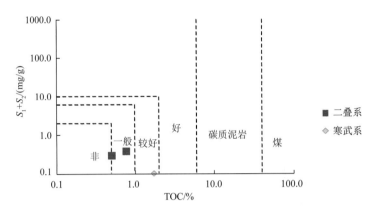

图 7-9　研究区 S_1+S_2 与 TOC 判断源岩质量图

3. 氯仿沥青 "A"

氯仿沥青 "A" 是岩石中可抽提有机质的丰度，反映残余可溶有机质含量和生排烃作用的结果。在有机质相同的情况下，氯仿沥青 "A" 越高，有机质向石油转化的程度越高。氯仿沥青 "A" 与有机碳含量之比为有机质向油气转化的指标。

由样品的氯仿沥青 "A" 频率分布直方图（图 7-10）可知，二叠系为灰岩系列好烃源岩。

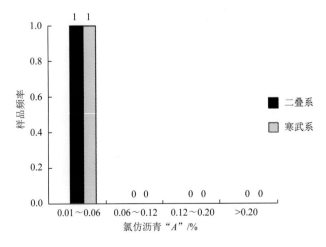

图 7-10　研究区氯仿沥青 "A" 频率分布直方图

7.3.3　有机质成熟度

最高热解峰温（T_{max}）是判断有机质成熟度的主要评价指标之一，测试结果表明二叠系、寒武系样品有机质分别达到高成熟 - 过成熟演化阶段（图 7-11）。

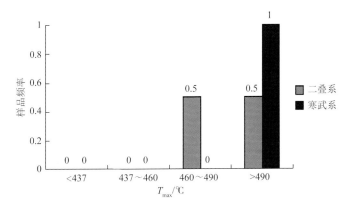

图 7-11　研究区烃源岩样品（二叠系、寒武系）T_{max} 分布直方图

7.3.4　岩石物性

测试结果表明，二叠系栖霞组含硅碳酸盐岩的孔隙度均为 30%，水平渗透率为 $50 \times 10^{-3} \sim 150 \times 10^{-3} \mu m^2$，表明成岩溶蚀作用和孔隙连通率一般，达到较好油气储层标准。

由此可见，二叠系栖霞组含硅碳酸盐岩既是生烃层系又是油气储层。

7.3.5　结论

下扬子地块苏皖次地块是南黄海盆地南部古生代次地块在陆区的延伸部分，出露多套上下古生界生烃层系。其中，寒武系幕府山组陆相黑色泥岩有机碳含量高，产烃率一般；二叠系栖霞组海相深灰黑色灰岩有机碳含量中等，产烃率较高；二叠系深灰黑色灰岩干酪根类型为Ⅰ型，寒武系黑色泥岩干酪根类型以Ⅰ型为主，含Ⅱ型干酪根；二叠系为高成熟源岩，寒武系为过成熟源岩，总体评价为好烃源岩，分别属于上下古生界主力生烃源岩。二叠系栖霞组臭灰岩既是好烃源岩又是储集岩。

寒武系生烃潜量两个指标甚至大大低于二叠系臭灰岩，与其年代久远、呈碎屑状松散状分布、游离烃损失殆尽有关。

以上认识恰好解释了在黄桥地区发现的二叠系栖霞组灰岩溶蚀孔缝洞储层的大型二氧化碳气田的成藏机制和模式，二叠系灰岩具有同时作为生储盖层，形成自生自储灰岩气藏的能力；但这与苏北盆地近几年在二叠系砂岩储层中发现的工业油流不一样，还达不到海域油气经济价值油气田规模和较大规模的水平，但是臭灰岩却具备了这样的条件。

调查成果的一部分仅仅是下扬子陆区上下古生界典型地质剖面研究的一小部分，很庆幸选择它们作为目标，并且路线设计合理，工作过程规范。

对南黄海盆地上下古生界油气勘探具有重要意义，是推测海域同样发育苏皖次地块相近沉积岩系以及两套优质烃源岩和储集岩系并形成大气田的依据，但海陆区的演化可能非常不同。因此，有必要进一步研究厘清南黄海盆地相接部分构造运动的历程。

第 8 章

南黄海盆地钻井地质特征

　　钻井是油气勘探最为重要的临门一脚即发现之母，因此没有钻井就没有油气发现。与陆域油气勘探一样，我国海洋油气勘探依靠钻井获得油气发现，但钻井显然远远不如陆地方便且没有陆地成本低廉。在陆域，井架竖起来就可根据定位实施钻井，当然井位位置会顾及地形地物的影响而被修改；但海洋油气钻井不会有任何井位的问题，面临的问题显然是海况和气象，最为关键的还有钻井工具即钻井平台。海上钻井平台分为四种类型：①浮式钻井平台；②自升式钻井平台；③半潜式钻井平台；④座底式钻井平台。随着水深加大，利用的钻井平台也不同，其成本随之增加。随着油气勘探进程的不同，钻井类型也不同，可以是野猫井、普查井、参数井、探井和开发井。显然，南黄海盆地不存在最后一种钻井类型。

　　南黄海盆地油气勘探始于 1961 年，至今 55 年；首口钻井始于 1974 年，至今 42 年；这个历程被划分为三个勘探阶段：自营普查勘探、中外合作勘探和新一轮油气资源补充调查阶段。但至今南黄海盆地仍然是中国海域唯一未获工业油气发现的大型含油气盆地：1984 年，在 CZ6-1-1 井新生代测试获少量（2.45t/d）原油，这是该盆地第一口也是唯一一口见油气井，但尚无工业价值。1986 年 ZC1-2-1 井完钻，在井底 3420.46 ~ 3423m 白垩系泰州组第四取心回次也是最后一个取心回次获得大量暗色泥岩岩心（图 8-1），岩心编录后发现该泥岩致密性脆；在最后一块灰黑色岩心中见裂缝，油味浓，通过肉眼观察，发现裂缝渗漏出轻质原油，荧光显示强烈（图 8-2）。今天看来，该项发现属于典型"页岩油"。与之形成鲜明对照的是，苏北盆地面积仅为 $3 \times 10^4 km^2$，不到南黄海盆地的 1/7，但已经发现了 133 个中小油气藏，90% 以上属于新生界，年产油气当量 200 万 t；但对海域油气勘探而言，仅 7 ~ 8 个具有经济价值，这就是海陆油气勘探的区别和海域油气勘探面临的现实问题，试想海上油气田开发也像陆域一样以磕头机方式每日抽取 1 ~ 2t 最多数十吨原油的情景，那将是经济不可承受之重。为此，获得高产工业油气流，一直都是海洋油气勘探的出发点。

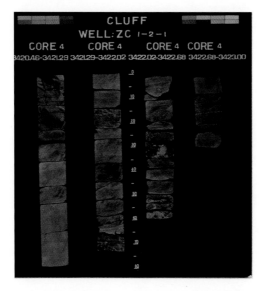

图 8-1　南黄海盆地 ZC1-2-1 井第四取心回次岩心编录照片

资料来源：1986 年青岛海洋地质研究所 ZC1-2-1 井岩心编录报告

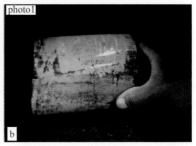

图 8-2　英国克拉夫石油公司 ZC1-2-1 井第四取心回次岩心及其荧光照片

资料来源：1986 年青岛海洋地质研究所，ZC1-2-1 井岩心编录报告

8.1　南黄海盆地分阶段油气探井的特征

1974 年 6 月 7 日，利用我国自行设计改建的第一艘海洋地质钻探船——勘探一号，南黄海盆地开始首口石油普查井——黄海 1 井的钻探，于同年 12 月 30 日完钻。该井位于南黄海盆地中部，深 1544.35m，终孔层位为始新统戴南组。迄今，南黄海盆地钻井 26 口（包括韩国 5 口）（表 8-1），见油气显示井 4 口：C6-1-1（A）、C12-1-1、W13-3-1 和 C24-1-1。在东经 124° 以西中国传统管辖海域钻井 23 口（包括韩国 2 口），平均每 7619km² 一口，是中国海域钻井程度和密度最低的大型含油气盆地。具体到各不同勘探阶段钻井特征有所不同，初步分析如下。

表 8-1 南黄海盆地 26 口油气钻井基本数据表

勘探阶段	时间	钻井数	最大井深	揭露最老地层	总进尺
自营普查勘探	1961 ～ 1979 年	7 口（韩国 1 口）	2413m（中国）、3467m（韩国）	白垩系、古近系	15062m（韩国 3467）
中外合作勘探	1980 ～ 1998 年	9 口（韩国 2 口）	3907m（中国）、4103m（韩国）	石炭系、古近系	27609m（韩国 6120）
新一轮油气资源补充调查	1999 年至今	5 口（韩国 2 口）	3273m（中国）、2726m（韩国）	二叠系、白垩系	11513m（韩国 5206）

8.1.1 自营普查勘探阶段（1961 ～ 1979 年）钻井 7 口

这一阶段历时 18 年。

1974 年，部署了黄海 1 井，钻探目标是一个新生代背斜圈闭（图 8-3），没有任何油气发现，实际上钻深较浅，尚未钻达该圈闭预定层位已经终孔。

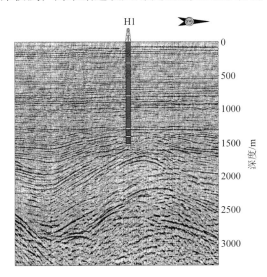

图 8-3 位于盆地南部拗陷中部 H1 井，井深 1544.35m；井底始新统戴南组

截至 1979 年年底，6 年中总计钻井 7 口，平均一年 1 口井再多 1 口，多的那口井是因为在 1979 年自营普查勘探最后一年完钻 2 口。其中，最深的黄 6 井进尺 2413m，钻遇地层最老是黄 7 井，揭露了 1065.96m 白垩系，是南黄海盆地首口和该阶段唯一一口钻遇前新生代普查井。7 口井累计进尺 15062m，未见任何油气显示。这 7 口井都以黄字的 H 字母打头，以新生代为勘探目的层系，钻井结果确定了新生代地震波组对应地层沉积的特征，发现了古新统阜宁组可能具备一定生烃条件，推进了新生代油气勘探的进程。

值得提及的是，韩国已经早于中国在南黄海盆地开展油气井钻探，1973 年，Ⅱ H-1xa 完钻，位于东经 124° 以东韩国传统管辖海域，井深达 3467m，该井深度大于中国分别于 1974 年和 1975 年完钻的 H1 井和 H2 井井深之和（3313.79m）。

8.1.2 中外合作勘探阶段（1980～1998 年）钻井 9 口

这一阶段历时 19 年，分两期，第一时期 1980～1985 年；第二时期 1986～1990 年。

第一时期（1980～1985 年）：钻井 7 口。1980～1981 年，与英国 BP 石油公司和法国 ELF 石油公司合作，先后钻探 W20-ST1（图 8-4）和 W5-ST1 两口参数井，累计进尺 6259.8m。其中后者钻遇 1410m 三叠系和 439.84m 二叠系。1983 年，中国海洋石油总公司与英国 BP 公司、克拉夫公司以及美国雪佛龙 / 德士古公司签订了"中国南黄海南部 12/06 合同区石油合同"、"中国南黄海北部 10/36 合同区石油合同"及"中国南黄海南部 24/11 合同区石油合同" 3 个合同。1984 年，钻探 C6-1-1 井（图 8-5），进尺 3908m；于 3017m 古近系井段内多次发现油气显示，在阜宁组三段 3823～3830m 井段测试，获得日产 2.45t 低产油流，实现了南黄海盆地油气发现突破。该井至今还保持中国在南黄海盆地石油探井的两个第一：第一口油气发现井，最深石油探井。值得一提的是 C12-1-1 井，1985 年完钻（图 8-6），井底钻遇石炭系，厚 646m，是南黄海盆地揭露地层最老的井。

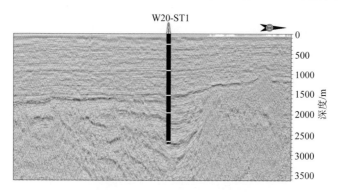

图 8-4　位于盆地南部拗陷 W20-ST1 井，井深 3500m；井底阜宁组四段

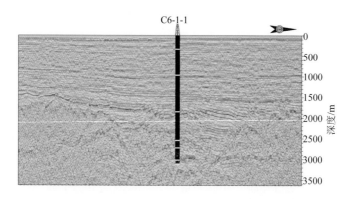

图 8-5　位于盆地西南部 C6-1-1A 井，井深 3907 m；井底阜宁组三段

第二时期（1986～1998 年）：钻井 2 口。1986 年，第二轮对外油气勘探启动招标，中国海洋石油总公司与英国 BP 公司、克拉夫公司以及美国雪佛龙 / 德士古公司又签订合同，分别在南黄海盆地北部拗陷钻探井 2 口，其中 Z1-2-1 井在井底 3524m 于最后一

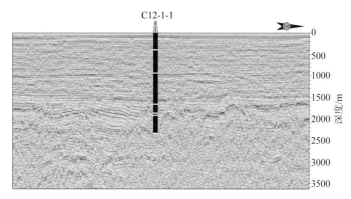

图 8-6　位于盆地西南部 C12-1-1 井，井深 3086m；井底石炭系高骊山组

次取心的泥岩岩心中发现轻质原油。

这个阶段钻井总进尺 27609m，不但实现了油气发现，而且地质任务完成优良，钻获上古生界和中生界碳酸盐岩。但因为多数井的失败及油气发现不具有工业价值打击了中外企业的信心，为此大多数外国石油公司停止了在南黄海的勘探活动，盆地石油勘探陷入低谷。但此时，四川盆地在普光地区开展三叠纪海相碳酸盐岩勘探获得超大气藏突破性发现，而后又在附近发现龙岗和元坝同类型大型礁滩相大气藏；启示南黄海油气勘探工作者认真总结经验，逐渐意识到前新生界可能具有较大的资源潜力，开始提出前新生代油气勘探的思路。

8.1.3　新一轮油气资源补充调查阶段（1999 年至今）钻井 5 口

这个阶段迄今已经历时 17 年。新一轮油气资源补充调查勘探阶段得到国家重视，分别实施了多个调查和研究项目。

2000 年和 2001 年，中国海洋石油总公司在南黄海盆地南部拗陷和勿南沙隆起分别钻探了 W4-2-1 井和 C35-2-1 井（图 8-7），累计进尺 5500m，两口井分别钻遇三叠系和二叠系。2009 年，钻探 RC20-2-1 井，进尺 3273m，钻遇 2000m 大套深灰黑色侏罗系，无论是沉积厚度、岩性特征还是生烃指标都大大超过和强于北黄海盆地侏罗系，改变了早期南黄海盆地不存在侏罗系的认识。

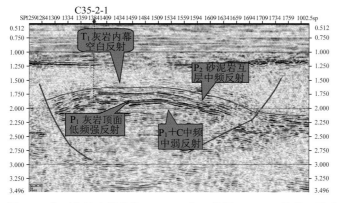

图 8-7　位于盆地南部拗陷 C35-2-1 井，井深 3500m；井底二叠系

8.2 结　论

南黄海盆地钻井三个阶段总计钻井 26 口，表现为以下特点。

1）勘探程度低，钻井数量少

中国在东经 124° 线以西传统管辖海域总计钻井 21 口，平均每 7619km^2 一口，表明南黄海盆地勘探程度极低。

2）所有探井的井深都太浅

第一阶段前两年钻的两口井都属于千米井，之后的 5 口井为 2km 井，最大井深都未超过 2500m，最深的 H6 井为 2413m。后来钻的井有 6 口超过 3000m，最深仅 3907m，不少钻井因为井深太浅如 H1 井，事实上并未完成预期目标，距离钻达勘探目标层系的圈闭高点相差较大深度，这种情况不止一口。

3）没有钻探像样的参数井

设计有参数井，钻探多口参数井目标层系大部分为新生代，包括 H5、H7、W20-ST1 和 W5-ST1 等，井深略超过 3500m。目标层系有新生代也有下覆未知反射层系，包括杂乱反射层系，揭露了千米以上的三叠系碳酸盐岩和二叠系含煤层系，但与建立盆地完整地层层序目标的钻井要求距离甚远，如塔里木盆地参数井塔深 1 井，达 8408m，揭露寒武系。

4）钻井分布主要集中在南北两大拗陷及三个区带

钻井分布极不均衡：大多位于南部拗陷和北部拗陷，中部隆起区没有钻井。主要分布在南部拗陷的南二凹陷、南三凹陷，达 11 口，进尺 34300.31m；其次是北部拗陷，8 口，进尺 17114.72m；另有 2 口井分别位于勿南沙隆起及西南部滩海浅水区，位于勿南沙隆起的 CZ35-2-1 井，进尺 2728m，钻遇三叠系碳酸盐岩。其中，H1 井区约 40km^2 范围内钻井 3 口，包括黄 1 井完钻 26 年后，于 2000 年还在附近钻井一口，显然是与黄 1 井太浅未钻达构造高点及其目的层系有关；CZ6-1-1 井区钻井 3 口；H6 井区钻井 4 口；或与 CZ6-1-1 井见油，其下覆为比较完整构造圈闭，力图揭示与多种构造 - 地层关系和圈闭类型有关。

5）韩国钻井至今保持两项第一

中国钻探 21 口井全部位于东经 124° 以西，进尺 54502 m，揭露石炭系。但韩国早于中国在南黄海盆地钻井，总计 5 口，进尺 14793m，其中的两口井（Kachi-1、Heama-1）越过传统的 124° 线，位于 123°25′～123°43′ 附近，揭露三叠系。这 5 口井至今保持南黄海盆地第一口石油探井，南黄海盆地最深石油探井两项第一的纪录。

6）揭露多种地层接触关系，最老地层石炭系

中国钻探 21 口井除多数分别钻遇新近系和古近系以外，仅 9 口揭露了中、古生界，钻遇白垩系、侏罗系、三叠系、二叠系和石炭系；特别是解剖了多种地震反射类型，验

证了海相沉积环境的发育和大套碳酸盐岩沉积体系的存在；总计钻遇了 16 种地层接触关系（图 8-8）。

地层＼钻井号	C24-1-1	C35-2-1	W5-ST1	R20-2-1	W13-3-1	Z7-2-1	H2	C12-1-1
Q						●		
N_1		●	●	●			●	●
E_3	●		●		●		●	
E_2	●							
E_1			●		●			
K_2	●			●		●		
K_1				●		●		
J				●				
T_1	●	●	●			●		
P_2		●	●					
P_1					●			●
C								●

图 8-8　南黄海盆地部分钻井揭露地层关系及钻遇前新生代钻井分析对比表

第一，在 C12-1-1 井区，钻遇地层缺失最多，新近系直接与二叠系接触，按照正常地层沉积厚度和层序分析，推测最大缺失沉积层厚度近万米。第二，在 W13-3-1 井，古新统与二叠系接触。第三，在 C35-2-1 井新近系与早三叠世接触，问题是后者位于勿南沙隆起而 C12-1-1 井位于凹陷，W13-3-1 井位于南部拗陷低凸起，因此，有关南黄海盆地构造区划的历史成果值得斟酌。第四，在 RC20-2-1 井区钻遇大套深灰黑色侏罗系，表明南黄海盆地该井区侏罗系具有广阔的勘探前景，证实了扬子－华北板块陆陆碰撞作用背景下，一期重要前陆盆地的形成；其下部以暗色岩系为主夹煤系地层的特征与我国中下侏罗统特征相似，并可能属于局部富生烃凹陷，应当作为深入研究的课题得到高度重视，但多数钻井缺失侏罗系。第五，Z7-2-1 井第四系直接与白垩系接触。第六，唯一一口揭露侏罗系的井钻遇巨厚深灰黑色侏罗系。第七，值得特别注意的是 6 口钻遇三叠系碳酸盐岩的井，1 口位于勿南沙隆起，3 口位于南部拗陷，2 口位于北部拗陷，表明其可能存在大规模海相沉积环境，普光－元坝－龙岗型礁滩相沉积体系及其油气藏值得期待。

上述钻井地层揭露的不整合面及其复杂地层关系从一个方面证明南黄海盆地构造运动的强烈，且剥蚀程度较大，关键是多期构造运动的叠加改造；特别是与扬子－华北两大板块自印支早期开始陆陆碰撞，逆冲断裂体系发育，形成多期前陆，后期还与太平洋系构造运动的叠加改造分不开。

7）解剖了多种构造类型

南黄海盆地所有已钻探井都沿用了新区钻探解剖背斜为主的原则，如 H1 和 H4 井等，先后兼顾钻探了背斜、断背斜、透镜体岩性和古潜山断块等多种构造类型。

8）钻井油气发现分别属于新生界和白垩系

在钻探第一口井的第十年实现了新生界阜宁组油气发现，之后青岛海洋地质研究所在中生界白垩系泰州组泥岩岩心裂缝中发现轻质原油。但因先后多次失败和发现并不具有工业价值，导致中外业者信心受挫，陷入长期举步维艰的境地。

9）已经超过5年南黄海盆地没有钻井

2009年以来，南黄海盆地经历了1个多"五年计划"没有钻井的时期。在这个阶段，相关油气地质特征研究取得大量新认识、新成果，之前纠结钻井深浅及其经费的投入，如今已不再是一个问题；包括地震探测、采集、处理和解释软硬件技术已经取得长足进步，特别值得提及的是，南黄海盆地三维地震勘探和滩海区地震勘探都已经开展。因此，人们有理由相信这些工作的成效，期待上扬子普光大气田和包括多个诸如寒武系—震旦系古老油气藏能够在南黄海盆地被发现。

10）南黄海盆地科学探测井钻探

2015年，南黄海盆地第27口钻井DSDP-2科探井在中部隆起开钻，该井设计井深2000m，于593m揭穿新生代钻遇三叠系青龙组灰岩，于866m见油气显示：气测异常最大0.37%，荧光异常，沿石英脉见"油迹－油侵"（图8-9），长度超过10m，这与苏北陆区和苏南野外露头发现的三叠系油迹－油侵情况相近；特别是根据C35-2-1和W5-ST1钻探的经验，该井可能揭露最少800m最多达1500m的三叠系灰岩，也就是说，DSDP-2井井底很可能仍然为三叠系。

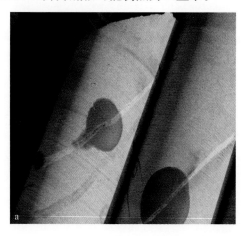

图8-9　DSDP-2井钻井平台与石英脉"油迹－油侵"

目前，业界针对南黄海盆地钻井油气地球化学和测井解释的成果较少，主要原因在于研究较为欠缺资料，油气钻井岩心样品少。目前多数钻井取心很少，除了个别钻井如ZC1-2-1井曾于1985～1986年由青岛海洋地质研究所完成国际规范岩心编录和系统描述分析以外，其余钻井的研究以专业油气公司为主，大量缺乏来自钻井的样品测试分析数据和认识。因此，将有望通过深入研究，获得大量新认识的工作空间。没有投入就没有产出，建议建立和实行多元化投入机制包括中外合作勘探机制，在南黄海盆地实施常态化油气探井和参数井钻探。建议尽快完成南黄海盆地参数井钻探，揭露地层需要瞄准前石炭系。解剖钻探深层印支面及之下深层形态较为完整的背斜－断背斜构造类型和礁滩相岩心构造及半背斜构造，并将其视为钻井可行性研究和部署需要考虑的要点。

第 9 章

南黄海盆地白垩系

　　南黄海盆地 124°E 以西属于中国传统管辖海域，白垩系研究限定于 119°20′E 以东、37°N 以南和 32°N 以北与 124°E 围限范围，面积为 $16.9 \times 10^4 \text{km}^2$（图 9-1）。自 1961 年以来，针对盆地白垩系的研究较为薄弱。

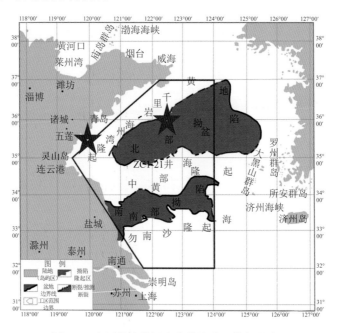

图 9-1　中国管辖范围内南黄海盆地勘探研究区

9.1　南黄海白垩纪盆地研究意义

　　近年上扬子区四川盆地中、古生界不断发现大油气田，使人们相信具有相似地质构造与石油地质条件的下扬子区南黄海盆地具有中生界、古生界油气发现潜力。但印支运动及之后下扬子区发生强烈构造运动，多期叠加改造致原型盆地、原生油气藏破坏。迄今在苏北盆地发现的百余个中小油气田中，只有一个属于白垩纪——朱家墩气田，地质储量 30 亿 m³。在南黄海盆地，22 口钻井仅在 1986 年于 ZC1-2-1 井白垩系泰州组钻遇的暗色泥岩岩心中获得了油气显示。

印支运动及之后叠加的燕山运动期太平洋板块向 NWW 向俯冲作用的加强，发生强烈的挤压同时伴随剪切走滑活动，导致盆地整体迅速抬升，南黄海盆地区域应力背景转化为 NW-SE 拉张，盆地北部整体表现为"南北双断"特征，南部表现为"南断北超"的箕状断陷格局，中部隆起仅发育几个小型断陷。因此，研究南黄海盆地白垩系油气地质的特征具有实际意义。

由于缺乏钻井岩心的样品资料，所以选择最具代表价值的灵山岛船厂深水软变形的大型滑塌暗色泥岩岩系剖面，通过调查实测和采集样品测试及在此基础上的井震联合解释，分析白垩系分布、地层岩性及生烃潜力的特征，提出勘探前景的分析，是 1986 年以来的首次。

南黄海盆地西部西北缘发育多个近岸海岛，迄今能够找到的钻井、地震地层研究的资料均来自南黄海盆地北部（图 9-1）。因此，除灵山岛多个剖面早白垩世暗色泥岩样品以外，还利用北部拗陷钻井岩心的资料，地震资料来自中国地质调查局青岛海洋地质研究所 2005 年以来采集的二维地震资料。

9.2　南黄海盆地钻井岩心白垩系的特征和油气显示

如前所述，南黄海盆地有 8 口钻井钻遇白垩系。其中，1986 年英国克拉夫石油公司承包的 ZC1-2-1 井完钻，井底钻遇 148m 暗色上白垩统泰州组地层，该井发现井底 3423m 最后一块泥岩岩心为灰黑色，致密、坚硬，具有荧光显示和裂缝中显著的油侵油迹，笔者及现场工作人员均先后闻到了很强的油味。

9.3　灵山岛白垩系地层岩石剖面特征和地质时代

9.3.1　灵山岛白垩系地层剖面的特征分析

利用了灵山岛（图 9-2）千层崖（a、b）、羊礁洞（c）、灯塔（d～g）、船厂（h）剖面的样品等资料。

图 9-2　灵山岛千层崖（a、b）、羊礁洞（c）、灯塔（d～g）、船厂（h）实测露头剖面照片

a.鸡窝状含煤碳质泥岩，所见老虎嘴剖面正下方露头最为完整，但地形险峻，不易观察与采样；b.黑色泥岩与黄绿色砂岩互层；c.灰黑色含煤碳质泥岩，粒度由细变粗；d.厚层灰色－灰黑色泥岩夹浅黄灰色砂岩层；a、c、e.含多层煤线大套深灰色－灰黑色泥岩，污手；h.灰黑色泥岩砂岩互层

　　实测剖面过程中发现大套深灰黑色碳质泥岩－粉沙泥岩，性脆，与砂岩互层，含煤线、煤窝，厚几米至数米，分布于所有剖面和下白垩统青山组和莱阳组等层系。采集老虎嘴岩浆岩和其下灰黑色泥页岩样品，室内分析检获 54 粒锆石，测得地质年龄为 1.11 亿～1.25 亿年，地质时代为早白垩世（图 9-3）。切片后显微镜观察发现海绿石（图 9-4），X 射线黏土分析得知含 20% 绿泥石，二者指示沉积环境为海相或发育咸化型水体。

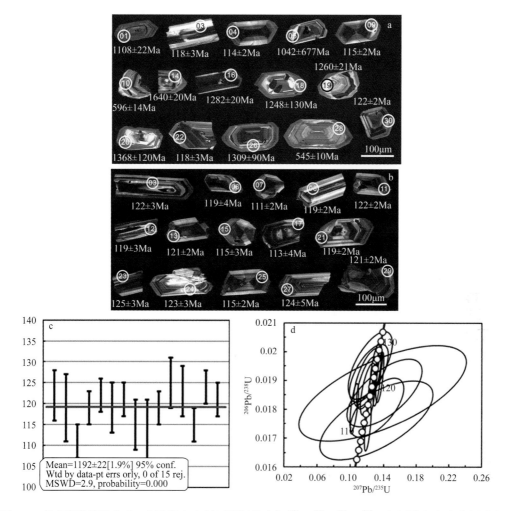

图 9-3 老虎嘴岩浆岩（a）/碎屑岩（b）锆石阴极发光与 $^{207}Pb/^{235}U$-$^{206}Pb/^{238}U$ 直方图（c）及谐和图（d）

船厂剖面长 200 余米，通过实测观察描述深水软变形滑塌沉积，发现递变层理、槽模等。砂岩具有正粒序层理，镜下观察颗粒以石英、长石、方解石为主，杂基胶结，颗粒次棱角状，磨圆度差，分选性差，体现了浊积岩特征，倾向于大型深水斜坡相软变形浊积岩。

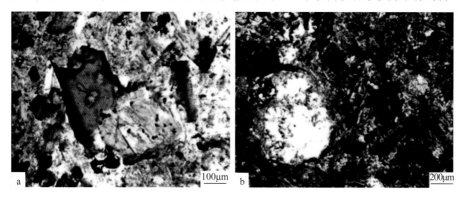

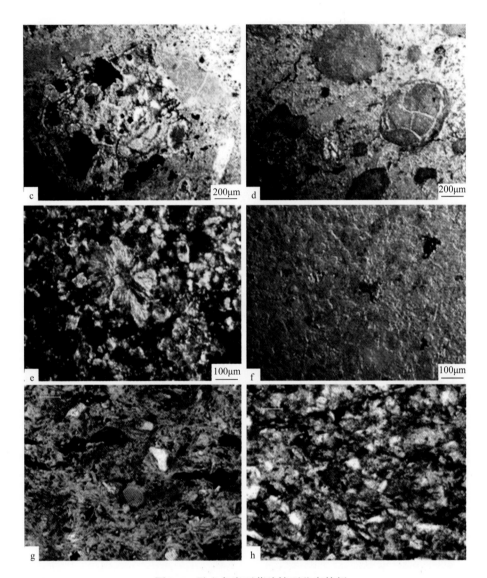

图 9-4 灵山岛岩石薄片镜下鉴定特征

a. 黑云母向绿泥石转变；b. 黑云母围绕颗粒；c. 黄铁矿；d. 海绿石；e、f. 具霏细结构和球粒结构；g、h. 蚀变玻屑

9.3.2 南黄海盆地白垩系井 – 震资料分析和解释

目前南黄海盆地钻遇白垩系总计 8 口井，其中中国 6 口井、韩国 2 口井（该 2 口井位于 124°E 以西），总进尺 4019.96m。这些钻井全部分布于北部拗陷和南部拗陷北部。这个数量差不多是南黄海盆所有揭示中、古生界钻井的一半（指 124°E 以西）。其中，5 口井位于北部拗陷。在南部拗陷，6 口揭示前新生代钻井的只有 2 口钻遇白垩系，缺失白垩系者 4 口。这些揭示白垩系钻井最厚者为韩国 Kachi-1 井，厚约 1358m；最薄者为 Haema-1 井，仅厚 31m。所有钻井白垩系岩性下红上黑：前者为下白垩统浦口组，大

多为赤色岩系；后者为上白垩统泰州组，大多为深灰色－暗色岩系，这些钻井揭示的岩性与苏北盆地钻井岩性大致相当。在过井的二维地震测线上，南黄海盆地白垩系表现为顶蚀、斜层状分布和被大量剥蚀缺失的特征，分别与上覆新近系、古近系，以及下伏侏罗系（图 9-5）、三叠系呈不整合接触。在北部拗陷，包括上述 ZC1-2-1 井在内，有多口钻井钻遇白垩系，其中 H7 井钻厚最大，达 1065.96m；揭露上白垩统泰州组黑色泥岩289m；测试二者黑色泥岩岩心样品总有机碳含量为 1.9% ～ 2.85%（图 9-6）；大多数分布赋存于生油窗以下，属于成熟的好生油气源岩，而且表现为区域分布的特征，在局部形成次凹。根据最新采集地震资料和井震联合解释追踪结果，编绘南黄海盆地白垩系残留分布图，发现南部拗陷只在局部，主要是在凹陷中有分布（图9-7），中部隆起大多缺失，仅北部拗陷保存较全，存在几个沉积次凹。

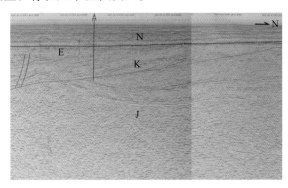

图 9-5　南黄海盆地北部过井白垩系地震解释剖面，位置见图 9-1

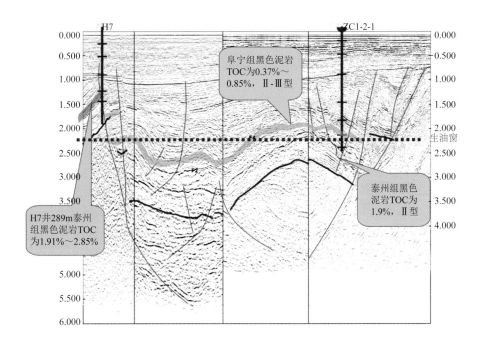

图 9-6　南黄海盆地白垩系泰州组黑色泥岩井震解释对比

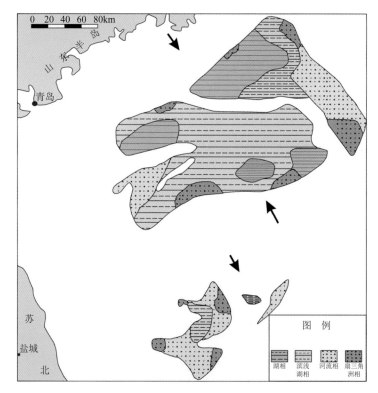

图 9-7　南黄海盆地白垩系沉积分布图

9.3.3　灵山岛深灰黑色泥页岩油气地球化学特征

测试灵山岛 6 条实测剖面采集的深灰黑色泥岩样品，结果明显两分（表 9-1）：

A 类高丰度指标泥岩，总有机碳含量为 1.85%～2.02%，残留有机碳为 1.85%～1.99%，氢指数为 1～3，产烃指数为 0.27～0.71；自由烃为 0.02～0.07mg/g，生油潜力为 0.06～0.03mg/g，氧指数为 4。氯仿沥青 "A" 为 14.02×10^{-6}～33.24×10^{-6}，有机质类型干酪根显微组分腐泥组以藻类体居多，达 78% 者具多细胞藻类体结构，腐泥无定形体 17%，块状固体沥青 5%，属于 I 型干酪根；平均镜质组反射率（R_o）为 2.17%～2.30%。

B 类低丰度指标泥岩，总有机碳含量为 0.71%～0.85%，残留有机碳为 0.70%～0.84%，自由烃和生油潜力为零，氧指数为 10～12。氯仿沥青 "A" 为 8.64×10^{-6}～8.82×10^{-6}，壳质组含腐殖无定形体 25%，镜质组含结构镜质体 72%，具植物细胞结构，含块状固体沥青 3%，属于 III 型干酪根；平均镜质组反射率（R_o）为 2.34%～2.75%。

表 9-1　灵山岛白垩系深灰色－黑色泥岩产烃率测试结果表

岩性	地质年代	S_1 /（mg/g）	S_2 /（mg/g）	PI	T_{max} /℃	S_{3CO} /（mg/g）	S_{3CO} /（mg/g）	S_3 /（mg/g）	PC /%	RC /%	TOC /%	HI	OICO	OI	MINC /%
灰黑色泥岩	K_1	0.02	0.06	0.27	606	0.07	0.10	0.31	0.02	1.85	1.87	3	4	17	4.42

岩性	地质年代	S_1/(mg/g)	S_2/(mg/g)	PI	T_{max}/℃	S_{3CO}/(mg/g)	S_{3CO}/(mg/g)	S_3/(mg/g)	PC/%	RC/%	TOC/%	HI	OICO	OI	MINC/%
灰黑色泥岩	K_1	0.07	0.03	0.71		0.08	0.20	0.46	0.03	1.99	2.02	1	4	23	0.88
灰黑色泥岩	K_1	0.00	0.00	0.00		0.07	0.10	0.09	0.01	0.70	0.71	0	10	13	0.27
灰黑色泥岩	K_1	0.00	0.00	0.00		0.10	0.10	0.25	0.01	0.84	0.85	0	12	29	0.75

A 类泥页岩具有相对更高的烃产率指标，氧含量低，残留有机碳属于优质烃源岩标准；B 类泥页岩相反。因此，划分灵山岛早白垩世灰黑色泥页岩系为两类生烃源岩：一类以生烃气为主；另一类生烃能力较低，可能以生二氧化碳气为主。推测后者可能为苏北盆地发现较多的二氧化碳气气源岩。二者应当分别具有优良的生烃潜力和生成二氧化碳气的能力。

9.4 胶莱盆地早白垩世陆相地层及向南黄海海域延伸

南黄海海域白垩系地层过去被认为是胶莱盆地白垩系莱阳群和青山群，虽然测年数据（约 120Ma）显示该套地层与胶莱盆地莱阳群和青山群在时代上吻合，但地层岩性及沉积构造特征差异显著。胶莱盆地是一个研究较为成熟的白垩纪陆相盆地，早白垩世早期（135～120Ma），受控于华北地区增厚地壳或岩石圈的重力垮塌作用，经历了NW-SE 向的伸展并沉积了莱阳组，为一套河湖相页岩、粉砂岩、长石砂岩和含砾粗砂岩，陆相火山碎屑岩及浊积岩在一定范围内分布；早白垩世晚期（120～105Ma），发生近WE 向伸展，沉积中性 - 中基性火山岩和中基性 - 基性火山岩为主的青山组双峰式火山岩，是对华北岩石圈拆沉的响应。

值得注意的是，灵山岛火山岩中超过 50m 厚的砂砾岩夹层可以与胶莱盆地东部牟平 - 即墨断裂附近青山组火山岩中发育的几百米厚紫红色砂砾岩夹层很好对比。表明至少青山组时期研究区与胶莱盆地青山期具有相似的沉积环境。

研究区以青岛 - 五莲断裂、牟平 - 即墨断裂带为界与胶莱盆地相隔。具体而言，以青岛 - 海阳断裂为边界，北部大面积分布燕山期花岗岩，以南唐岛湾为界沿断裂带走向广泛分布青山组石前庄段火山岩，部分地区被第四系覆盖。崂山垭口及灵山岛地层也是由一组与青岛 - 海阳断裂平行的断裂带所控制，这组断裂在地震剖面上解释为向北逆冲的逆冲构造。在海阳凹陷向东延伸入南黄海，根据地震资料解释认为海阳凹陷海域部分为一"东断西超"的不对称箕状断陷，受东侧千里岩断裂控制，可能是叠置在胶南隆起上的独立构造单元，面积约 3000km²。海阳凹陷东南侧为陡坡带，西北侧为缓坡带，沉降中心在南黄海海域 30m 等深线附近，由于没有钻井资料，对所解释的白垩系沉积特征只能以陆域做推测。

第 10 章
南黄海盆地侏罗系的地质特征

南黄海盆地侏罗纪研究依据 RC20-2-1 井对侏罗系地层的揭露与二维地震资料的对比解释认识，对于进一步认识南黄海盆地中生界地质特征具有重要意义。

10.1　区域地质概况

研究区位于南黄海盆地北部拗陷东北凹，RC20-2-1 井（图 10-1、图 10-2）揭示了新近系、白垩系和侏罗系。在白垩系之下钻遇地层可分为两个部分，中上部分以杂色建造沉积为主，为一套褐色泥岩夹褐灰色泥质粉砂岩、浅灰色砂岩；下部以暗色建造沉积为主，与上组合呈整合接触，为一套深灰色、灰色泥岩夹浅灰色泥质粉砂岩、细砂岩。该套地层的岩性组合特征与上覆白垩系区别较大，通过孢粉组合鉴定，认为该套地层隶属于中－晚侏罗世。

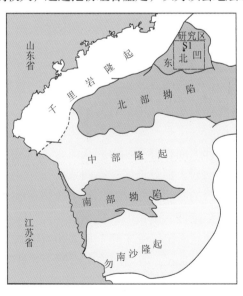

图 10-1　南黄海盆地 RC20-2-1 位置示意图

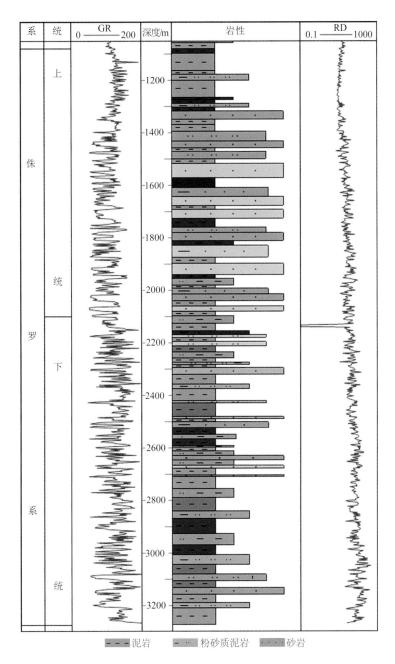

图 10-2　RC20-2-1 井地层综合柱状图

10.2　南黄海周边区域侏罗系分布及特征

卜扬子南黄海海域周边侏罗纪沉积盆地主要有北黄海盆地、朝鲜半岛安州盆地、合肥盆地、苏北盆地、东海盆地等。近年来,许多学者先后对黄海周边盆地侏罗系给予了广泛关注和深入研究。

钻井揭示北黄海盆地侏罗系厚达 1500m，以大套深灰色泥岩夹浅灰色粉砂岩、细砂岩为主（李文勇等，2006；王立飞等，2010；高顺莉、周祖翼，2014）；朝鲜安州盆地下侏罗统峰隧组与下三叠统高坊山组呈不整合接触，火山岩与沉积岩，杂色凝灰岩、泥岩与薄层凝灰岩、安山玢岩砾岩互层（彭世福、郑光膺，1982；罗斌杰等，1995）；合肥盆地早中侏罗世以河湖相沉积为主，局部含煤，晚侏罗世以火山碎屑岩沉积为主（陈发祥，1992；李武、程志纯，1997；陈建平等，2003）；苏北盆地中下侏罗统为石英砂岩夹粉砂岩、页岩、碳质页岩、煤线或煤层，上侏罗统为浅黄、紫红色砾岩、含砾石英砂岩、粉砂岩夹泥岩（陈丕基、沈炎彬，1982；姚柏平、张建球，2000；石胜群，2010）；东海盆地中下侏罗统为一套暗色碎屑岩夹数层薄煤或碳质泥岩的岩层，上侏罗统主要由火山岩组成（王可德、钟石兰，2000；冯晓杰等，2003；高乐，2005）。整体而言，南黄海周边盆地中下侏罗统以暗色岩系夹含煤建造为主，是烃源岩发育的有利层位，上侏罗统以红色沉积为主，火山岩发育。

10.3　南黄海钻井侏罗系地层特征

根据 RC-20-2-1 井岩性组合特征，南黄海侏罗系可分为上下两个组合（图 10-2）。上组合以红褐色、褐灰色泥岩为主，夹褐灰色、灰色泥质粉砂岩和浅灰色细砂岩，沉积相类型主要为河流相；下组合以深灰色、灰色泥岩为主，夹薄层灰色、浅灰色泥质粉砂岩、粉砂岩，泥岩含炭屑，沉积相类型为三角洲 – 湖泊相。显然，南黄海盆地 S1 井上组合以杂色岩层为主，与我国上侏罗统特征相似；下组合以暗色岩系为主夹煤系地层，与我国中下侏罗统特征相似。

从钻遇地层的孢粉特征来看，上组合以极高含量的克拉梭粉为主要特征，其含量高达 75% ～ 100%；下组合以高含量的克拉梭粉和杪椤孢为特征，其含量分别为 17.7% ～ 41.0% 和 12.8% ～ 32.7%。依据克拉梭粉含量及杪椤孢含量的变化，可对侏罗系进行地质年代的划分。确定 S1 井上组合具有晚侏罗世的孢粉组合特征，下组合底部段具有中晚侏罗世的孢粉组合特征。

10.4　南黄海侏罗纪石油地质特征

10.4.1　中生界烃源岩特征

根据分析化验，侏罗系发育近 1000m 厚暗色泥岩，这套烃源岩 TOC 变化范围为 0.23% ～ 2.04%，主峰分布位于 0.6% ～ 0.8%，平均为 0.865%；热解生烃潜量 S_1+S_2 变化范围为 0.07 ～ 3.11mg/g，主峰分布位于 1 ～ 2mg/g，平均为 1.15mg/g（图 10-3），有机质类型以 Ⅱ 型和 Ⅲ 型为主，R_o 为 1.2% ～ 1.64%，地球化学分析表明，南黄海盆地发育侏罗系烃源岩，具有油气成藏的物质基础。

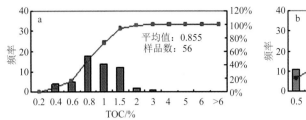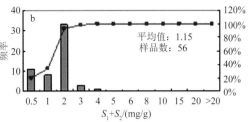

图 10-3　RC20-2-1 井有机质丰度图

10.4.2　侏罗系生储盖组合特征

侏罗系烃源岩之上发育一套区域储盖组合，为河流、三角洲相细砂岩，储集层物性较好；储层之上发育一套泥岩，该套泥岩累厚 320.5m，泥地比为 91%，泥岩单层厚度一般大于 10m，最大单层厚度达 104m，封盖能力较好，横向分布较稳定。显然，南黄海盆地侏罗系烃源岩发育，储盖组合良好，具有油气成藏的基本条件。

10.4.3　侏罗纪油气勘探前景

南黄海盆地中生代侏罗纪地层的钻遇，在南黄海盆地开辟了新的勘探领域——陆相中生界，进一步加深了对南黄海盆地的了解。中生代地层在南黄海北部拗陷，包括北凹陷和东北凹陷内发育良好，厚度大，暗色泥岩发育，纵向上可形成多套良好储盖组合；横向上，中生代地层全盆分布广泛，埋藏较深，预示着黄海海域深层广阔的勘探前景。

10.5　侏罗纪地层在南黄海盆地的分布与构造意义

10.5.1　侏罗纪地层分布

根据钻井钻遇的地层情况，结合二维地震剖面分析，确定侏罗纪沉积主要分布于南黄海北部拗陷东北凹陷，厚度大，连续性较好，地震反射特征明显，顶底界面及内部反射容易识别，内部反射面貌清晰，具有明显的成层性和波组反射结构。总体为一套较厚的、上凸下凹、高部位为断裂切断，不显示明显沉积旋回的断续弱振幅反射，局部受变形和密集断裂切割影响而连续性变差（图 10-4），根据地震反射特征进行解释，发现侏罗纪沉积向两侧变薄，呈楔形尖灭（图 10-5）。除东北凹陷以外，解释南黄海北部拗陷其他次凹也存在局部侏罗纪沉积，而在南黄海中部隆起（图 10-6）及南部拗陷侏罗系不发育，顶多存在零星沉积，特别是已经通过 DSDP-2 井钻探证实，新近系地层直接覆盖在中生界三叠系青龙组碳酸盐岩地层之上（图 10-6）。

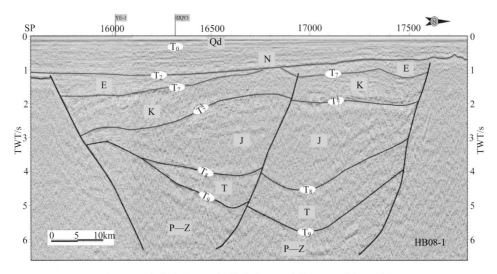

图 10-4　南黄海盆地北部拗陷东北凹陷侏罗纪反射地震剖面

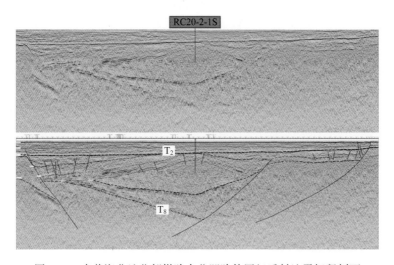

图 10-5　南黄海盆地北部拗陷东北凹陷侏罗纪反射地震解释剖面

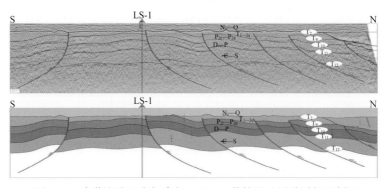

图 10-6　南黄海盆地中部隆起 DSDP-2 井钻遇地层关系解释剖面

10.5.2　侏罗纪地层发现的构造意义

印支－燕山运动是我国东部大陆构造演化中一次重要的构造运动，印支运动结束了海陆分隔的构造面貌，扬子陆块和华北陆块发生碰撞，下扬子区南黄海盆地位于碰撞带前锋区，形成了早期的冲断褶皱变形，为千里岩隆起的雏形，发育残余盆地和前陆盆地。这种印支运动晚期的陆陆碰撞在燕山期得以延续，并在中侏罗世时期造山运动达到高峰，大规模的火山活动，使之前形成的前陆盆地盖层发生强烈挤压变形并遭受剥蚀。东北凹陷侏罗纪地层的发现，证实了南黄海盆地侏罗纪时期发育前陆盆地，同时，为下扬子南黄海及其周边盆地的构造发生与演化研究提供了桥梁和依据。

10.5.3　中生代陆相盆地演化探讨

南黄海盆地为中、古生代海相与中、新生代陆相的多旋回叠合盆地。关于叠合盆地中、古生代海相原型盆地的认识已逐步趋于一致，而对于中、新生代陆相盆地属性及其动力学机制目前尚存在不同的认识。南黄海侏罗纪地层的发现，证实了南黄海盆地为扬子板块与华北板块碰撞背景下形成的前陆盆地。

印支－早燕山造陆运动改变了南黄海盆地的构造面貌，使南黄海的构造格局发生根本性的转变。中三叠世—早中侏罗世（T_2—J_{1+2}），华北板块与扬子板块的碰撞，形成了扬子板块南、北对冲的克拉通－前陆复合盆地结构（图 10-7a）；南黄海发育形成一系列冲断推覆构造，时间上存在递进变形演化，在中侏罗世达到顶峰；空间上表现为西强东弱，此时南黄海发育以 J_1、J_2 多沉积中心的前陆盆地。

晚侏罗世—早白垩世（J_3—K_1），亚洲东部库拉板块 NNW 斜向俯冲消减，导致扬子板块东部下扬子区 NE 向压扭冲断及抬升剥蚀，同时形成走滑－拉分火山岩盆地（图 10-7b）。该时期由于受到挤压而缓慢隆起，在大范围内基本上经历了长期的上升剥蚀改造，使许多地区地层大量剥失，致使寻觅构造演化踪迹十分困难。在晚侏罗世—早白垩世苏皖地区火山岩十分发育，是该时期造山作用的直接证据。

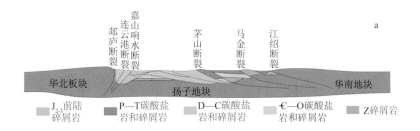

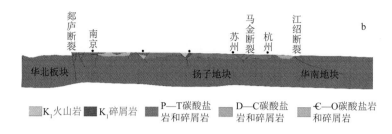

图 10-7 扬子苏北－南黄海地区盆地演化剖面示意图

a. T_2—J_{1+2}前陆盆地；b. J_3—K_1走滑－拉张盆地

10.6 结 论

（1）根据 S1 井钻遇地层的岩性组合特征、古生物化石及孢粉组合特征分析，并结合黄海周边盆地侏罗纪地层的特征及展布情况，确定南黄海 S1 井钻遇地层反映的时代为侏罗纪，证实了南黄海盆地发育侏罗纪地层。

（2）侏罗纪地层在南黄海盆地发育良好，厚度大，暗色泥岩发育，纵向上形成多套储盖组合；横向上，中生代地层全盆地分布广泛，埋藏较深，预示着黄海海域中生界具有广阔的勘探前景。

（3）南黄海侏罗纪地层的发现，证实了南黄海盆地印支－燕山期为扬子板块与华北板块碰撞背景下形成的前陆盆地，为下扬子南黄海及其周边盆地的构造发生与演化研究提供了桥梁和依据。

第 11 章

南黄海盆地前陆盆地分析

印支期，华北与扬子板块发生碰撞形成秦岭－大别－苏鲁造山带，并在其南侧形成挠曲沉积盆地，因此，沿该线向东入海，在南黄海北部形成前陆盆地。通过多年对于南黄海盆地的研究，学者认同南黄海北部前陆性质的事实，但由于对前陆类型、形成年代、构造演化等的研究薄弱，未形成统一认识。其中，冯志强等（2008）指出南黄海盆地北部在晚侏罗世—白垩世（J_3—K）为前陆盆地，苏鲁造山带形成的时间晚于大别造山带，为晚三叠世至早中侏罗世，在碰撞山链南北侧的相邻陆缘发生挠曲沉降而形成盆地。郑求根等（2005）认为早中侏罗世在苏鲁构造带南侧形成南黄海陆内前陆盆地，局部剥蚀残留。

11.1 区域地质背景

南黄海盆地位于下扬子地台前震旦系变质岩基底之上，海陆相多旋回叠合，南黄海前陆盆地位于南黄海盆地北部，形成于中生代陆陆碰撞造山作用，其北缘是苏鲁造山带及千里岩隆起，南面是中部隆起，呈近 EW 向展布，经历了多期构造运动的叠加改造，且受华北板块与下扬子板块的间断性剪刀式斜切拼贴闭合作用的不均一性影响，形态上呈西部窄、东部宽的特征（图 11-1）。

自中生代以来，研究区共经历了印支运动、燕山运动及喜马拉雅运动三次大的构造运动，其中，印支运动、燕山运动使得扬子板块与华北板块发生陆陆碰撞拼贴，形成了一系列的逆冲推覆构造带，使得前三叠系海相地层发生强烈的变形改造，燕山中晚期构造应力环境由挤压转为剪切拉张，而这对盆地的形成及后期改造产生了重大的影响，控制着南黄海叠合前陆盆地的构造发育和沉积展布。研究区内地层发育比较完整，区内在前三叠系海相沉积地层的基础上，又沉积了上中三叠统、侏罗系、白垩系、古近系、新近系及第四系地层，其中，晚三叠世—早白垩世发育前陆盆地沉积，以湖泊、河流相为主，厚度变化较大。由于受后期强烈而频繁的构造运动影响，盆地中某些层系缺失，但整体地层依然保存比较良好。

　　根据苏鲁造山带早期的陆陆碰撞造山阶段和后期由于碰撞陆块持续相向挤压而引发大规模陆内逆冲推覆作用的特征，将南黄海前陆盆地分为两个次级成因类型：早－中三叠世发育的周缘前陆盆地和中－晚侏罗世发育的陆内前陆盆地。前者是早－中三叠世在苏鲁造山带陆陆碰撞造山阶段形成的原前陆盆地（图11-2a），后者是中－晚侏罗世苏鲁造山带大规模陆内逆冲推覆阶段所形成的新前陆盆地（图11-2b）。

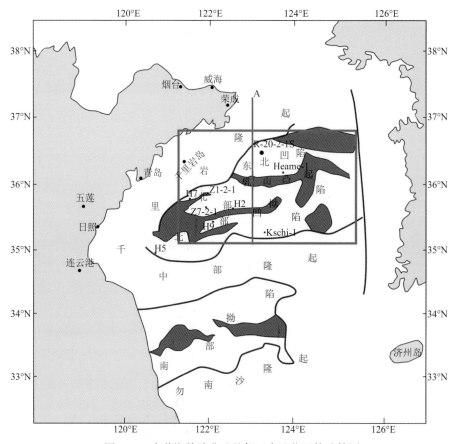

图 11-1　南黄海前陆盆地及邻区大地位置构造简图

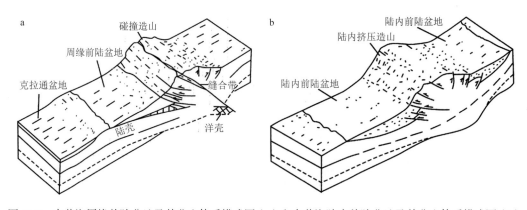

图 11-2　南黄海周缘前陆盆地及其盆山体系模式图（a）和南黄海陆内前陆盆地及其盆山体系模式图（b）

11.2　前陆盆地系统及概念

前陆盆地是指位于线状收缩造山带与稳定克拉通之间的长条形或弧形不对称盆地（图 11-3a 和 b），其成因是由岩石圈响应于外加地壳载荷（包括造山带逆冲席载荷、沉积物和水体载荷、板内应力及可能的下地壳载荷）所产生的挠曲沉降（区域均衡沉降）。

Decelles 和 Giles（1996）在研究了前陆盆地的几何形态后，指出将原有前陆盆地的概念仅仅局限于造山带和克拉通之间的挠曲沉降带是有缺陷的，并且也忽视了大量源于造山带而堆积于造山楔顶部的沉积物。他们认为前陆盆地的范围除了挠曲沉降带外，还应当扩展到造山带内和克拉通内范围。由此提出前陆盆地系统的概念，认为其是在大陆地壳上于收缩造山带与克拉通之间形成的具有潜在沉积物可容纳空间的长条形区域，是对造山带及相关俯冲体系的地球动力学过程响应的结果，并可分为四个沉积带，分别将其称为楔顶、前渊、前隆和隆后，且其纵向长度与毗邻褶皱冲断带的长度近似相等。其中，每个沉积带单元的特征彼此都不相同，均有其独特的特点。

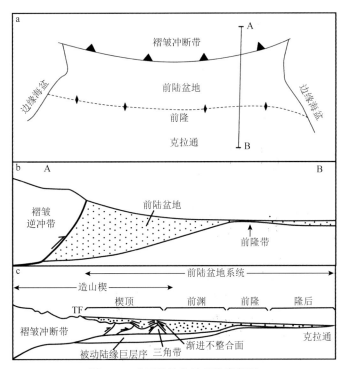

图 11-3　典型前陆盆地系统示意图

a. 前陆盆地平面图；b. 前陆盆地剖面图；c. 前陆盆地系统图

11.3　南黄海前陆盆地系统及特征

南黄海盆地存在上述典型前陆系统，在剖面上表现为楔状形态的深陷带，横剖面呈明显的不对称性结构，由千里岩隆起向中部隆起方向，沉积物由厚逐渐减薄（图 11-4a），形成典型前陆盆地系统（DeCelles and Giles，1996）及其沉积带结构：楔顶沉积带位于千里岩隆起、前渊沉积带位于东北凹陷、前隆沉积带位于乳山凸起、隆后沉积带位于乳山凸起与中部隆起之间（图 11-4a）。特别是前陆系统与褶皱冲断带毗邻，该带楔顶带和前渊带的很大一部分都被卷入晚印支期及后期太平洋系多期强烈的叠加改造构造运动，乃至各沉积带特征并不明显。陆内典型前陆盆地系统后期曾遭受改造，但仍然保存下来形成一个完整前陆盆地系统及沉积带的特征，特别是各沉积带与 DeCelles 和 Giles（1996）提出的前陆系统沉积带分布、形态特征基本吻合，各沉积带单元发育基本齐全。

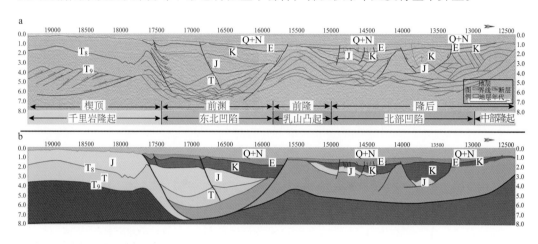

图 11-4　南黄海前陆盆地系统 A-A' 地震解释剖面（a）和沉积地层解析图（b）

11.3.1　楔顶沉积带

楔顶沉积带主要位于苏鲁造山带前缘、千里岩隆起上部，发育小的三角沉积带及逆冲浅部盆地。

地震剖面特征以杂乱反射为主，其间可见上下两套能量较强、连续性差、稳定性差的反射波波组。下套波组间多见角度不整合，呈叠瓦状排列，表现为下伏地层逆冲变形期的叠瓦状逆冲作用，为印支期苏鲁造山带山前逆冲褶皱作用的产物，是一条明显的构造活动界面（T_9）；而上套波组疑为逆冲构造活动减弱阶段的界面（T_8），且此界线上下地层的地震反射形态差异较大，为不同沉积构造环境下的产物。

本区沉积物特征亦呈现垂向分带性。T_9 之下地层推测为前三叠系沉积地层，以海相沉积物为主；T_8 与 T_9 之间为上中三叠统地层，其杂乱的地震反射特征，表明该区沉积物以发育极其粗粒沉积物为主，推测其主要为印支期苏鲁造山带前缘的近源快速堆积形成，且受同期或后期挤压构造变形改造；T_8 之上地层为侏罗系地层，为陆内造山阶段的近源快速堆积产物，亦为粗粒沉积。

本区位于造山楔褶皱 – 冲断带的中带及锋带，发育大量的逆冲褶皱构造，其主要构造样式包括叠瓦逆冲构造和三角带构造（图 11-5）。前者沿软弱层发育断坪构造，切过强硬层形成断坡构造，并由多条相同倾向和动向的台阶状逆断层组合起来形成；而后者为冲断带前缘在克拉通附近应力受阻时出现反冲断层而形成的多层复合背斜形态，且由于研究区发育了两期叠合前陆盆地，故三角带构造也出现叠合特性，发育上下两套三角带构造，地震剖面上显示明显。这两种典型逆冲褶皱带的出现对确定逆冲褶皱带及其横向延展分带性具有重要意义。

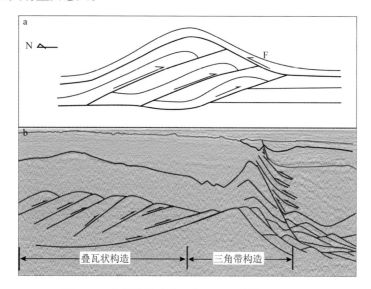

图 11-5　南黄海前陆盆地楔顶沉积带构造解析图

a.叠瓦状构造及三角带构造模式图；b.楔顶沉积带叠瓦状逆冲及三角带构造地震剖面解析图

11.3.2　前渊沉积带

前渊沉积带主要位于逆冲褶皱带前缘前部的东北凹陷，是传统意义上所指的前陆盆地，其盆地形态在近 NS 向地震剖面上呈透镜状，由造山带前缘向斜坡方向沉积物厚度逐渐减薄。地震剖面特征为发育几套能量较强、连续较好、相对稳定的反射波组。其中，白垩系反射波组表现为连续的平行或亚平行的密集反射层，呈平行接触关系；侏罗系反射波组波形不稳定，间断出现 200ms 左右弱振幅的杂乱反射，可见明显顶蚀；中下三叠统反射波组平行或亚平行反射，受后期挤压改造影响，连续性较差，顶蚀明显。

本区沉积物朝逆冲褶皱带前缘增厚，经后期挤压构造破坏，侏罗系地层呈叠瓦状逆冲推覆于逆冲带的前缘，构造变形明显，坡度较陡；近逆冲带侧发育粗粒沉积物，为近源快速堆积的产物，而远离逆冲带侧发育细粒沉积物，以深灰色、灰黑色泥岩与浅灰色细砂岩、粉砂岩不等厚互层为主，为远源缓慢堆积的结果。

值得一提的是，在近盆地中心处的 RC20-2-1S 井钻遇巨厚侏罗系，钻厚超 2000m，且未见底，总体为中下侏罗统象山组。岩性上，以细砂岩与泥岩频繁互层为特征，细砂岩总体呈浅灰色、灰白色，成分以石英为主，次为长石，含少量暗色矿物，磨圆度次棱-次圆，分选较好，泥质胶结。泥岩以深灰色、灰色为主，较纯，性软，含灰质。通过对其单井层序地层及沉积相分析可知，前陆盆地经历了较大挤压抬升运动，沉积环境变化大，水深明显变浅；侏罗系沉积相为半深湖－滨浅湖相，白垩系为滨湖－河流相。

本区近造山带主要发育高角度叠瓦状逆冲断层，上仰于三角带之上，为挤压造山作用阶段前渊沉积地层与冲断带前缘相互作用的产物；靠前隆侧发育一条白垩纪后期发生反转的深大断裂，控制盆地的后期改造形态及地层的沉积；盆地下部主要发育平缓断滑褶皱带，其主要由断层及滑脱面构成平缓褶皱，随应力降低而渐趋平缓。

11.3.3　前隆沉积带

前隆沉积带位于乳山凸起处（图11-1、图11-6），为一宽缓的自三叠纪至古近纪持续上隆的隆起区，在南北向地震剖面上呈大型的背斜形态，具有不整合发育和地层减薄、缺失等前隆带地层发育的特点。

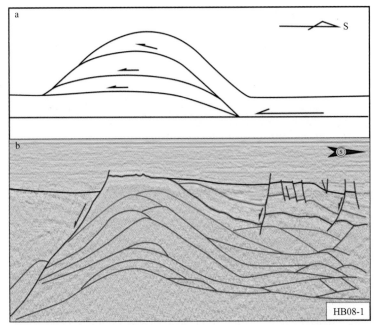

图11-6　向应力作用下堆垛背斜构造模式图（a）和A-A'剖面双向应力作用下前隆堆垛背斜构造解析图（b）

本区地震剖面特征为近斜坡处能量较强、连续性较好、稳定性差，相互叠置，坡度较陡，为后期变形改造所致，隆起中间则为能量较强、波形不稳定、连续性差的几组地震反射层，夹200ms左右的杂乱反射层，且相互呈角度不整合接触，推测隆起区为华北板块及下扬子板块双向挤压过程中形成的大型挤压构造穹窿。

本区沉积地层多杂乱而缺失，表现为上覆厚度较薄的古近系地层，与下伏前侏罗系地层呈不整合接触，且侏罗系及白垩系地层缺失，表明隆起区经历了较长时间的剥蚀或者交替式的沉积与剥蚀改造作用。隆起区两侧斜坡，近前渊方坡度较陡，受控于燕山早中期的挤压沉降作用及晚期反转形成的大型正断层的活动，近隆后方坡度较缓，限制了隆后沉积区沉积物的可容空间的变化。

前隆为多期构造运动叠合形成的大型堆垛背斜，是一种特殊的双重逆冲构造。堆垛背斜与典型双重逆冲构造的区别在于每个断层的冲断运动量大于或等于其下断片自身长度，从而使上盘断片背斜叠置于下盘断片背斜之上，形成多个断片——堆叠、相对隆起形态较高的总体背斜的形态。堆垛背斜的前翼发育被动反向逆冲断层，可使堆垛背斜的前翼和底部逆冲断层共同构成构造楔。

11.3.4　隆后沉积带

隆后沉积带位于前隆沉积带向中部隆起方向一侧的北部凹陷，是一个宽而浅的沉降带（图 11-4、图 11-7）。

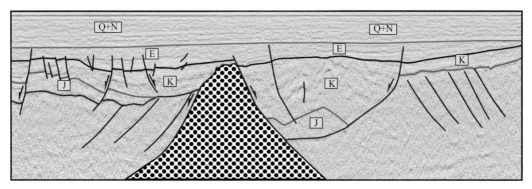

图 11-7　A-A′剖面隆后沉积带构造解析图

地震剖面特征由上至下变化明显，反映了不同构造环境对该区沉积的影响。上层古近系及白垩系主要为拉张背景下沉积形成的断陷沉积盆地，地震反射波组能量强、连续性好、稳定性好，为平行或亚平行的密集反射层；其下伏侏罗系地层为残余的侏罗系前陆盆地沉积，地震反射波能量中等、连续性差、不稳定，与其下伏地层呈角度不整合接触，界面明显；最下层为前侏罗系地层，地震反射波杂乱，可见呈角度不整合接触的能量较强的多套波组，多互相叠置，且隆后两侧发育高角度叠瓦状逆冲推覆的地震波波组，认为其反映沉积地层受到印支运动及其后的早中期燕山运动的挤压变形作用，并可能伴随燕山期的大型岩浆侵入。

沉降带中部沉积较厚，向前隆沉积带和中部隆起方向逐渐减薄，但由于受后期构造运动抬升等影响，部分地层发生缺失，地层不连续，断续分布。

前三叠系基底由于受双向构造挤压影响，地层缩短变形，使其遭受破坏，以致相互推覆叠置，发育燕山中期岩浆岩侵入，形成小型凸起。当盆地转换为伸展断陷盆地时，其上地层多发育小型正断层，控制了后期白垩系地层的沉积。

11.4　南黄海盆地前陆褶皱冲断带及其构造样式特征

前陆冲断带亦称前陆褶皱冲断带（foreland thrust and fold belt），是前陆盆地的标志性构造单元，属于狭窄状构造变形带，包括褶皱构造带与冲断构造带两大基本构造单元。

其中，褶皱构造带是基本构造形态，冲断构造带以逆冲断裂体系发育为特征，也是基本解释判别标志。国际上，北美科迪勒拉山系与克拉通之间形成的科迪勒拉前陆冲断褶皱带最为著名，属于向东推覆冲断滑脱褶皱带，从加拿大北部经美国西部直达墨西哥东马德雷山，最后进入危地马拉和洪都拉斯，长 6500km，宽 300km，属于大型前陆褶皱冲断带及 A 型俯冲消减带。在中国西部，发现多个小型前陆褶皱冲断带，其中都发现大量油气田，包括喀什前陆盆地、且末前陆盆地、库车前陆盆地、克拉玛依前陆盆地、四川龙门山前陆盆地和大巴山前陆盆地等；在中国东部，唯一发现苏北－南黄海盆地赋存分布前陆盆地。

在目前研究程度下，已经确定了南黄海盆地前陆褶皱冲断带及其几种主要构造样式，分别与喀什前陆盆地对冲型构造样式、且末前陆盆地走滑型构造样式、库车前陆盆地逆冲型构造样式、克拉玛依前陆盆地断超型构造样式、四川龙门山前陆盆地和大巴山前陆盆地构造样式对比，发现南黄海前陆盆地构造样式特征明显，决定了它们在冲断带及在盆地内的位置与不同前陆构造单元的特征。

本节讨论将涉及以下四种较为典型的前陆盆地构造样式。

11.4.1 大型逆冲断裂体系构造样式

逆冲断裂体系是前陆盆地最为重要的断裂体系和构造单元研究内容之一，是 C 型前陆标志性技术指标，也是油气聚集成藏的重要构造单元，还是盆地形成演化与油气成藏聚集评价预测的主要媒介。因此，对逆冲断裂体系的研究具有重要意义，除可满足和解决石油勘探实际需求，属于盆地三级构造带研究内容的范畴以外，国内外许多重大的油气发现都导源于大型逆冲断裂体系的发现及其深入研究，其对油气勘探的价值不可小觑。

2013 年，康玉柱在中国石油地质年会上就中国西部前陆盆地作大会报告，推进了贾承造有关中国中西部至少 9 ～ 11 个大型含油气盆地通过前陆逆冲断裂体系研究获得油气重大发现的认识。事实上，20 世纪 90 年代中国掀起逆冲推覆构造研究热潮，大量的研究主要涉及西部 9 个前陆盆地的油气地质勘探成果，通过应用落实，发现这些研究涉及逆冲断裂特征几何学、运动学、动力学的概念与模式，已经从理论实践上全面缩短与国际水平的差距。

在中国海域，最早的逆冲断裂体系研究始于东海陆架盆地，但起步时间晚，工作程度低，推测性认识多，实物资料详尽分析成果少。在南黄海盆地，近年的研究发现了典型逆冲断层构造样式（图 11-8、图 11-9）。

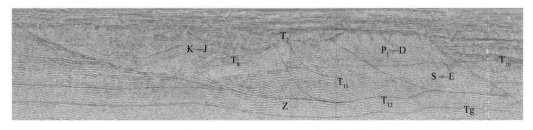

图 11-8　南黄海盆地 06-5 线大型逆冲断层构造样式局部

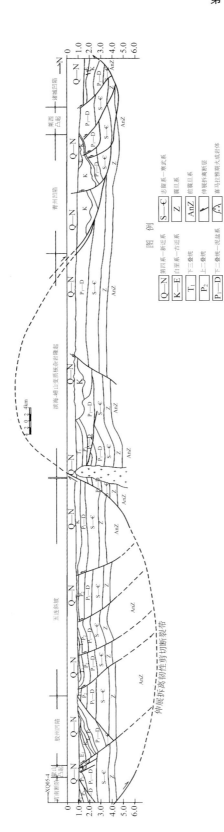

图 11-9　南黄海盆地 XQ06-5-XQ06-04 大型逆冲断裂体系

总体上，南黄海盆地大型逆冲断层构造样式具有以下重要特征：①早期正断裂晚期逆断层；②断面浅部倾角大；③深部平缓；④呈凹面向上的犁式；⑤水平位移规模不大，20 ~ 29km；⑥不是上盘主动的仰冲（overthrust）；⑦是盆地拗陷边缘向山系的潜滑（underplating）俯冲（underthrust）；⑧构造叠加变形；⑨滑脱层与盐系或与厚层泥岩发育有关；⑩位于南黄海盆地北部；⑪多条逆冲断层构成南黄海前陆盆地冲断带。

由图 11-9 可见一组小 – 中型 EW 向和 NE 向叠加雁行式推覆逆冲断裂集合体，形成大型逆冲推覆断裂体系。

断裂体系的次级构造单元包括前陆凹陷、叠瓦扇、逆冲褶皱、消减褶皱、不对称对冲褶皱等多种样式。

逆冲断裂经历前期隆起、逆冲推覆、逆掩滑脱与复合叠加变形等演化阶段，反映了印支 – 燕山期涵盖三叠系、侏罗系、白垩系构造演化的特点。印支期逆冲构造由北向南推覆，随着应力释放，规模越来越小，由基底卷入式向盖层滑脱式递变，最后形成了正断裂。

11.4.2 不对称对冲构造样式

下扬子陆区前陆盆地构造运动被学术界定为具有南北对冲特征，海域研究发现属于不对称对冲，由此形成前陆不对称对冲构造样式。由图 11-10 可见，中生界构造层顶削，呈角度不整合接触，发育一组不对称对耦状断层，构造两翼断层发育、切削剥蚀状况不对称；上古生界构造层泥盆系—下二叠统顶蚀、大角度直立；地层接触关系和凹陷构成、地层展布形态不对冲；中生界构造层残留状况不对称，白垩系与上覆沉积呈角度不整合接触，右翼发育明显侏罗系"锅状"沉积凹陷，左翼缺失；反映了印支期—燕山期涵盖三叠纪、侏罗纪、白垩纪的构造演化特点。

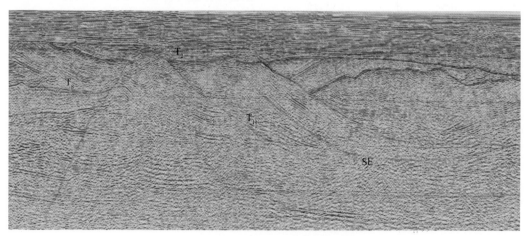

图 11-10 南黄海前陆盆地不对称对冲构造样式

11.4.3 "凹中隆"构造样式

在多条测线上发现典型"凹中隆"构造样式。在古生界沉积基础上,上覆沉积全部呈凹-凸-凹形态,具有油气勘探意义。

11.4.4 "上凸下凹"构造样式

前陆期三叠纪—侏罗纪—白垩纪沉积凹陷形成"上凸下凹"构造样式(图 11-11)。

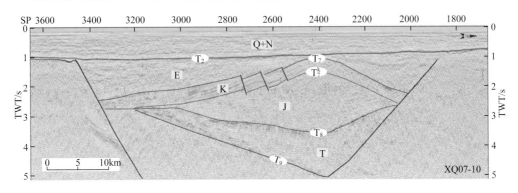

图 11-11 南黄海前陆期盆地"上凸下凹"构造样式

11.5 结 论

(1)南黄海前陆盆地系统发育较完整,四个沉积带均有发育,楔顶沉积带位于千里岩隆起、前渊沉积带位于东北凹陷、前隆沉积带位于乳山凸起、隆后沉积带位于乳山凸起与中部隆起之间。

(2)楔顶沉积带地震反射整体较差,以杂乱反射为主;沉积物多为粗粒,为近源沉积的产物;主要发育叠瓦逆冲构造和三角带构造。前渊沉积带地震反射整体上能量较强、连续较好、相对稳定,但具有垂向分带性;沉积物具有平面展布分带性的特点,近源以粗粒为主,而远源主要为细粒沉积物;构造上根据分布位置不同,主要发育高角度叠瓦状逆冲断层及平缓断滑褶皱带等不同类型构造。前隆沉积带地震反射为内部较差,近斜坡处较好;沉积地层多杂乱而缺失,多见不整合面;推测前隆为双向挤压构造运动下形成的大型堆垛背斜构造。隆后沉积带地震反射垂向差异较大;沉降带中间部位具有较厚的沉积物,向两侧逐渐减薄,并发生缺失,断续分布;前三叠系基底遭受破坏,相互推覆叠置,后期沉积地层多发育小型正断层。

(3)提出南黄海盆地"前陆冲断带"概念及其大型逆冲断裂体系、不对称对冲、"凹中隆"、"上凸下凹"四种构造样式,详尽分析了大型逆冲断裂体系的 11 条重要特征,对于油气勘探具有理论实际意义。

第 12 章

南黄海盆地中古生界油气地质特征分析及勘探

黄海是我国四大海域中唯一未发现油气田的海域，而南黄海盆地是我国海域含油气盆地中已知分布有古生界地层的唯一海区。近些年来，随着四川盆地油气田的不断发现，人们对具有相似地质环境的南黄海地区中古生界开始抱有很大希望。而由于担心印支运动以来构造变动的改造导致中古生界原生油气藏破坏和基于二次生烃理论设计钻探 W4-2-1 井失利的阴影，又让人们对此区的油气前景产生疑虑。本书根据前人和最近对地质、地球物理和钻井所获得的研究资料，提出在志留系构造滑动面之下的下古生界（包括震旦系）原生油气藏有可能尚有部分保存，但次生油气藏关键不在于缺乏烃源岩而是不知其烃来源，有关中古生界二次生烃的问题研究多年，且情况十分复杂，不能简单对待。关键在于认识印支运动导致扬子－华北板块拼贴和陆陆碰撞，形成前陆盆地和富生烃凹陷，只有这个问题解决才有可能迎来南黄海盆地大油气田的突破性发现。

12.1　研　究　背　景

自 1961 年开展地震调查以来，南黄海的油气勘查工作已有 55 年的历史。从 1974 年钻第一口探井至今，在 40 年总计完钻 26 口井，平均要超过 1 年半才能钻探 1 口井；但至今尚未发现工业油气流。因此，取得实质性突破的方向在哪里，是新生界还是海陆相中生界或上下古生界，值得深究。

12.2　新　生　界

在 2000 年以前，新生界一直是南黄海盆地油气勘探主攻的目标。因为中国石化苏北油田分公司和华东分公司在苏北盆地陆区钻井近万口，发现了近百个小型（7～8 个中型，它们对于海域油气勘探具有经济价值）油气田（图 12-1），二者并一直稳定增加提交石油产出当量，2016 年是 200 万 t。这与南黄海盆地油气勘探形势形成鲜明对照，海区一直尴尬的有两件事：一是，除了 1984 年在盆地南部偏西一个中古生界继承性发育凹陷钻探的 CZ6-1-1 井曾获少量（2.5t/d）油流以外，还于 1986 年在 ZC1-2-1 井岩心中，由青岛海洋地质研究所专家发现泥岩岩心裂缝中含轻质原油，此外，该海区至今尚未再有其他油气显示和发现；二是，苏北盆地的勘探对于南黄海盆地的启示意义，是已在上古生界二叠系发现工业油流，被誉为中国石化当年勘探十大进展，而且在 N4 井钻遇下古生界寒武－奥陶系，也就是说，即使钻井，南黄海海区也仅仅只是揭示到石炭系，针对前石炭系深层的研究或为无米之炊，只可借鉴陆区的资料进行推测。

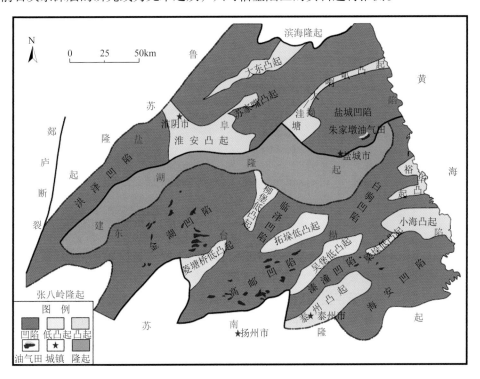

图 12-1　江苏油田勘探形势图（资料来源于中国石化）

12.3　陆相中生界

初步查明陆相中生界在南黄海北部拗陷分布较广，有白垩系和侏罗系。其中多口井揭露前者，并如上述在 ZC1-2-1 井的泰州组岩心中见泥岩裂缝油气显示；以后者为主，已在 RC20-2-1 井钻遇 2100 余米深灰黑色泥岩岩系；但在南黄海盆地南部，除苏北近岸极浅海地区以外，白垩系大都缺失或呈零星残留分布。

12.4　海相中古生界

多口钻井在 34°N 以南海区揭示，较广泛分布。最新研究认为北部拗陷钻井揭示侏罗系以下存在海相三叠系。对古生界如二叠系的展布及其某些沉积、构造的情况已有所了解（图 12-2），但针对其所钻的两口探井均告失利。对于前石炭系，目前无钻井揭露。但自 2007 年以来，已经分别在南黄海盆地中部隆起和南部、西南部等多条地震测线上获得了深层（5s 以上）的沉积层资料（图 12-3），特别是最新已经采集到了 6～7s 的深层信息。因此，针对下古生界的解释目前只是初步的，尚有待钻井予以证实；而在理论上，认识下古生界是与苏北盆地对比获得的；除了在 N4 井的钻探发现志留系、寒武系以外，南黄海盆地下古生界是地震资料解释的结果，各家的解释多有不同，所以还存在许多认识上的不一致和不确定的因素，尚待实施钻探乃至实现参数井钻探予以证实。

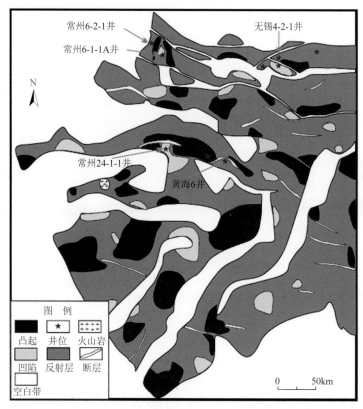

图 12-2　南黄海南部二叠系大隆组—龙潭组顶界反射层构造图

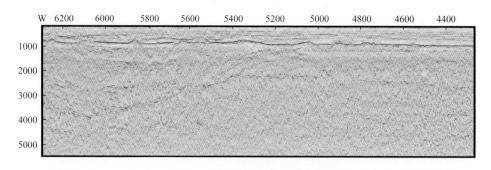

图 12-3　南黄海 07-3 线地震反射剖面图

12.5　海区的新生代盆地是陆上苏北盆地的延伸

南黄海盆地新生界盆地应与苏北盆地相似，是陆上苏北盆地的延伸，二者油气聚集成藏规律具相似性，具有小而贫特征，即形成油气聚集的规模小，单位面积的资源量少。现有的钻探成果还表明南好北差的特征。

12.6　海区的陆相中生界主要分布于北部

根据几口位于北部拗陷揭示白垩系钻井的钻探，证实具有油气的生成和运移过程。但地震区域性解释和成图结果表明白垩系有利生烃相带狭窄，如从 ZC1-2-1 井到 ZC7-2-1 井的较大岩相变化以及东部韩国所钻几口井白垩系都以深灰色泰州组为主，缺乏更好的烃源岩，而且多见白垩系与上覆地层呈角度不整合接触，所以形成大规模油气聚集的概率不高。结合其在苏北对油气资源的贡献，可以认为它在海区的油气成藏状况很可能与新生界相当，不值得抱大的希望。

至于侏罗系展布规律和沉积特征已具新的认知，其油气潜力值得期待。

12.7　海相中古生界已有很确定的钻井地震发现

地质类比的结果，认为在印支运动以前本区的石油地质条件与四川盆地相似而在印支运动以后与四川盆地有很大差别，主要包括燕山运动和喜马拉雅运动的影响，特别是太平洋构造系的改造和破坏。最新的地质调查和榴辉岩系高温高压变质岩系及磷灰石 - 锆石裂变径迹研究的成果表明，扬子 - 华北两大板块陆陆碰撞完成拼贴以后，在千里岩岛一线形成高山，在南黄海北部形成前渊及盆地，即证实了南黄海前陆盆地形成年代和分布特征的问题。事实上，这应是不争的事实。问题在于后期南黄海盆地遭受燕山 - 喜马拉雅多期构造运动叠加改造的程度和影响，这种改造和影响极其强烈，下扬子区尤其在南黄海可形成新的盆地，导致沉积地层抬升遭受剥蚀，最新计算厚度可达数千米，导致大量原生油藏破坏殆尽，油气资源保存的状况变差。但同时形成侏罗系盆地，而唯一揭示侏罗系地层的 RC20-2-1 井非参数井，钻井位置较高，钻获侏罗系地层岩性较粗，生烃指标一般到好，但不可能很好。由于该井区钻遇的沉积地层厚度还不到凹陷深部侏罗系沉积厚度的一半（图 12-4），所以其深层生烃能力值得期待。此外，解释侏罗系下覆发育海相中生界，相当于在南部拗陷包括在 C35-2-1、W5-ST1 等多井区钻遇的大套碳酸盐岩储层体系，推测中部隆起也有发育，是值得重视的，等同于普光 - 元坝 - 龙岗碳酸盐岩储层的海相沉积体系，可寄予其生储层匹配成藏的希望。

12.7.1 南黄海盆地上古生界

因受后期（印支运动以后）的改造剧烈，上二叠统及上覆地层曾遭剥蚀多有残缺（图12-4），已失去作为区域盖层的价值。但二叠系灰岩可为生烃源岩也可为储集岩；能够像苏北盆地一样保存小型原生油气藏，但形成曙光、建南式大型气藏几乎不可能。

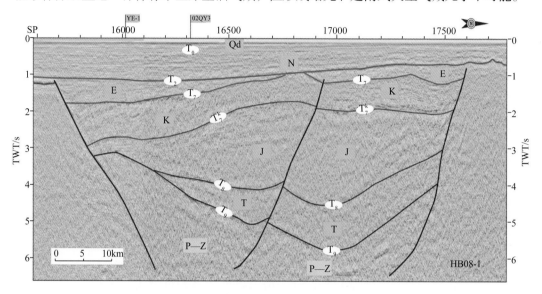

图12-4 南黄海盆地侏罗系井震解释剖面

12.7.2 南黄海盆地下古生界

下古生界原生油气藏仍有可能部分保存，依据如下：

（1）在下扬子区存在志留系膏盐系沉积，是下古生界油气的区域盖层，也是重要的逆冲构造运动作用面的滑脱层。在其之下的 O、Є、Z 地层，陆区二维地震资料解释构造平缓，分布稳定，破坏较少（图12-5）。

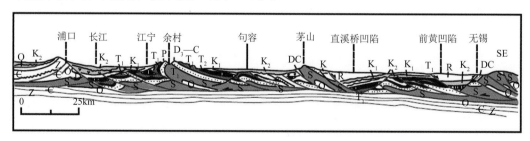

图12-5 下扬子区滁州－无锡构造横剖面示意图

（2）海区的一些地震剖面（如 NT05-2、NT07-3、XQ09-2 等）的局部位置，也显示深层存在平缓稳定沉积反射层（图12-3、图12-6），并且这些反射层表现为局部隆起的特征。

（3）苏北有少数钻井存在前古近系的封存水（XC 1 井的ε、S103 井的ε、N9 井的 T、Y1 井的 K），表明有些地方原始封闭环境尚存。

（4）浙江余杭泰山古油藏的发现表明下扬子陆区的下古生界和震旦系受控于古隆起的大规模油气聚集过程。

（5）在最新苏北-南黄海中部隆起构造格架对比图上，可见海域古生界分布厚度大，更为稳定，存在古地层高-古圈闭的可能（图 12-7）。

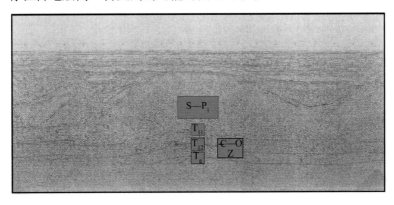

图 12-6　南黄海 NT05-2 线地震反射剖面图

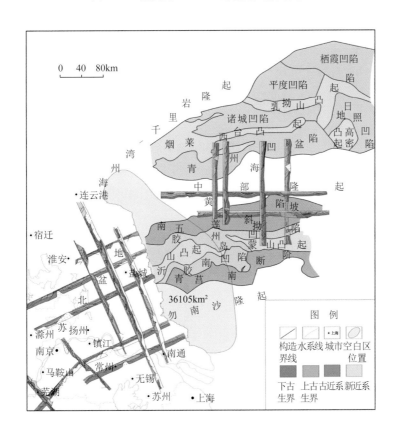

图 12-7　苏北-南黄海构造格架对比图（苏北资料来源于 2007 年江苏油田勘探开发研究院的研究）

推测在本区新生代张性断层规模较小的隆起区（如中部隆起），形成威远、五百梯、建南、高石梯式大型气藏或可被期待。

12.7.3 海相中古生界二次生烃与晚期成藏

晚期成藏情况复杂，决定于油源和保存状态，下扬子陆区曾被认为是一个跌碎在地上的盘子被踢了一脚。笔者多年探索下扬子区构造热演化作用的特征，在苏北盆地采集重要参数井样品，开始磷灰石裂变径迹测试分析，直到近年利用苏北磷灰石裂变径迹结果开展南黄海盆地唯一见油井 CZ6-1-1 井的数值模拟分析，再到最新刚刚完成南黄海盆地钻井珍贵样品的锆石裂变径迹（ZFT）和磷灰石裂变径迹（AFT），直至锆石和磷灰石（U-Th）/He（ZHe）测试和分析。对于下扬子区构造热演化及二次生烃的特征产生深层次思考。结论很复杂，认识到海区南黄海盆地油气地质条件复杂性不输陆区，具有二次生烃的过程和能力。问题是它们是源岩再次生烃还是像普光气田侏罗系油源一样，是二次演化供烃，值得深入研究。多口钻井如 W4-2-1 井的失利也说明寄希望于二次生烃成藏的勘探风险很大。主要原因体现在以下几个方面。

（1）并非有二次埋藏的地方就一定有二次生烃。首先，只有当二次埋藏的深度（地温）超过一次埋藏的最大深度——叠加厚度（亦即达到最高温度）以后，有机质才可能继续演化转化成烃。其次，没有二次埋藏而有局部构造热事件，如火山–岩浆活动的地方，也可能有二次生烃。

（2）研究表明，本区最高古热流发生在中生代末期。新生代是相对低热流期。显然只有新生界覆盖的地方，需要更大的埋深才有希望出现二次生烃。相比之下，既有新生界又有白垩系广泛发育的地区，可能对形成这种油气藏较为有利。如陆区苏北盆地朱家墩、苏北近岸地区的发现，但这些发现其规模和潜力对于南黄海海域意义不大。上下古生界多套生烃层系的有效二次生烃过程对于中古生界才具有实际晚期成藏的意义。

12.7.4 南黄海盆地中生界前陆盆地体系沉积相和沉积体系

（1）多井揭示三叠系灰岩是发育赋存台地礁滩相碳酸盐岩沉积体系的证据，包括 CZ35-2-1 井、W5-ST1 井在内，目前有多口井揭示海相三叠系。通过 XQ06-5—W5-ST1 和 QY10 线 -CZ35-2-1 井震联合解释，发现该套碳酸盐岩沉积地层呈典型鼻状透镜体反射特征（图 12-8），该井震解释的特征影像的此种特征与当年 W5-ST1—79P19 井震解释的影像特征具有一定差距；除了位置不同的关系以外，还至少说明三叠系碳酸盐岩台地礁滩相的大规模发育，这与该井钻探失败未获发现无关，原因在于其成藏被多种因素包括烃源因素制约。但证实了台地边缘碳酸盐岩–生物礁体系的存在和普遍发育。编制三叠纪沉积相图分析区域性碳酸盐岩储层体系的分布及其层序，其意义在于对部署实施普光–元坝型储层体系深层次的评价及勘查可提供借鉴。

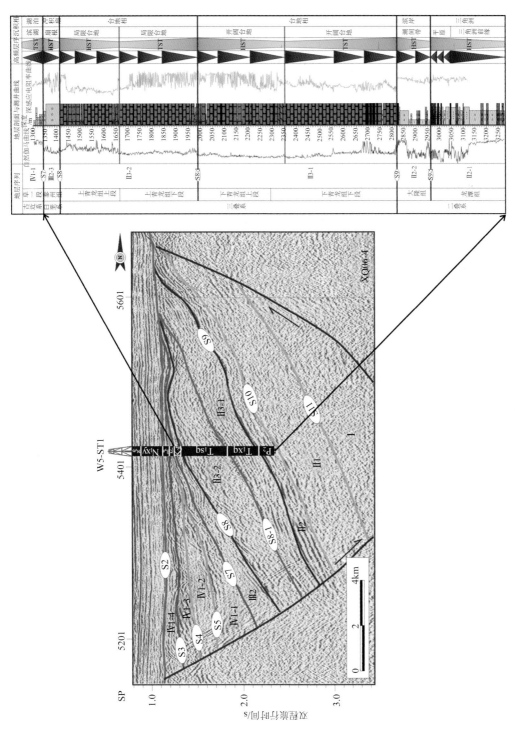

图 12-8　WS 井—X 线三叠系青龙组碳酸盐岩台地井震沉积层序对比解释剖面

（2）钻井揭示巨厚深灰黑色侏罗系，是富生烃凹陷深湖相沉积体系的标志。中国近海从渤海到南海北部诸盆地，总计发现 12 个富生烃凹陷，所有油气发现无一不是围绕它们及其运移范围进行分布的。南黄海盆地独特于中国海域所有含油气盆地，但难以例外的是，它也一定遵循富生烃凹陷控制大油气田形成的规律：依富生烃凹陷赋存分布范围面积厚度决定油气聚集及规模，依时代环境演化变迁决定油气藏位置和原次生性质。问题有两个：①谁能够被称为南黄海盆地富生烃凹陷，类比分析结果还是指向 RC20-2-1 井的发现和对于多条地震剖面解释的综合认识。②该井钻遇 1000 余米暗色泥岩侏罗系，通过地震资料解释，确定这口井所在东北凹陷侏罗系分布面积超过 5000km^2，最大沉积厚度超过 5000m。也就是说，该区域属于大型湖泊相沉积，水深，构成较大规模富生烃凹陷。

在全球，65% 油气资源来自侏罗系，这是形成南黄海黑色侏罗系大范围沉积分布不得不承认的事实和根据。因此，这是"源"，找到"源"才能提及并决定"炊"。这个道理很简单，但要求所有人明白很难，特别要将其作为南黄海盆地油气勘探当务之急更难。一旦"富生烃凹陷"及其研究成果落实到位，则距离实现南黄海盆地重大油气突破性发现将不再遥远。

12.8　结　　论

指出南黄海盆地突破工业油气发现关键难题包括古生界各层系勘探前景及选区评价分析、厘清盆地中古生界分布及构成的井震油气地质特征和勘探前景。前陆期三叠系海相储层体系与侏罗系富生烃凹陷是其中关键难题之一。

指出公认下扬子区上下古生界发育多套优质烃源岩，南黄海盆地中部隆起古生界被认为具有重要前景，这里历经多期复杂构造演化，它的源岩来源值得深究，是位于深部还是运移而来，可能与四川盆地有所区别。

提高改进地震勘探技术（包括采集和处理），加密关键海区的部署和实施面元至少 12.5 × 12.5 三维地震，以尽早获得深部（古生界）可靠和丰富地质信息为目标，揭示古生界内幕构造。这对古生界的勘察工作来说是最急迫的。

12.8.1　钻探参数井

选择"代表性"层系及领域实施多领域多角度勘探，钻探参数井及其井震联合解释。所谓"代表性"：① 6000m 以上地震反射波组可靠可信可横向追踪，发育富生烃层系；②相当大范围内尚无钻井揭露下古生界；③目前解释方案多，必要服众；④既能照顾构造圈闭又注重岩性圈闭，主要是碳酸盐岩礁滩相储层体系；⑤海相碳酸盐岩是重要候选；⑥任何时代古潜山；⑦凹中隆区域的构造圈闭。

12.8.2　大力增加其他非地震勘探方法

油气微生物技术勘探是首选，是完成选择性目标敲定和含油气性验证最为重要的评价技术体系，是关键技术。

大地电磁协助地震探测深层地质结构；重视遥感技术及针对浅层油气藏的勘查，如苏北近岸极浅海地区地震；勘查资料寻找中新生代（包括朱家墩式）的油气藏，以期尽快打开局面。

12.8.3　加强综合研究

综合研究应强调以油气地质为中心，实现三结合：地质与物探相结合、各种不同物探方法相结合，以及定性与定量、正演与反演相结合。以期能尽量排除一些多解性，使研究成果能更接近客观实际；地球物理资料正反演和烃类检测系列特征处理，需注意避免陷入纯物探资料解释的数学数字游戏之中。

重视提高深井测试技术，这是一开始需要有所了解和重视的方面。文献记载朱家墩气田是在 1998 ～ 1999 年苏北油田对朱家墩背斜上的老井完成复查和重新试油后才获得工业气流发现的，还有很多相关的实例和发现与此相当。进一步说明"成败决定于细节"，因为深井钻探与测试工艺的缺陷和漏洞足以造成人们与油气田的发现失之交臂。与陆上相比，海上的钻井更是珍贵和稀缺，问题更显突出。为保证油气勘探成功，需把握好油气勘探的每一道关，尤其最后一关也是最为重要的一关。

第 13 章

上扬子区震旦系大气田发现突破对于南黄海盆地的意义

长期以来，我国碳酸盐岩油气勘探发现一直是短板，尤其海域沉积盆地碳酸盐岩油气勘探是空白，能够借鉴的国内外经验和理论都十分有限。随着十几年前塔里木、鄂尔多斯碳酸盐岩油气勘探取得成功，特别是"十二五"伊始取得上扬子区四川盆地高石梯1井震旦系灯影组日产百万立方米高产气流的突破，改变了中国古老碳酸盐岩油气勘探的历史，为下扬子区盆地油气勘探提供借鉴。

四川盆地高石梯－龙王庙大气田构造群西起乐山，东至龙女寺，发现于 20 世纪 70 年代初，发育于早寒武世，定型于二叠纪大型鼻状同沉积剥蚀古隆起期，以志留系全剥蚀区计，面积为 $6.25 \times 10^4 km^2$，现称高石梯－龙王庙气田。20 世纪 50 年代开始勘探，1964 年在西南斜坡发现整装大气田——威远气田，主力产层之一为震旦系灯影组，成为我国最早发现的碳酸盐岩油气田。2011 年 7 月，经过几代人的努力，在威远气田东部高石 1 井震旦系灯影组二段测试日产气 $102 \times 10^4 m^3$；2012 年 9 月，磨溪 8 井下寒武统龙王庙组两套储层总测试日产气 $191 \times 10^4 m^3$。至此，高石梯－龙王庙大气田被发现，历史在这里实现转折，预示着四川盆地油气勘探进入新阶段。随着近两年快速、高效勘探，气田东段展示出纵向上多产层、平面上集群式分布的特大气藏群，探明天然气地质储量 $4400 \times 10^8 m^3$，成为迄今我国最大的特大整装气田。回顾气田发现历程，发现绵阳－长宁拉张槽的发现是其基础，对于南黄海盆地碳酸盐岩油气勘探具有启示意义。

13.1 磨溪－龙王庙大气田发现历程及特征

13.1.1 基本情况

四川盆地最早发现的古老碳酸盐岩油气田称威远气田，也是恢复高考后我国《石油地质学》教科书碳酸盐岩油气成功勘探的唯一范例和经典。作为中国第一个和当年唯一一个地质时代最老、最大的天然气田，威远气田发现于 1964 年，至今仍是获得很多赞誉的最早期扬子区油气勘探的经典。

但直到 2011 年 7 月，几代人在 47 年的时间里止步不前。不断的探索，包括总计部署探井 21 口均告失败；针对盆地边缘再战震旦系灯影组的 14 口探井也告失利，反映研究探索和勘探历程艰难。其间，围绕川中古隆起构造演化、油气地质条件及资源潜力的研究不断取得进展，认为震旦系灯影组发育岩溶储层、下寒武统筇竹寺组发育烃源岩，古隆起控制油气聚集，完成地层划分对比、寒武系页岩气资源评价、碳酸盐岩储层大型化发育条件等系列研究，奠定了发现的基础。

直至"十一五"结束"十二五"伊始的 2010 年，8 月 20 日高石 1 井上钻，于 2011 年 6 月 17 日钻至 5841m（震旦系陡山沱组）完钻，综合解释灯影组 4956 ~ 5390m 13 个含气层，厚 150.4m，12 个差气层，厚 41.9m；对灯二段酸化联合测试获日产气 $102.14 \times 10^4 m^3$，实现重大突破。目前，在磨溪区块龙王庙组已经探明含气面积 $779.86 km^2$，探明地质储量 $4403.83 \times 10^8 m^3$，可采储量 $3082 \times 10^8 m^3$，称为磨溪-龙王庙气田，一举成为超普光大气田，迄今中国单体储量规模最大、地质时代最老、整装高效的特大天然气田，不但改变了四川盆地碳酸盐岩油气发现史，也改写了中国碳酸盐岩油气勘探史；巨大的储量可排进世界特大气田前十。

探索整个历程，认真总结经验，发现与围绕震旦纪—寒武纪古构造及岩相古地理、优质烃源岩分布、规模储层形成机理及发育层系、大气区形成主控因素与有利区预测等深入研究有关。同时与深层碳酸盐岩储集预测、流体识别及钻进、储层改造等工程技术攻关有关，特别是认识到"兴凯"运动形成绵阳-长宁拉张槽的价值：它不但控制了四川盆地原生油气地质条件的发育，对于烃源岩和储层展布控制作用明显，也使生烃中心和富集区带集中在拉张槽及其周缘，而且导致加里东古隆起成为区域油气运移指向区和沿古隆起高部位形成古油气藏。因此，拉张槽、古隆起与盆山突变结构三者的叠合区域控制了四川盆地深层碳酸盐岩天然气藏的形成，成为有效支撑川中古隆起大气区勘探部署的有效目标。

13.1.2　绵阳 - 乐至 - 隆昌 - 长宁拉张槽的发现

晚震旦世末期—早寒武世绵阳-乐至-隆昌-长宁拉张槽（简称绵阳-长宁拉张槽，图 13-1）的发现是磨溪-龙王庙大气田发现最为关键的前奏。2006 年，通过资阳、安平店钻井-地震资料和构造特征研究，认识到震旦系与寒武系的反镜向关系（图 13-2）；灯四段在资阳地区被剥蚀，威远地区灯四段残厚仅 40m，向东安平 1 井-女基井地区为 90m，西南方向窝深 1 井与峨眉山地区为 300m（图 13-3）。灯四段被剥蚀，灯三段—灯四段最薄沉积在资阳地区，下寒武统沉积增加，灯影组沉积较厚处下寒武统反而较薄；上下两套地层厚度互补，为灯影组沉积末期兴凯运动拉张形成断裂结果（图 13-3）。该期对应于罗迪尼亚大陆解体，在上扬子地台西南缘形成大洋，区域性沉积大面积灯影组藻白云岩。可贵之处在于，这一认识肯定了兴凯地裂运动，提出了下寒武统烃源岩平面分布和对于沉积体系的控制作用，以及可能对于圈闭构造的影响及形成威远型古油气藏的时期。更重要的是，该认识肯定了兴凯地裂运动对于下寒武统烃源岩的分布和资阳 - 威远古气藏形成的重要作用，尽管早期该认识未获一致认同，而是饱受质疑，但在获得发现之后的今天，争论停息了，认识亦渐趋一致。同时，提出了"台槽 - 台块"构造格局的认识，加强了绵阳 - 长宁拉张槽的发现价值，同为勘探发现的关键。

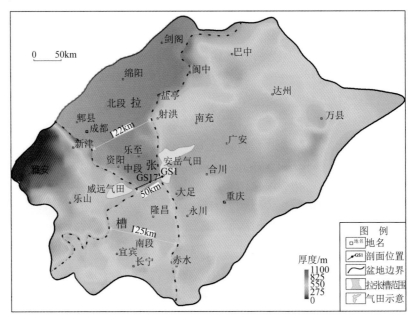

图 13-1 四川盆地绵阳 - 长宁拉张槽

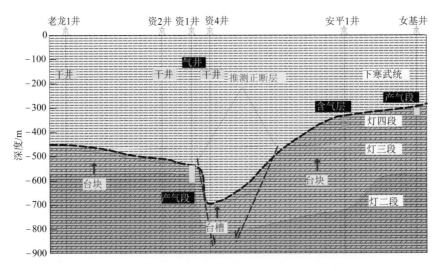

图 13-2 资阳 - 高石梯台块 - 台槽钻井剖面示意图

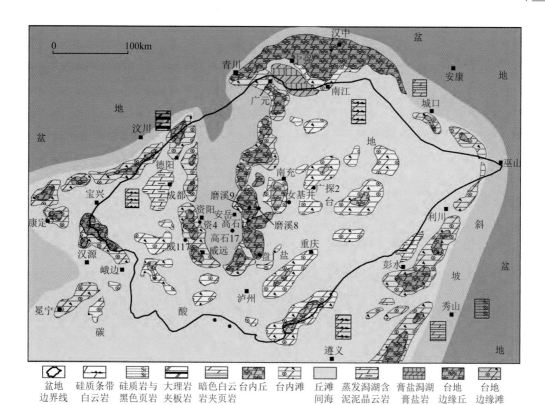

图 13-3 绵阳 – 长宁拉张槽周缘灯四段礁滩相沉积体系

事实证明，推论绵阳 – 长宁拉张槽形成演化对于筇竹寺组优质烃源岩的发育、灯影组优质喀斯特孔洞型储层和下寒武统优质储层的形成与保持、断裂输导体系形成及天然气差异性聚集与晚期隆升调整均有重要作用，特别是勘探证实拉张槽内及两侧成群地分布有震旦系灯影组和下古生界（寒武系龙王庙组）大气田及丰富的下寒武统筇竹寺组页岩气。

13.1.3 绵阳 – 长宁拉张槽分布的位置特征

绵阳 – 长宁拉张槽（intracratonic sag）面积超过 $4 \times 10^4 km^2$（图 13-1）。在剖面上，具有东侧陡、西侧缓的特征，钻遇麦地坪组、筇竹寺组和沧浪铺组，厚度可达 890m。在平面上，拉张槽呈 SN 向展布；中部窄，位于资中地区，宽约 50km；自中部最窄处向南北开口变宽，呈双向喇叭状；北部区域开口向西北，中线宽度 122km，渐向北加宽，越向西北越宽；南部区域开口向南，中线最宽处 125km，越向南越宽，至边缘宽度超过 200km。除威远构造属于明显的高幅度背斜构造以外，目前所发现的构造幅度都很低。

13.1.4 绵阳 – 长宁拉张槽的边界特征

绵阳 – 长宁拉张槽拉张特征具有分段性，西侧边界与东侧边界特征可对比，以威远为界，西侧分为南北两段，北段受地震资料限制特征暂不明确，南段寒武系厚度变化较北段缓。

东侧呈"陡坎"状，并以威远为界，分为南、中、北三段。射洪以北地区为北段，走向局部差异性较大，下寒武统厚度增加且大于其余各段，拉张槽东侧灯三段、灯四段总厚度远大于西侧，拉张槽内部发育张性断裂。威远－高石梯地区为中段，主要呈SN走向，东西两侧边界清晰，东侧"陡坎"特征越发明显，下寒武统总厚度明显大于两侧。灯三段、灯四段总厚度远大于西侧，发育麦地坪组。大足以南为南段，下寒武统厚度变化自盆地东西两侧向中部增厚；灯三段、灯四段较为均一，存在局部高点，东西两侧无明显边界。

13.1.5　绵阳－长宁拉张槽的生烃特征

绵阳－长宁拉张槽烃源岩厚度为 $300 \sim 450m$，是邻区 $100 \sim 150m$ 的3倍；TOC大于2%，是邻区1%～1.2%的2倍；生气强度大于60亿 m^3/km^2，是邻区20亿～40亿 m^3/km^2 的2～3倍。

13.1.6　绵阳－长宁拉张槽的储层体系特征

沿绵阳－长宁拉张槽两侧发育连续分布的台地边缘丘和台地边缘滩相沉积体系（图13-3）。其中，震旦系灯影组发育丘滩相岩溶型储集层，规模有效储集层为灯二段和灯四段。主要包括台地边缘相、台内丘滩相、丘滩间海相和蒸发台地相等。其中微生物格架白云岩、凝块石格架白云岩和颗粒白云岩，以及层纹石白云岩、叠层石白云岩等最为有利。储集空间主要为残余孔隙、孔洞和溶洞，以及晚燕山期—喜马拉雅期裂缝，构成裂缝－孔洞（隙）及溶洞型组合；灯四段储层平均孔隙度为3%～4%，渗透率为 $1 \times 10^{-3} \sim 6 \times 10^{-3} \mu m^2$。

寒武系储层位于下寒武统龙王庙组，为颗粒滩相沉积体系，主要发育储集空间粒间孔、粒间溶孔和溶蚀孔洞，其次是大型溶洞和颗粒滩沉积；后者是优质储层的基础，颗粒滩亚相含颗粒（鲕粒、砂屑）白云岩和残余颗粒白云岩，孔隙度大于4%，渗透率为 $1 \times 10^{-3} \sim 5 \times 10^{-3} \mu m^2$。

13.1.7　绵阳－长宁拉张槽的形成演化特征

绵阳－长宁拉张槽的发育控制了震旦系—寒武系常规大油气田和大量页岩气的分布，拉张槽的形成过程可分为拉张孕育阶段——隆升剥蚀期（灯影组沉积末期）、拉张初始阶段——初始发育期（麦地坪组沉积期）、拉张高潮阶段——壮年期（筇竹寺组沉积期）、拉张衰弱阶段——萎缩期（沧浪铺组沉积期）、拉张消亡阶段——消亡期（龙王庙组沉积期）。具有多期演化的特征，控制了筇竹寺组优质烃源岩的发育、灯影组优质喀斯特孔洞型储层和下寒武统优质储层的形成，以及断裂输导体系的形成等。

13.2　四川盆地震旦系—寒武系构造背景特征

　　高石梯 – 龙王庙大气田处于四川盆地发育最古老、规模最大、持续演化时间最长的大型同沉积剥蚀性古隆起之上——乐山 – 龙女寺古隆起，该古隆起控制盆地内震旦系（图 13-4）的天然气聚集。高石梯 – 龙王庙大气田涵盖晚震旦世—志留纪（距今 680 ～ 320Ma）。该期四川盆地及邻区主要发生了晚震旦世的桐湾运动、早寒武世的兴凯运动、寒武纪末的郁南运动、奥陶纪末的都匀运动、志留纪的广西运动等。在上述强烈构造运动背景下形成了高石梯 – 龙王庙大气田。

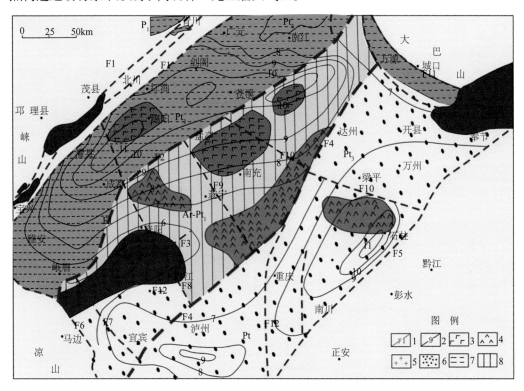

图 13-4　四川盆地前震旦系基地构造图（罗治理等，1998）

1. 推测大断裂；2. 基岩埋深等值线（km）；3. 基性杂岩；4. 中基性火山岩；5. 花岗岩；6. 新元古界板溪群；7. 中元古界黄水河群；8. 太古宇—古元古界康定群。F1. 龙门山断裂带；F2. 龙泉山 - 三台 - 巴中 - 镇巴断裂带；F3. 犍为 - 安岳断裂；F4. 华蓥山断裂；F5. 齐岳山断裂；F6. 荥经 - 沐川断裂带；F7. 乐山 - 宜宾断裂带；F8. 什邡 - 简阳 - 隆昌断裂；F9. 绵阳 - 山台 - 潼南断裂带；F10. 南部 - 大竹 - 忠县断裂带；F11. 城口断裂带；F12. 篆江断裂带

13.2.1　新元古代震旦系发育期古隆起的构造特征

　　新元古代震旦系发育形成古隆起早期旋回，该期构造运动称桐湾运动，主要发生两幕较强的构造运动：桐湾 I 期是指灯二段沉积后的构造运动，桐湾 II 期是指灯四段沉积后的构造运动。上震旦统灯影组沉积期，在高石梯 – 磨溪构造和威远构造之间存在 NW

向台内台地洼槽，洼槽的两侧，沉积地貌相对较高，成为高石梯西侧及威远构造的东侧发育 NW 向台缘带的地貌基础（图 13-5）。桐湾期灯影组在高石梯地区和威远地区的台缘及台内沉积了一套 800 多米厚的藻白云岩地层（高石 1 井灯影组钻遇 879m），在二者间的洼槽内沉积了一套 300m 厚的泥质云岩地层（高石 17 井灯影组钻遇 45m）。实际上，桐湾期古隆起区还不能被称为古隆起，只是在 ES、WN 低的大斜坡上发育高高低低不同地貌的岩溶古高地，这在较多的地震剖面上都能看到：震旦系呈 ES 厚、WN 薄的特点，演化主要形成掀斜构造，在 2006WW31.5 地震剖面上（图 13-6），可见桐湾 II 期构造运动的结果，震旦系上部地层的沉积明显具有 ES 厚、WN 薄的特征。

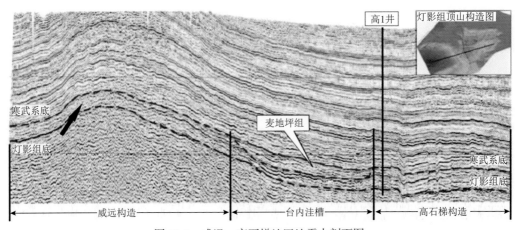

图 13-5　威远 – 高石梯地区地震大剖面图

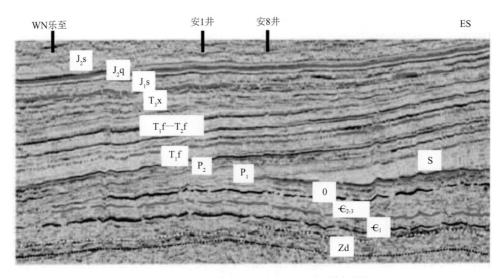

图 13-6　四川盆地 2006WW31.5 地震剖面图

13.2.2　寒武系—志留系沉积期古隆起构造特征

寒武系—志留系沉积期为古隆起旋回的中晚期。这一时期是川中古隆起的主要发展期，在上扬子地区构造运动频繁，古隆起的发展以沉降与隆升共存为特征。寒武纪早期的构造运动被称为兴凯运动，在川西及川西北表现明显，这一时期川中地区的寒武系地层既有上超又有剥蚀。寒武纪晚期的构造运动被称为郁南运动，其在古隆起区及贵州地区表现明显。川中地区兴凯运动与郁南运动期，既发生了沉降沉积作用又存在明显的隆升剥蚀变化，表明古隆起对沉积具有一定的控制作用。兴凯运动早期的沉降与充填补平沉积，形成了川中加里东古隆起区第一套厚层优质的烃源岩。

13.3　储集层地质特征及分布

震旦系—寒武系油气显示普遍，取心普遍见溶蚀孔洞，以气田东段高石梯－磨溪地区为例，已发现灯影组和龙王庙组多套优质白云岩溶蚀性多孔洞储层。

13.3.1　震旦系储层体系

震旦系储层体系主要发育在灯影组，受沉积及两期桐湾运动的影响，具有岩性复杂、低孔渗性、储层层数多、单层厚度薄、缝洞发育，且非均质性强的特征。根据岩心和薄片观察，定名储层主要为藻纹层凝块白云岩，可区分为藻富集的黑层和贫藻的白层；藻砂屑白云岩；藻丘及颗粒滩白云岩，均发育裂缝－晶洞。岩心孔隙度平均为 3.86%，最大为 9.88%；渗透率为 0.0054 ~ 9.03mD[①]，平均为 2.12mD。以丁山 1 井为例，其孔隙度小于 4%，多数仅为 2%（图 13-7）。纵向上，灯四段和灯二段储层层数多累计厚度大，其中后者钻厚 28 ~ 340m，平均厚 93.36m；灯四段储层厚 47.75 ~ 148.23m，平均厚 88.54m，可见缝洞发育程度控制了储层的有效性程度。

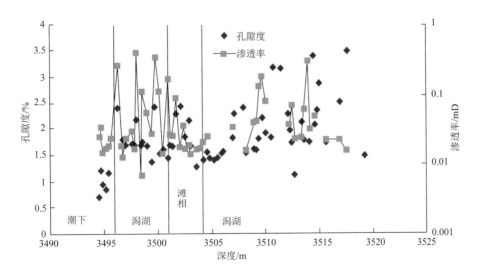

图 13-7　四川盆地灯影组岩石类型及沉积相－储层物性相关特征

---

① 1mD=0.986923×10⁻³μm²，毫达西。

13.3.2　寒武系储层体系

寒武系储层体系以龙王庙组为代表，发育颗粒滩相，受加里东期表生岩溶作用控制，厚度差异大，裂缝及孔洞较发育，为优良储层。岩性主要为砂屑白云岩、残余砂屑白云岩和细－中晶白云岩，颗粒滩亚相沉积物。岩心孔隙度平均为 4.78%，最大为 18.84%；渗透率为 0.0005～78.5mD，平均为 4.24mD。

13.3.3　对比分析

综合岩心、测井资料，可见上述两套储层孔渗条件均较差，但龙王庙组孔渗性明显优于灯影组。高石梯－磨溪地区龙王庙组全区分布，横向上磨溪地区厚度及物性优于高石梯地区。按四川盆地碳酸盐岩储层分类标准（孔隙度为 2%、6%、12%），龙王庙组以Ⅰ、Ⅱ类储层为主，高石梯地区略差；纵向上主要分布于中上部，多套叠置，底部储层不发育。储层厚度差异较大，厚储层主要集中在磨溪地区，单井厚度为 3.1～64.5m，平均为 39.1m。储层叠置连片，有利储集相与大面积溶蚀作用，决定了震旦系—寒武系储层大范围叠置连片分布的特征。

龙王庙组储层发育分布受颗粒滩体和溶蚀作用控制，特别是加里东运动末期表生岩溶对储层发育的影响最大，气田区大面积发育颗粒岩在表生期顺层溶蚀形成大面积优质储层，初步预测威东－高石梯－磨溪－龙女寺地区龙王庙组储层（大于 20m）分布面积为 6510km^2。

震旦系储层发育分布受丘滩相沉积体系与表生溶蚀作用控制，在桐湾多幕运动影响下，灯影组普遍受表生期风化壳岩溶影响，储层普遍发育与连片大面积分布。初步预测高石梯－磨溪地区灯四段储层（大于 50m）分布面积为 2200km^2；若以磨溪 22 井灯四段气层底界海拔 -5230m 为边界，西部以灯四段尖灭线为界，则灯四段含气面积可达 7500km^2。

13.4　震旦系—寒武系烃源岩及其演化

四川盆地震旦系—寒武系发育多套烃源岩，均为腐泥型，以生油为主。本书主要研究两类多套烃源岩，分别是震旦系陡山沱组泥岩、灯三段泥岩，寒武系筇竹寺组页岩、沧浪铺组泥岩、灯影组泥质白云岩。总体上震旦系—寒武系烃源岩厚度大，优质烃源岩呈大面积覆盖式分布。

13.4.1　烃源岩分布

震旦系陡山沱组烃源岩厚度为 10～90m，最厚位于广安－南充－遂宁地区，为 10～30m，面积为 $7 \times 10^4 \text{km}^2$，TOC 为 0.56%～4.64%（平均为 2.06%）。震旦系灯三段泥岩厚 10 ～ 30m，面积为 $5 \times 10^4 km^2$，沿广元 - 南充 - 泸州一带呈带状展布，厚度高值区位于高石梯 - 南充及以北，TOC 为 0.50% ～ 4.73%（平均为 0.87%）。震旦系灯影组碳酸盐岩烃源岩全盆地分布，厚 100 ～ 300m，最厚位于磨溪 - 高石梯及泸州南侧，TOC 为 0.20% ～ 3.67%（平均为 0.61%）。三套泥质烃源岩丰度高且 R_o 值多大于 2.0%。寒武系烃源岩主要位于下寒武统麦地坪组和筇竹寺组，筇竹寺组底部烃源岩大面积分布，也是页岩气赋存层段。下寒武统泥质烃源岩均厚 140m，分布面积为 $15 \times 10^4 km^2$（图 13-8）。"德阳 - 安岳"古裂陷槽继承性发育，对烃源岩厚度高值区有明显的控制作用，裂陷槽内筇竹寺组 + 麦地坪组厚 300 ～ 450m，烃源岩厚 140 ～ 160m，面积为 $15 \times 10^4 km^2$。相邻的川中古隆起厚 50 ～ 200m，烃源岩厚 20 ～ 80m，TOC 为 1.7% ～ 3.6%（平均为 2.8%），R_o 为 2.0% ～ 3.5%，高 - 过成熟。此外，寒武系沧浪铺组也发育有效烃源岩（表 13-1），TOC 为 0.50% ～ 5.80%，平均为 1.34%。

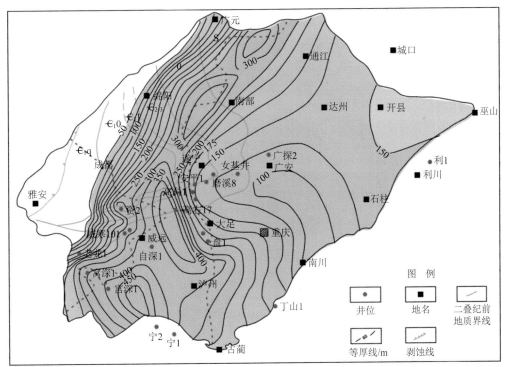

图 13-8　四川盆地下寒武统泥质岩厚度图（徐春春等，2014，修改）

表 13-1　四川盆地及其周缘震旦系—寒武系烃源岩有机碳含量统计表

层位	地层及岩性	TOC	R_o
寒武系	沧浪铺泥岩 筇竹寺组页岩	0.51% ～ 1.56%/0.91% 0.50% ～ 7.56%/1.88%	1.83% ～ 3.90%
震旦系	灯三段泥岩 灯影组泥质白云岩 陡山沱组泥岩	0.50% ～ 4.73%/0.87% 0.20% ～ 3.67%/0.61% 0.56% ～ 4.64%/2.06%	3.16% ～ 3.21% 1.97% ～ 3.46% 2.08% ～ 3.82%

13.4.2　天然气的地球化学特征和气源对比

四川盆地震旦系灯影组，以及寒武系筇竹寺组、龙王庙组、洗象池组的天然气组成、同位素值在不同构造位置上表现出不同的特征，造成了对其天然气成因及气源等认识上的差异。

1. 天然气地球化学特征

（1）天然气总体上表现为典型干气，以烃类气体为主，甲烷含量为74.85%～97.35%，以83.0%～96.0%为主，威远 - 资阳地区高含 N_2 和 He，主要与泥质烃源岩的贡献有关，高石梯 - 磨溪地区低含 N_2 和 He，这种差异与烃源岩中的泥质含量、气源母质类型不同有关。

（2）不同地区天然气的 $\delta^{13}C_1$ 值、$\delta^{13}C_2$ 差异大：资阳震旦系天然气 $\delta^{13}C_1$ 最轻，为 -38.0‰～-35.5‰，其他地区为 -33.9‰～-32.0‰，反映捕获阶段不同，早期捕获的天然气同位素值较轻。威远震旦系—寒武系天然气 $\delta^{13}C_2$ 为 -36.5‰～-32.7‰；高石梯 - 磨溪龙王庙组天然气 $\delta^{13}C_2$ 为 -33.6‰～31.8‰；高石梯 - 磨溪灯影组天然气 $\delta^{13}C_2$ 与它们有较大差别，为 -29.1‰～-26.8‰，主要反映了母质类型的差异，表明母质沉积时水介质条件不同。

（3）不同地区天然气 C_1-C_3 组分和 C_6-C_7 轻烃组成均表明震旦系—寒武系天然气以原油裂解气为主。

2. 气源对比

本书研究认为，高石梯 - 磨溪地区气源具有不同的特征：①灯影组和龙王庙组的天然气组分较之威远、资阳构造，甲烷含量略高、普遍含微量乙烷、非烃含量略低，甲烷碳同位素值相差不大，乙烷碳同位素值存在较大差异；②该区灯影组和龙王庙组天然气均为有机成因，属于过成熟油和沥青裂解气；③二者天然气中的 $\delta^{13}C_1$ 基本一致，但灯影组天然气 $\delta^{13}C_2$ 明显重于龙王庙组，这是过成熟原油裂解气与沥青裂解气混合所造成的结果（图13-9）；④对比龙王庙组天然气与筇竹寺组页岩气的碳同位素值，发现龙王庙组天然气与筇竹寺组页岩气具亲缘关系，表明龙王庙组天然气主要来自下伏筇竹寺组烃源岩；⑤高石梯 - 磨溪灯影组天然气为混源气，气源分别来自筇竹寺组烃源岩、灯三段黑色泥岩，也可能有灯四段孔洞、裂缝中沥青裂解气的贡献。

13.5　震旦系—寒武系油气成藏特征

地质条件和烃源岩的优越仅仅是基础，各成藏要素（地质条件）耦合关系或配置关系的好坏才是油气能否大面积有效成藏的关键。该区震旦系—寒武系油气大面积富集的关键因素为成藏要素配置及其演化的耦合。

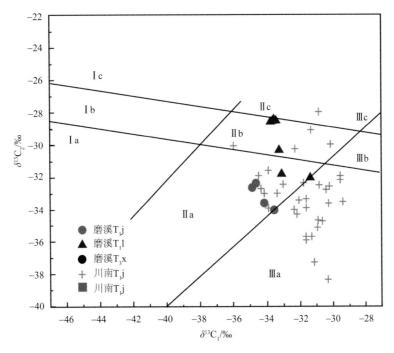

图 13-9 四川盆地天然气 δ^{13}_1C-δ^{13}_2C 分类图版

Ⅰa. 成熟油系气；Ⅰb. 成熟油系气 - 煤系混合气；Ⅰc. 成熟煤系气；
Ⅱa. 高熟油系气；Ⅱb. 高熟油系气 - 煤系混合气；Ⅱc. 高熟煤系气；
Ⅲa. 过熟油系气；Ⅲb. 过熟油系气 - 煤系混合气；Ⅲc. 过熟煤系气

13.5.1 生储广泛接触，多期不整合面和断裂系统为油气运移提供有效通道

如上所述，震旦系—寒武系发育三套优质泥质烃源岩和两套优质储层，并且烃源和储层均大面积分布（图 13-10）。从源储接触关系分析，具"侧生旁储、下生上储"两类源储组合且源储广泛接触。如：①由于桐湾运动Ⅱ幕长时期的风化剥蚀影响，灯影组顶部大面积剥蚀，形成大量的岩溶残丘和岩溶台地。横向上形成下寒武统筇竹寺组泥页岩与灯四段储层段大面积接触和横向的连续对接特征，这为下寒武统筇竹寺组泥页岩生成的油气侧向近距离运移至灯四段储层提供了便利，为"侧生旁储（新生古储）型"成藏。②下寒武统泥页岩（筇竹寺组和沧浪铺组）与龙王庙组储层形成广覆式上下接触关系，属于"下生上储型"成藏。

震旦系顶界、灯影组灯二段顶界发育的区域性不整合面和切入烃源层的断层为油气运移有效通道。油气既可以在高部位沿断层直接向上运移至储层并聚集成藏，又可以在低部位由断层沿区域不整合面等向高部位长距离运移成藏。

13.5.2 多种类型圈闭为油气聚集提供了良好空间

安岳气田深层（龙王庙组—灯影组底）构造格局在高石梯 - 龙王庙大气田背景上表

现为 NEE 向大型鼻状隆起，由西向北东倾伏，呈多排、多高点的复式构造特征，目前已发现龙王庙组、灯四段、灯二段等多个气藏，不同层段气藏的圈闭特征与气藏类型有一定差别。

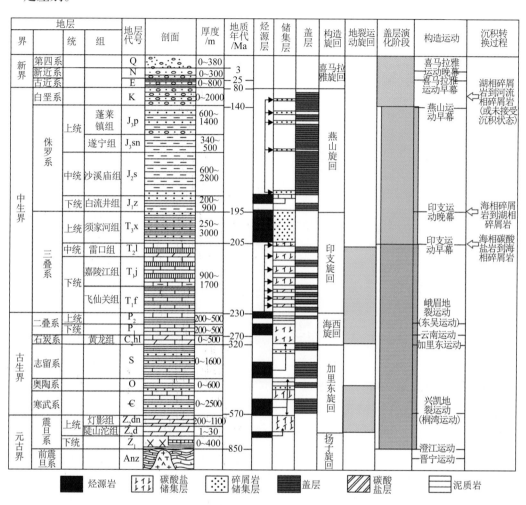

图 13-10　四川盆地沉积盖层纵向演化和主要生储盖层图

　　高石梯－龙王庙大气田高部位的威远地区灯二段发育具有统一的气水界面的构造气藏；斜坡带的资阳构造灯二段天然气聚集在岩性圈闭；气田东段高石梯－磨溪地区灯二段和灯四段的圈闭类型出现差异，灯四段含气厚度远大于构造闭合高度，含气面积不受局部构造圈闭控制，高石梯－磨溪地区西侧上倾方向上由于灯四段尖灭形成地层遮挡，磨溪 22 井及广探 2 井证实鼻状隆起鼻凸下倾低部位含水，因此，大气田东段灯四段气藏为大型地层－构造圈闭气藏。目前的钻探证实，高石梯－磨溪地区灯二段气藏含气范围受构造圈闭控制，为底水构造圈闭气藏，高石梯－磨溪地区龙王庙组测试气层底界海拔远低于龙王庙组顶界最低圈闭线海拔，为古隆起背景上的岩性圈闭气藏，由此可见，不同部位发育的多种类型的圈闭为震旦系—寒武系油气聚集提供了良好空间。

13.5.3　多期构造调整与油气演化造就多类型气藏群大面积分布特大型气田

高石梯－龙王庙大气田古隆起历经加里东期、海西期—印支期、燕山期和喜马拉雅期的构造演化与调整。加里东晚期、印支期和燕山期为三个重要生排烃期。古构造演化与生排烃史耦合关系好，有利于大气田上大面积油气富集：①加里东期为古隆起形成与初次生油期，但由于加里东运动使整个盆地发生隆升，生油停滞并造成高部位古油藏破坏；②印支期，高石梯－龙王庙大气田保持了加里东期的古构造格局，其震旦系、下寒武统烃源岩第二次达到成油高峰阶段，油气向隆起带顶部及上斜坡运移，资阳古圈闭、安岳古圈闭、威远古斜坡及磨溪－高石梯地区不同类型圈闭形成规模较大的古油藏；③燕山期，由于川西拗陷带的挤压，磨溪－高石梯的构造高点向东南小规模迁移，此时，烃源岩基本进入生气阶段且古油藏大量裂解成气，成为天然气成藏的关键时期；④喜马拉雅期是震旦系—寒武系构造强烈变形与气藏调整的关键期，该期，威远背斜成为气田构造的最高部位，资阳古圈闭消失成为斜坡区，磨溪－高石梯构造稳定但高角度压扭断层发育。随着构造变形的发生，圈闭类型发生变化，气藏发生调整，最终形成现今大气田上多类型气藏群大面积分布的特征，资阳古构造气藏转变为地层－岩性气藏，威远成为构造气藏，磨溪－高石梯形成构造、地层－构造及构造－岩性复合型等气藏群。

13.6　油气系统与富集规律

成藏条件分析结果表明，高石梯－龙王庙大气田的震旦系—寒武系具备形成纵向多层系、平面大面积集群式气藏群的条件。其中，乐山－龙女寺大型古隆起的形成和发展对天然气成藏起重要控制作用，奠定了大型气田形成的基础。

（1）乐山－龙女寺古隆起自发育以来，震旦纪晚期为其整体掀斜与雏形发育，寒武纪—奥陶纪为同沉积隆升期；寒武纪早期的构造运动包括兴凯运动，兴凯运动早期的沉降与充填补平沉积呈 SN 向展布，形成高石梯－龙王庙大气区第一套厚层优质烃源岩和富生烃拗陷，奠定了大气田形成的物质基础。

（2）高石梯－龙王庙大气田大面积发育震旦系灯影组碳酸盐岩缝洞型、寒武系龙王庙组白云岩孔隙型两套主要含气储集层，震旦系—寒武系发育两类多套烃源岩（碳酸盐岩类、泥页岩类储层），均为腐泥型，以生油为主。三套储层（震旦系灯二段、灯四段丘滩相孔洞型白云岩储层和下寒武统龙王庙组砂屑滩相孔隙型白云岩储层），构成大气田储层体系。

（3）生储体系大面积广泛接触，古隆起与烃源岩演化匹配，大型古隆起幅度非常低，同样形成构造－岩性复合型圈闭与巨大古老天然气藏，历经 6 亿年至今仍然完好保存，特别是震旦系—寒武系古隆起继承性发育及其烃储层体系匹配。

（4）前二叠纪多期次构造抬升造成古隆起区乃至整个四川盆地形成多个不整合面，并在古隆起区发育大面积岩溶储层，为油气聚集提供了场所和运移通道。

（5）古隆起的存在使得烃源岩自拗陷区向隆起区逐步成熟，进而延长生排烃时限，利于隆起区储层长期持续接受油气充注，富集成藏。

（6）古隆起继承性发展使除威远、资阳地区后期构造变形强烈外，古隆起东段磨溪—龙女寺一带构造变形较弱，古今构造叠合较好，有利于油气聚集与保存。

13.7 上扬子区古老碳酸盐岩大气田发现对于南黄海盆地的意义

发现磨溪–龙王庙大气田是近五年的事，历经四轮整体部署，不断加快深层震旦系—寒武系勘探的节奏，推动了磨溪区块龙王庙组气藏等高效勘探，是迄今中国发现规模最大、地质时代最老和勘探开发效率最高的世界十大特大型天然气田之一，主力含气层系为震旦系灯二段、灯四段及寒武系龙王庙组白云岩，天然气地质储量规模超过万亿立方米，具有深埋、低孔、高硫的特征，绵阳-长宁拉张槽的发现是磨溪–龙王庙特大型古气藏发现的先导及最为重要的基础研究成果，一举改变了长期以来针对四川盆地震旦系—寒武系古老构造层系油气勘探的局面，即证实绵阳-长宁拉张槽和乐山-龙女寺古隆起重叠区及两侧是震旦系—寒武系（古）油气藏最发育地区，构成四川盆地震旦系—寒武系碳酸盐岩原型盆地古沉积中心、主要的生烃中心和供烃中心，由此提出建立拉张槽-古隆起-盆山结构控藏的勘探理论：兴凯地裂运动导致大洋形成，海相沉积沿南北向绵阳-乐至-隆昌-长宁地区分布；形成震旦系—下寒武统礁滩相沉积体系，控制了油气成藏静态要素。古隆起和盆山结构则控制了油气成藏的过程，共同控制了油气（田）的分布。事实上超越了"古隆起"控藏论对于油气成藏的理解，认识到兴凯地裂运动、古构造形成演化和盆山结构差异性和优越油气生储盖匹配的地质条件，特别是由此发现梓潼-乐至-隆昌-赤水及两侧（尤其东侧）构造的发育是四川盆地震旦系—寒武系最有利油气勘探地区。与位于拉张槽两侧的乐山-龙女寺古隆起一起构成最佳的源-储匹配；兴凯地裂运动、乐山-龙女寺古隆起形成演化、盆山结构这种"三位一体"的匹配决定了古老天然气成藏的过程，提升油气成藏的效率，形成保存至今特大型乃至巨型古天然气藏，深层具有巨大勘探潜力。

反观南黄海盆地，区区 27 口井，特别是历史钻井揭示地层只到石炭系，最新钻井发现了浅层碳酸盐岩油气显示和深层高含硫层系；二维地震深部反射清晰度时好时坏，没有三维；勘探程度与四川盆地完全不在一个量级。目前，勘探研究者已然认识到多期构造运动尤其是后期太平洋系构造运动的叠加与四川盆地构造运动进程之间的巨大差异；特别是印支期以来剥蚀沉积地层厚度超过 3000m，都显示下扬子区海域含油气盆地成烃-成藏条件对于勘探发现的价值和意义不同，勘探难度更大。又鉴于海域盆地的巨大投入，特别是目前钻井很少，在油价跌至近 30 美元的今天，倘若钻探一口揭露震旦系的井，考虑经济价值显然是必要的，多目标兼顾实现发现当为首选，关键是海域钻井的巨大投入，预示下扬子区海区南黄海盆地油气勘探的难度。下扬子海陆域油气勘探远远落后于上扬子区是事实，下扬子海域盆地的油气勘探更是最大的短板，务实学习借鉴来自绵阳－长宁拉张槽和磨溪－龙王庙大气田发现的经验，对于推进南黄海盆地油气勘探极具现实意义。

主要参考文献

蔡东升，冯晓杰，张川燕，等 . 2002. 黄海海域盆地构造演化特征与中、古生界油气勘探前景探讨 . 海洋地质动态，18(11)：23-24.

蔡乾忠 . 1995. 中国东部与朝鲜大地构造单元对应划分 . 海洋地质与第四纪地质，15(1)：7-19.

蔡乾忠 . 2002. 黄海含油气盆地区域地质与大地构造环境 . 海洋地质动态，18(11)：8-12.

蔡乾忠 . 2005a. 横贯黄海的中朝造山带与北、南黄海成盆成烃关系 . 石油与天然气地质，26(2)：185-196.

蔡乾忠 . 2005b. 中国海域油气地质学 . 北京：海洋出版社 .

蔡雄飞，张志峰，彭兴芳，等 . 2007. 鄂湘黔桂地区大隆组的沉积特征及与烃源岩的关系 . 地球科学——中国地质大学学报，32(6)：774-780.

曹强，叶加仁 . 2008. 南黄海北部盆地东北凹陷烃源岩的早期预测 . 地质科技情报，27(4)：75-79.

陈安定，刘东鹰，刘子满 . 2001. 江苏下扬子区海相中、古生界烃源岩晚期生烃的论证与定量研究 . 海相油气地质，6(4)：27-33.

陈发祥 . 1992. 合肥盆地石油地质条件分析 . 石油地震地质，4(4)：85-94.

陈建平，钟建华，饶孟余，等 . 2003. 合肥盆地中、新生代沉积相初步研究 . 沉积与特提斯地质，23(2)：48-53.

陈践发，张水昌，孙省利，等 . 2006. 海相碳酸盐岩优质烃源岩发育的主要影响因素 . 地质学报，80(3)：467-472.

陈亮 . 2003. 柴达木北缘榴辉岩类的地球化学及其动力学意义 . 西安：西北大学博士学位论文 .

陈丕基，沈炎彬 . 1982. 苏浙皖中生代后期叶肢介化石 . 北京：科学出版社 .

陈清华，宋若微，戴俊生，等 . 1994. 胶莱盆地重磁资料解释与构造特征分析 . 地球物理学进展，9(3)：70-79.

成玮，周瑶琪，闫华 . 2011. 黄河三角洲现代泥质沉积物非构造裂缝空间展布研究 . 沉积学报，29(2)：363-373.

从柏林，王清晨 . 1999. 大别山 - 苏鲁超高压变质带研究的最新进展 . 科学通报，44(11)：1127-1137.

从柏林，张雯华 . 1977. 榴辉岩中的石榴石 . 科学通报，8：413-416.

崔可锐，施央申 . 1994. 中国山东牟平 - 青岛断裂带两侧岩体的位移 . 南京大学学报（自然科学版），30(4)：648-661.

崔泽宏，唐跃 . 2010. 塔河地区海西晚期火山岩地球化学特征及地质意义 . 中国地质，37(2)：334-346.

戴俊生，陆克政，宋全友，等 . 1995. 胶莱盆地的运动学特征 . 中国石油大学学报（自然科学版），19(2)：1-6.

戴勤奋，周良勇，魏合龙 . 2002. 南黄海卫星重力场及构造演化 . 海洋地质与第四纪地质，22(4)：67-72.

丁道桂，郭彤楼，刘运黎，等 . 2007. 对江南 - 雪峰带构造属性的讨论 . 地质通报，26(7)：801-809.

杜建国，刘文灿，孙先知，等 . 2000. 安徽北淮阳构造带基底变质岩的构造属性 . 现代地质，14(4)：401-407.

方爱民，赵中岩 . 2004. 山东仰口地区超高压变质岩混杂带的组成及其构造变形 . 岩石学报，20(5)：1087-1096.

冯先岳.1989.地震震动液化变形的研究.内陆地震,3(4):299-307.

冯晓杰,蔡东升,王春修,等.2003.东海陆架盆地中新生代构造演化特征.中国海上油气,17(1):33-37.

冯志强,陈春峰,姚永坚,等.2008.南黄海北部前陆盆地的构造演化与油气突破.地学前缘,15(6):219-231.

付永涛,虞子冶.2010.青岛垭口－八仙墩变质海相碎屑岩的属性和构造意义.地质科学,45(1):207-227.

高长林,单翔麟,秦德余.2005.中国古生代盆地基底大地构造特征.石油实验地质,27(6):551-557.

高乐.2005.东海陆架中生代残余盆地特征及勘探方向探讨.中国海上油气,17(3):148-152.

高林,周雁.2009.中下扬子区海相中－古生界烃源岩评价与潜力分析.油气地质与采收率,16(6):30-33.

高顺莉,周祖翼.2014.南黄海盆地东北凹侏罗纪地层的发现及其分布特征.高校地质学报,20(2):286-293.

高天山,汤加富,荆延仁,等.1995.大别山区榴辉岩带特征与形成－折返机制探讨.安徽地质,5(3):70-78.

高天山,陈江峰,谢智,等.2004.苏鲁地体胡家林石榴橄辉岩中锆石SHRIMP U-Pb年龄及其地质意义.科学通报,49(16):1660-1666.

龚冰,郑永飞,吴元保.2004.胶南桃行超高压变质岩的氧同位素地球化学及其年代学制约.岩石学报,20(5):1097-1115.

郭敬辉,翟明国,叶凯,等.2002.胶东海阳所高压变质基性岩的岩石化学和地球化学.中国科学(D辑),35(5):394-404.

郭令智,施央申,孙岩,等.1988.下扬子区前陆盆地逆冲推覆构造的研究.南京大学学报,24(2):2-8.

郭念发,赵红格,陈红,等.2002.下扬子地区海相地层油气赋存条件分析及选区评价.西北大学学报(自然科学版),32(5):526-530.

郭佩霞,胡福仁,吴弘毅,等.1987.安徽铜陵地区的大隆组.资源调查与环境,8(1):80-91.

郭玉贵,邓志辉,尤惠川,等.2007.青岛沧口断裂的地质构造特征第四纪活动性研究.震灾防御技术,2(2):102-115.

郭振一,孙秀珠.1985.胶莱拗陷南缘晚侏罗世鲕状灰岩砾石中有孔虫、蜓化石的发现及其大地构造意义.地质论评,31(2):179-183.

韩树棻,杨有根,朱彬,等.1994.安徽北部中、新生代沉积盆地分析.安徽地质,(3):27-35.

韩宗珠.1989.我国榴辉岩研究综述.地质科技通报,(9):31-34.

韩宗珠.1991.胶东－鲁南榴辉岩带的岩石学矿物学地球化学及其成因研究.海洋湖沼通报,(4):16-39.

韩宗珠.1994.鲁苏榴辉岩的地球化学.青岛海洋大学学报,24(1):102-111.

韩宗珠,盛兴土,赵广涛,等.1990.青岛C类榴辉岩的岩石学矿物学及其地质意义.海洋湖沼通报,(4):23-29.

韩宗珠,武心尧,姚春明.1992.青岛榴辉岩相变质古洋壳的特征及其成因.青岛海洋大学学报,22(4):81-89.

韩宗珠,肖莹,于航,等.2007.南黄海千里岩岛榴辉岩的矿物化学及成因探讨.海洋湖沼通报,(1):83-87.

郝天珧,SuhMancheol,刘建华,等.2004.黄海深部结构与中朝－扬子块体结合带在海区位置的地球物理研究.地学前缘,11(3):51-61.

侯方辉,张志珣,张训华,等.2008.南黄海盆地质演化及构造样式地震解释.海洋地质与第四纪地质,28(5):61-67.

侯方辉,李日辉,张训华,等.2012.胶莱盆地向南黄海延伸——来自南黄海地震剖面的新证据.海洋地质前沿,28(3):12-16.

侯青叶,张宏飞,张本仁,等.2005.祁连造山带中部拉脊山古地幔特征及其归属:来自基性火山岩的地球化学证据.地球科学——中国地质大学学报,30(1):62-69.

胡芬.2010.南黄海盆地海相中、古生界油气资源潜力研究.海洋石油,30(3):1-8.

胡芬,江东辉,周兴海.2012.南黄海盆地中、古生界油气地质条件研究.海洋石油,32(2):9-15.

纪友亮,周勇,王改为,等.2011.下扬子地区古生界海相碳酸盐岩层序地层发育模式及储层预测.石油与天然气地质,32(54):724-733.

纪壮义.1994.青岛榴辉岩的变形特征及其构造抬升问题.山东地质,10(2):66-71.

纪壮义,赵环金,赵光华.1992.黄海海域千里岩岛发育榴辉岩.山东地质,8(2):1-2.

江为为,刘伊克,郝天姚,等.2001.四川盆地综合地质、地球物理研究.地球物理学进展,16(1):11-23.

姜福杰,庞雄奇,欧阳学成.2012.世界页岩气研究概况及中国页岩气资源潜力分析.地学前缘,19(2):198-211.

姜在兴,熊继辉,王留奇,等.1993.胶莱盆地下白垩统莱阳组沉积作用和沉积演化.石油大学学报(自然科学版),17(2):8-16.

蒋裕强,董大忠,漆麟,等.2010.页岩气储层的基本特征及其评价 天然气工业,30(10):7-12,113-114.

金灿海,朱同兴,于远山,等.2011.北羌塘地区冬布勒山基性、超基性岩特征及构造意义.矿产勘查,2(1):67-74.

靳是琴,李鸿超.1984.成因矿物学概论.长春:吉林大学出版社.

来志庆,邹昊,陈淳,等.2011.南黄海千里岩隆起区构造属性及地质演化.海洋湖沼通报,(4):164-168.

赖万忠.2002.黄海海域沉积盆地与油气.海洋地质动态,18(11):13-16.

李昌年.1992.火成岩微量元素岩石学.北京:中国地质大学出版社.

李刚,陈建文,肖国林,等.2003.南黄海海域的海相中–古生界油气远景.海洋地质动态,19(8):12-16.

李国玉.1998.海相沉积是中国21世纪油气勘探的主战场.海相油气地质,3(1):1-5.

李曙光,李惠民.1997.大别山–苏鲁地体超高压变质年代学.中国科学(D辑),27(3):200-206.

李曙光,肖益林.1994.大别山杂岩中两类斜长角闪岩的矿物学鉴别标志及对榴辉岩成因的意义.矿物学报,14(2):115-122.

李曙光,孙卫东,葛宁浩,等.1992.青岛榴辉岩相蛇绿混杂岩的岩石学证据及退变质P-T轨迹.岩石学报,8(4):351-361.

李曙光,孙卫东,张宗清,等.2000.青岛仰口榴辉岩的Nd同位素不平衡及二次多硅白云母Rb-Sr年龄.科学通报,45(20):2223-2226.

李天义,何生,杨智.2008.海相优质烃源岩形成环境及其控制因素分析.地质科技情报,27(6):70.

李廷栋,莫杰,许红.2003.黄海地质构造与油气资源.中国海上油气(地质),17(2):79-85.

李巍然,杨作升,张保民,等.1997.冲绳海槽南部橄榄拉斑玄武岩研究.海洋与湖沼,28(6):665-671.

李文勇,李东旭,夏斌,等.2006.北黄海盆地构造演化特征分析.现代地质,20(2):268-276.

李武,程志纯.1997.合肥盆地油气勘探前景分析.安徽地质,(3):57-62.

李献华,李寄蜗,刘颖,等.1999.华夏古陆元古代变质火山岩的地球化学特征及其构造意义.岩石学报,15(3):364-371.

梁狄刚,郭彤楼,陈建平,等.2008.南方四套区域性海相烃源岩的分布.海相油气地质,13(2):1-16.

梁定益,聂泽同,宋志敏.1994.再论震积岩及震积不整合——以川西、滇西地区为例.地球科学,(6):845-850,893.

梁杰,张银国,董刚,等.2011.南黄海海相中–古生界储集条件分析与预测.海洋地质与第四纪地质,31(5):101-108.

梁细荣,李献华,刘永康,等.1999.激光探针等离子体质谱同时测定锆石微区铀–铅年龄及微量元素.岩矿测试,18(4):253-258.

梁兴，叶舟，马力，等．2004．中国南方海相含油气保存单元的层次划分与综合评价．海相油气地质，9（1-2）：59-76．

廖群安，薛重生，李昌年，等．1999．赣东北地区早古生代登山岩群弧后盆地火山岩的成因与洋壳演化．岩石矿物学杂志，18（1）：1-7．

林畅松，张燕梅，刘景彦，等．2000．高精度层序地层学和储层预测．地学前缘，7（3）：111-117．

林年添，高登辉，孙剑，等．2012．南黄海盆地青岛坳陷二叠系、三叠系地震属性及其地质意义．石油学报，33（6）：987-995．

林小云，刘建，陈志良，等．2007．中下扬子区海相烃源岩分布与生烃潜力评价．石油天然气学报（江汉石油学院学报），29（3）：15-19．

刘宝珺，许效松，潘杏南，等．1993．中国南方古大陆沉积地壳演化与成矿．北京：科学出版社．

刘德良，李曙光，葛宁浩，等．1994．华北与扬子板块碰撞带青岛仰口构造混杂岩的三期变形及区域构造意义 中国科学技术大学学报，24（3）：284-289．

刘东鹰．2003．苏皖下扬子区中古生界油气勘探方向．江汉石油学院学报，25（增刊）：46-47．

刘福来，刘平华．2009．北苏鲁仰口地区变辉长岩中锆石 U-Pb 定年、微量元素和 Hf 同位素特征及其地质意义．岩石学报，25（9）：2113-2131．

刘福来，薛怀民．2008．苏鲁－大别超高压岩石中锆石 SHRIMP U-Pb 定年研究——综述和最新进展．岩石学报，23（11）：2737-2756．

刘光鼎．1992．中国海地球物理场和地球动力学特征．地质学报，66（4）：300-314．

刘建华，朱养西，王四利，等．2005．四川盆地地质构造演化特征与可地浸砂岩型铀矿找矿前景．铀矿地质，21（6）：321-330．

刘明渭，张庆玉，宋万千．2003．山东省白垩纪岩石地层序列与火山岩系地层划分．地层学杂志，27（3）：247-253．

刘勇胜，高山，王选策，等．2004．太古宙—元古宙界限基性火山岩 Nb/Ta 比值变化及其对地球 Nb/Ta 平衡的指示意义．中国科学（D辑），34（11）：1002-1014．

刘玉瑞，王建．2003．苏北盆地复杂断块油气藏勘探及技术．江苏地质，27（4）：193-198．

罗斌杰，王春江，董成默，等．1995．朝鲜安州盆地原油地球化学特征．石油学报，16（4）：40-47．

罗庆坤，姜大志，张渝昌，等．"江南隆起"东段北缘印支期以来构造变形特征及油气远景评价 江南—雪峰地区的层滑作用及多期复合构造．北京：地质出版社．

罗志立．1998．四川盆地基底结构的新认识．成都理工学院学报，25（2）：191-200．

吕洪波，王俊，张海春，等．2011．山东灵山岛晚中生代滑塌沉积层的发现及区域构造意义初探．地质学报，85（6）：938-946．

吕洪波，张海春，王俊，等．2012．山东胶南灵山岛晚中生代浊积岩中发现巨大滑积岩块．地质论评，58（1）：80-81．

马力，陈焕疆，甘克文，等．2004．中国南方大地构造和海相油气地质（上册）．北京：地质出版社．

马立桥，陈汉林，董庸，等．2007．苏北－南黄海南部叠合盆地构造演化与海相油气勘探潜力．石油与天然气地质，28（1）：35-42．

马杏垣．1989．江苏响水值内蒙满都拉地学断面南北两段的地质观察．地球科学——中国地质大学学报，（1）：1-7．

梅海，林壬子，梅博文，等．2008．微生物油气检测技术：理论、实践和应用前景．天然气地球科，19（6）：888-893．

孟繁聪，张建新，杨经绥，等．2003．柴北缘锡铁山榴辉岩的地球化学特征．岩石学报，19（3）：435-441．

牟能树．1965．安徽安庆集贤关、怀宁月山的大隆组．地质论评，23（3）：221-223．

欧阳凯，张训华，李刚．2009．南黄海中部隆起地层分布特征．海洋地质与第四纪地质，29（1）：59-66．

潘继平，乔德武，李世臻，等．2011．下扬子地区古生界页岩气地质条件与勘探前景．地质通报，30（2-3）：337-343．

彭世福，郑光膺．1982．从朝鲜安州盆地的生油地质特征展望北黄海的成油远景．海洋地质研究，2（1）：24-34．

彭松柏，李昌年，Kusky T M，等．2010．鄂西黄陵背斜南部元古宙庙湾蛇绿岩的发现及其构造意义．地质通报，29（1）：8-20．

祁江豪．2012．南黄海盆地中、古生界构造演化及与四川盆地对比分析．北京：中国地质大学硕士学位论文．

乔秀夫，郭宪璞．2011．新疆西南天山下侏罗统软沉积变形研究．地质论评，57（6）：761-769．

乔秀夫，李海兵．2008．枕、球－枕构造：地层中的古地震记录．地质论评，54（6）：721-730．

乔秀夫，李海兵．2009．沉积物的地震及古地震效应．古地理学报，11（6）：593-610．

乔秀夫，郭宪璞，李海兵，等．2012．龙门山晚三叠世软沉积物变形与印支期构造运动．Acta Geologica Sinica，86（1）：132-156．

乔秀夫，宋天锐，高林志，等．1994．碳酸盐岩振动液化地震序列．地质学报，68（1）：16-32．

邱旭明，李云翔．2009．从江苏油田发展历程看苏北盆地当前勘探理论与技术的发展方向．复杂油气藏，2（2）：1-3，71．

山东地质矿产局．1991．山东区域地质志．北京：地质出版社．

山东省第四地质矿产勘查院．2003．山东省区域地质．济南：山东省地图出版社．

山东省科学技术委员会．1995．山东海岛研究．济南：山东科学技术出版社．

盛英明，夏群科，杨晓志．2004．大陆深俯冲过程中水分布的不均一性：大别山碧溪岭榴辉岩中石榴石的红外光谱分析．科学通报，49（4）：390-395．

盛英明，夏群科，丁强，等．2005a．大别山榴辉岩中石榴石的结构水：红外光谱分析．矿物学报，25（4）：334-340．

盛英明，夏群科，郝艳涛，等．2005b．大别山双河超高压榴辉岩中的水：微区红外光谱分析．地球科学——中国地质大学学报，30（6）：673-684．

石超，张泽明．2007．超高压变质过程中的元素地球化学行为—CCSD主孔榴辉岩的矿物化学研究．岩石学报，23（12）：3180-3200．

石胜群．2010．苏北盐阜地区中、古生界地层分布特征．地层学杂志，（1）：106-111．

史仁灯，杨经绥，吴才来，等．2004．柴达木北缘超高压变质带中的岛弧火山岩．地质学报，78（1）：52-64．

舒安平，杨凯，李芳华，等．2012．非均质泥石流堆积过程粒度与粒序分布特征．水利学报，43（11）：1322-1327．

宋彪，张玉海，万渝生，等．2002．锆石SHRIMP样品靶制作、年龄测定及有关现象讨论．地质论评，48（S1）：26-30．

宋明春，王来明，王兰中，等．1995．鲁东荣成片麻岩套及其成因．山东地质，11（2）：32-44．

苏尚国，张春林．1996．胶东海阳所、葛家集基性麻粒岩P-T演化及成因意义．现代地质，10（4）：453-460．

孙书勤，汪云亮，张成江．2003．玄武岩类岩石大地构造环境的Th、Nb、Zr判别．地质论评，49（1）：23-27．

孙书勤，张成江，黄润秋．2006．板块汇聚边缘玄武岩大地构造环境的Th、Nb、Zr判别．地球科学进展，21（6）：593-594．

孙书勤，张成江，赵松江．2007．大陆板内构造环境的微量元素判别．大地构造与成矿学，31（1）：104-109．

孙肇才，邱蕴玉，郭正吾．1991．板内形变与晚期次生成藏－扬子区海相油气总体形成规律的探讨．石油实验地质，13（1）：107-142.

涂光炽.1984.地球化学.上海：上海科学技术出版社.

万天丰，朱鸿.2002.中国大陆及邻区中生代—新生代大地构造与环境变迁.现代地质，16（2）：107-120.

汪双双.2009.北祁连乌鞘岭蛇绿岩地球化学特征及其构造意义.兰州：兰州大学硕士学位论文.

王安东，周瑶琪，仲岩磊，等.2012.陕南奥陶系宝塔组灰岩网状裂缝成因.地球科学——中国地质大
学学报，37（4）：843-850.

王安东，周瑶琪，闫华，等.2013a.山东省灵山岛软沉积物变形构造特征.古地理学报，15（5）：717-728.

王安东，周瑶琪，张振凯，等.2013b.山东省灵山岛莱阳群地层中地震形成的水下裂缝特征及意义.杭
州：第五届沉积学大会.

王国建，邓平，夏响华.2006.微生物方法在油气勘探中的试验研究——以松辽盆地十屋断陷为例.天
然气工业，26（4）：8-10.

王江海，吴酬飞，袁建平，等.2011.一种以甲烷氧化菌活菌异常和死菌异常为指标进行油气勘探与油
气藏表征的方法：中国，CN102174645A.

王凯怡.1981.某些变质岩中的稀土元素.国外地质，（11）：29-37.

王可德，钟石兰.2000.东海陆架盆地西南部中生代地层的发现.地层学杂志，24（2）：129-131.

王来明，等.2005.苏鲁超高压变质带的结构与演化.北京：地质出版社.

王来明，宋彪，吴洪祥.1994.山东榴辉岩的生成时代：单颗粒锆石 $^{207}Pb/^{206}Pb$ 年龄.科学通报，39（19）：
1788-1791.

王立飞，王衍棠，胡小强.2010.北黄海盆地西部坳陷地层与沉积特征.海洋地质与第四纪地质，（3）：97-
104.

王立艳.2011.南黄海前第三系地震层序及构造特征研究.青岛：中国海洋大学硕士学位论文.

王连进，叶加仁，吴冲龙，等.2002.南黄海盆地构造及沉积特征.天然气勘探与开发，25（1）：33-37.

王连进，叶加仁，吴冲龙.2005.南黄海盆地前第三系油气地质特征.天然气工业，25（7）：1-3.

王嘹亮，易海，姚永坚，等.2004.南黄海海域晚古生代—新生代沉积演化特征.南海地质研究，24（8）：
15-28.

王仁民，贺高品，陈珍珍，等.1987.变质岩原岩图解判别法.北京：地质出版社.

王涛，王晓霞，李伍平，等.1998.秦岭造山带核部杂岩花岗质片麻岩体的U-Pb同位素年龄及地质意义.
中国区域地质，17（3）：262-265.

王涛，张国伟，裴先治，等.2002.北秦岭新元古代北北西向碰撞造山带存在的可能性及两侧陆块的汇
聚与裂解.地质通报，21（8-9）：516-522.

王修垣.2008.石油微生物学在中国科学院微生物研究所的发展.微生物学通报，35（12）：1851-1861.

王志才，晁洪太，杜宪宋，等.2008.南黄海北部千里岩断裂活动性初探.地震地质，30（1）：176-186.

吴冲龙，张善文，毛小平，等.2009.胶莱盆地原型与盆地动力学分析.武汉：中国地质大学出版社.

吴根耀，马力，陈焕疆，等.2003.地块构造演化、苏鲁造山带形成及其耦合的盆地发育.大地构造与成
矿学，27（4）：337-353.

吴拓宇，赵淑娟，付永涛.2010.青岛八仙墩海相碎屑岩的岩石地球化学特征及其油气研究意义.地质科
学，45（6）：1156-1169.

吴元保，郑永飞.2004.锆石成因矿物学研究及其对U-Pb年龄解释的制约.科学通报，49（16）：1589-
1604.

吴元保，陈道公，程昊，等.2000.北大别饶拔寨退变质榴辉岩的地球化学特征.地震地质，22（增刊）：
99-103.

吴志强，陆凯，闫桂京，等.2008.南黄海前新生代油气地球物理勘探方法.海洋地质动态，24（8）：1-7.

吴智平, 李凌, 李伟, 等. 2004. 胶莱盆地莱阳期原型盆地的沉积格局及有利油气勘探区选择. 大地构造与成矿学, 28(3): 330-337.

夏群科, 陈道公, George R, 等. 2000. 高压 - 超高压变质流体的一种重要载体: 名义上的无水矿物. 地质论评, 46(5): 461-464.

谢树成, 殷鸿福, 解习农, 等. 2007. 地球生物学方法与海相优质烃源岩形成过程的正演和评价. 地球科学——中国地质大学学报, 32(6): 727-740.

邢光福. 1997. Dupal 同位素异常的概念、成因及其地质意义. 火山地质与矿产, 18(4): 281-291.

徐惠芬, 杨天南, 刘福来. 2001. 苏鲁高压 - 超高压变质带南部花岗片麻岩 - 花岗岩的多时代演化. 地质学报, 75(3): 371-378.

徐薇. 2007. 大别 - 苏鲁榴辉岩中名义上无水矿物的结构水研究. 北京: 中国地质大学硕士学位论文.

徐薇, 刘祥文, 金振民. 2006. CCSD 超高压榴辉岩中的水: 红外光谱分析. 地球科学——中国地质大学学报, 31(6): 830-837.

徐伟民. 1991. 下扬子地区海相中、古生界热演化和油气前景. 石油勘探与开发, (2): 25-41.

徐曦, 杨风丽, 赵文芳. 2011. 下扬子区海相中、古生界上油气成藏组合特征分析. 海洋石油, 31(4): 48-53.

许志琴. 2007. 深俯冲和折返动力学来自中国大陆科学钻探主孔及苏鲁超高压变质带的制约. 岩石学报, 23(12): 3-15.

许志琴, 刘福来, 戚学祥, 等. 2006. 南苏鲁超高压变质地体中罗迪尼亚超大陆裂解事件的记录. 岩石学报, 22(7): 1745-1760.

闫全人, Anddrew D H, 王宗起, 等. 2001. 扬子板块北缘碧口群火山岩的地球化学特征及其构造环境. 岩石矿物学杂志, 23(1): 1-9.

杨方之, 闫吉柱, 苏树桉, 等. 2001. 下扬子地区海相盆地演化及油气勘探选区评价. 江苏地质, 25(3): 134-141.

杨琦, 陈红宇. 2003. 苏北 - 南黄海盆地构造演化. 石油实验地质, 25(增刊): 562-565.

杨森楠. 1985. 东秦岭古生代陆间及构造情况. 地球科学, 16(5): 505-513.

杨树春, 胡圣标, 蔡东升, 等. 2003. 南黄海南部盆地地温场特征及热 - 构造演化. 科学通报, 48(14): 1564-1569.

杨文采, 余长青. 2001. 根据地球物理资料分析大别 - 苏鲁超高压变质带演化的运动学与动力学. 地球物理学报, 44(3): 346-359.

杨艳秋. 2004. 南黄海南部二叠系上统—三叠系下统分布特征及油气勘探意义. 长春: 吉林大学硕士学位论文.

姚柏平, 张建球. 2000. 苏北地区陆相中生界地层问题探讨. 江苏地质, 24(3): 140-143.

姚柏平, 陆红, 郭念发. 1999. 论下扬子地区多期构造格局叠加及其油气地质意义. 石油勘探与开发, 26(4): 10-13.

姚永坚, 夏斌, 冯志强, 等. 2005. 南黄海古生代以来构造演化. 石油实验地质, 27(2): 124-128.

叶建国. 2008. 苏鲁仰口地区辉长岩深俯冲过程中的矿物相转变及变质演化 P-T-t 轨迹. 北京: 中国地质科学院硕士学位论文.

叶凯. 1999. 山东海阳所麻粒岩向过渡榴辉岩转化的变质动力学过程及其构造意义. 岩石学报, 15(1): 21-36.

叶凯, 平岛崇男, 石渡明, 等. 1996. 青岛仰口榴辉岩中粒间柯石英的发现及其意义. 科学通报, 41(15): 1407-1408.

叶舟, 梁兴, 马力, 等. 2006. 下扬子独立地块海相残留盆地油气勘探方向探讨. 地质科学, 41(3): 523-548.

俞印生. 1981. 南黄海盆地第三系沉积特征及其含油气性. 海洋地质研究, 1(1): 77-82.

遇昊，陈代钊，韦恒叶，等．2012. 鄂西地区上二叠乐平统大隆组硅质岩成因及有机质富集机理．岩石学报，28(3)：1017-1027．

袁静，陈鑫，田洪水．2006. 济阳坳陷古近纪软沉积变形层中的环状层理及成因．沉积学报，24(5)：666-671．

袁四化．2009. 冈底斯带中段北部早白垩世火山岩及其大地构造意义．北京：中国地质科学院博士学位论文．

袁玉松，郭彤楼，胡圣标，等．2005. 下扬子苏南地区构造 - 热演化及烃源岩成烃史研究——以圣科 1 井为例．自然科学进展，15(6)：753-758．

张安达．2006. 阿尔金超高压榴辉岩及其围岩的地球化学、年代学研究及其地质意义．西安：西北大学博士学位论文．

张本仁．2001. 大陆造山带地球化学研究：Ⅰ岩石构造环境地球化学判别的改进．西北地质，34(3)：1-15．

张本仁，韩吟文，许继锋，等．1998. 北秦岭新元古代前属于扬子板块的地球化学证据．高校地质学报，4(4)：369-381．

张本仁，高山，张宏飞，等．2003. 秦岭造山带地球化学．北京：科学出版社．

张成立，刘良，张国伟，等．2004. 北秦岭新元古代后碰撞花岗岩的确定及其构造意义．地学前缘，11(3)：34-42．

张春林，庞雄奇，梅海，等．2010. 微生物油气勘探技术在岩性气藏勘探中的应用：以柴达木盆地三湖坳陷为例．石油勘探与开发，37(3)：310-315．

张家强．2002. 南黄海中、古生界油气勘探前景．海洋地质动态，18(11)：25-27．

张建珍，杜建国，张友联，等．1998. 大别山榴辉岩岩石学及地球化学特征．地质论评，44(3)：255-263．

张晶，王伟锋．2004. 南黄海盆地含油气系统与油气勘探方向．海洋地质动态，20(4)：20-23．

张克信，刘金华，何卫红，等．2002. 中下扬子区二叠系露头层序地层研究．地球科学——中国地质大学学报，2(1)：358-365．

张理刚．1995. 东亚岩石圈块体地质——上地幔、基底和花岗岩同位素地球化学及其地球动力学．北京：科学出版社．

张儒瑗，从柏林．1982. 矿物温度计和矿物压力计．北京：地质出版社．

张寿广，万渝生，刘国惠．1991. 北秦岭宽坪群变质地质．北京：北京科学技术出版社．

张松梅，程立人，刘典涛．2001. 胶南地区莱阳群绒枝藻化石的发现．长春科技大学学报，31(3)：209-212．

张永鸿．1991. 下扬子区构造演化中的黄桥转换事件与中、古生界油气勘探方向．石油与天然气地质，12(4)：439-438．

张渝昌，等．1993. 江南—雪峰地区层滑作用及多期复合构造．北京：地质出版社．

张岳桥，赵越，董树文，等．2004. 中国东部及邻区早白垩世裂陷盆地构造演化阶段．地学前缘，11(3)：123-133．

张岳桥，李金良，张田，等．2008. 胶莱盆地及其邻区白垩纪—古新世沉积构造演化历史及其区域动力学意义．地质学报，82(9)：1229-1257．

张泽明，肖益林，沈昆，等．2005a. 苏鲁超高压榴辉岩生长成分环带及变质作用 P-T 轨迹．岩石学报，21(3)：809-818．

张泽明，张金凤，许志琴，等．2005b. 中国大陆科学钻探工程主孔榴辉岩的岩石学研究．中国地质，32(2)：205-217．

张泽明，张金凤，游振东，等．2005c. 苏鲁造山带超高压变质作用及其 P-T-t 轨迹．岩石学报，21(2)：257-270．

张泽明，沈昆，赵旭东，等．2006. 超高压变质作用过程中的流体——来自苏鲁超高压变质岩岩石学、氧同位素和流体包裹体研究的限定. 岩石学报, 22(7): 1985-1988.

赵广涛, 曹钦臣, 王德滋, 等. 1997. 崂山花岗岩锆石 U-Pb 年龄测定及其意义. 青岛海洋大学学报, 27(3): 382-388.

赵永强, 段铁军, 袁东风, 等. 2007. 苏北朱家墩气田成藏特征对南黄海南部盆地勘探的意义. 海洋地质与第四纪地质, 27(4): 91-96.

郑求根, 蔡立国, 丁文龙, 等. 2005. 黄海海域盆地的形成与演化. 石油与天然气地质, 26(5): 647-654.

周存亭, 高天山, 汤加富, 等. 2000. 安徽大别山北部榴辉岩的分布及主要特征. 中国区域地质, 19(3): 253-257.

周建波, 刘建辉, 郑常青. 2005. 苏鲁造山带浅变质岩的成因及其大地构造意义. 地质学报, 79(4): 475-486.

周建波, 郑永飞, 李龙, 等. 2001. 大别—苏鲁超高压变质带内部的浅变质岩. 岩石学报, 17(1): 39-48.

周瑶琪, 赵振宇, 马晓鸣, 等. 2006. 水下收缩裂隙沉积模式及定量化研究. 沉积学报, 24(5): 672-680.

朱炳泉, 常向阳. 2001. 地球化学省与地球化学边界. 地球科学进展, 16(2): 153-162.

朱炳泉, 李献华. 1998. 地球科学中同位素体系理论及应用——兼论中国大陆壳幔演化. 北京: 科学出版社.

朱光, 刘国生, 李双应, 等. 2002. 下扬子地区盆地的 "四层楼" 结构及其动力学机制. 合肥工业大学学报(自然科学版), 23(1): 47-52.

朱雷, 秦黎明, 张枝焕, 等. 2009. 苏北盆地溱潼凹陷北汉庄油田油气成藏地球化学特征. 天然气地球化学, 20(1): 36-43.

朱平. 2007. 南黄海盆地北部凹陷含油气系统分析. 石油实验地质, 29(6): 549-553.

朱维光. 2004. 扬子地块西缘新元古代镁铁质 – 超镁铁质岩的地球化学特征及其地质背景——以盐边高家村杂岩体和冷水菁 101 号杂岩体为例. 北京: 中国科学院研究生院博士学位论文.

邹才能, 董大忠, 王社教, 等. 2010. 中国页岩气形成机理、地质特征及资源潜力. 石油勘探与开发, 37(6): 641-653.

Holm P E. 1987. 利用拉斑玄武岩和玄武安山岩中亲湿岩浆元素的丰度确定不同构造岩浆环境的地球化学指纹(李昌年, 邱家骧). 地质地球化学, (6): 41-48.

Sabine P A, 王焕章. 1990. 岩石学标准化——国际地科联岩石系统分类学委员会. 地球科学进展, 5(4): 34-37.

Aitken J F, Flint S. 2006. The application of high-resolution sequence stratigraphy to fluvial systems: a case study from the Upper Carbonaferous Breathitt Group, Eastern Kentucky, USA. Sedimentology, 42(1): 3-30.

Alexander J. 1987. Syn-sedimentary and burial related deformation in the Middle Jurassic non-marine formations of the Yorkshire Basin. Estudios De Cultura Nahuatl, 29(1): 315-324.

Alfaro P, Delgado J, Estevez A, *et al*. 2002. Liquefaction and fluidization structures in Messinian storm deposits(Bajo Segura Basin, Betic Cordillera, southern Spain). International Journal of Earth Sciences, 91(3): 505-513.

Allen J R L. 1982. Sedimentary Structures Their Character and Physical Basis, Volume Ⅱ. Amsterdam: Elsevier Scientific.

Amann R I, Ludwig W, Schleifer K H. 1995. Phylogenetic identification and in situ detection of individual microbial cells without cultivation. Microbiological Reviews, 59(1): 143-169.

Ames L, Gaozhi Z, Baocheng X. 1996. Geochronology and isotopic character of ultrahigh-pressure metamorphism with implications for collision of the Sino-Korean and Yangtze cratons, central China. Tectonics, 15(2): 472-489.

Amthauer G, Rossman G R. 1998. The hydrous component in andradite garnet. Am. Mineral, 83: 835-840.

Andersen T. 2002. Correction of common lead in U-Pb analyses that do not report [204]Pb. Chemical Geology, 192: 59-79.

Baker J, Matthews A, Mattey D, et al. 1997. Fluid-rock interaction during ultrahigh pressure metamorphism, Dabie Shan, China. Geochim Cosmochim, Acta, 61: 1685-1696.

Bell D R, Rossman G R. 1992a.Water in the earth's mantle: the role of nominally anhydrous mineral. Science, 255: 1391-1397.

Bell D R, Rossman G R. 1992b.The distribution of hydroxyl in garnets from the sub-continental mantle of southern Africa. Contrib.Mineral Petrol, 111: 161-178.

Bell D R, Ihinger P D, Rossman G R. 1995.Quantitative analysis of trace OH in garnet and pyroxenes. American Mineralogist, 80: 468-474.

Ben D G, Cees W P.2003.Asymmetric boudins as shear sense indicators Dan assessment from field data. Journal of Structural Geology, 25(4): 575-589.

Beran A, Langer K, Andrut M. 1993.Single crystal infrared spectra in the range of OH fundamentals of paragenetic garnet, omphacite and kyanite in an eclogitic mantle xenoliths. Mineral Petrol, 48: 257-268.

Blank L P, Kamo S L, Williams I S, et al. 2003. The application of SHRIMP to Phanerozoic geochronology: a critical appraisal of four zircon standards. Chemical Geology, 200(1-2): 171-188.

Blauchard M, Jugrin J. 2004. Hydrogen diffusion in Dora Maria Prope. Physics and Chemistry of Minerals, 31: 593-605.

Blundy J D, Holland T. 1990. Calcic amphibole equilibria and a new amphibole-plagioclase geothermometer-reply to the Comment of Poil and Schmidt. Contribution to Mineralogy and Petrology, 104: 208-224.

Bonnel C, Dennielou B, Droz L, et al. 2005. Architecture and depositional pattern of the Rhône Neofan and recent gravity activity in the Gulf of Lions (Western Mediterranean). Marine & Petroleum Geology, 22(6-7): 827-843.

Bougault H, Treuil M. 1980.Mid-Atlantic ridge Zero-age geochemical variations between Azores and 22 degrees. Nature, 286(5770): 209-212.

Bouma A H, Sprague R A, Khan A M. 2002. Geological reservoir characteristics of fine-grained turbidite systems . Gcags Transactions, 52: 59-64.

Bralower T J, Paull C K, Leckie R M. 1998. The cretaceous-tertiary boundary cocktail: chicxulub impact triggers margin collapse and extensive sediment gravity flows. Geology, 26(4): 331.

Brodzikowski K, Vanloon A J. 1990. Geological analysis of the overburden as a tool for safe and effective exploitation of the Beichat6w opencast brown coal mine(central Poland). Mining Science and Technology, 11(3): 22-243.

Burst J F. 1965.Subaqueously formed shrinkage cracks in clay. Journal of Sedimentary Research, 35(2): 348-353.

Cabanis B, Lecolle M. 1989. Le diagramme La/10-Y/15-Nb/8; un outil pour la discrimination des series volcaniques et la mise en evidence des processus de melange et/ou de contamination crustale. Comptes Rendus de Lacademie Des Sciences Serie Mecanique Physique Chimie Sciences de Lunivers Sciences de La Terre, 309(20): 2023-2029 .

Carvajal C R, Steel R J. 2006. Thick turbidite successions from supply-dominated shelves during sea-level highst and. Geology, 34 (8): 665-668.

Chen R X, Zheng Y F, Gong B, et al. 2007.Oxygen isotopc geochemistry of ultrahigh-pressure metamorphic rocks from 200~4000m core samples of the Chinese Continental Scientific Drilling. Chemical Geology, 242(1): 51-75.

Coleman R G, Lee D E, Beatty L B, *et al*. 1965. Eclogites and eclogites: their differents and similartities. Geological Society of American Bull, 76:483-508.

Condie K C. 1989.Geochemical changes in basalts and andesites across the Archean-Proterozoic boundary: identification and significance. Lithos, 23: 1-18.

Condie K C. 1999. Mafic crustal xenoliths and the origin of the lower continental crust . Lithos, 46(46): 95-101.

Cui K R, Shi Y S, 1994. Offset of rock bodies on the both sides of Muping-Qingdao Fault Zone in the eastern Shandong, China. Journal of Nanjing University(Natural science edition), 30(4): 648-661.

Dai J S, Lu K Z, Song Q Y, *et al.* 1995. Kinematic characteristics of Jiaolai basin . Journal of the University of petroleum, China, 19(2): 1-6.

Dasgupta R, Clark R A. 1998. Estimation of Q from surface seismic reflection data. Geophysics, 63(6):2120-2128.

Decelles P G, Giles K A.1996.Foreland basin systems. Basin research, 8(2): 105-123.

Dennielou B, Bonnel C, Sultan N, *et al.* 2003. Sand transfer into the deep basin of the Gulf of Lions: evenduring the sea level high stand. Paris: Ocean Margin Research Conference.

Dixon B T, Weimer P. 1998, Sequence stratigraphy and depositional history of the Eastern Mississippi Fan (Pleistocene), northeastern deep Gulf of Mexico. AAPG Bulletin, 82(6): 1207-1232.

Dzulynski S, Walton E K. 1965. Sedimentary features of flysch and greywackes. Marine Geology, 4(5): 380-381.

Ellis D J, Green D H. 1979. An experimental study of the effect of Ca upon the garnet-clinpyroxene Fe-Mg exchange equilibra. Contribution to Mineralogy and Petrology, 71(1): 13-22.

Enami M, Banno S. 2000.Major Rock-Formingminerals in UHP Metamorphic Rocks. Columbia: Bellwether Publishing.

Fairchild I J, Einsele G, Song T R.1997. Possible seismic origin of molar tooth structures in Neoproterozoic carbonate ramp deposits, north China. Sedimentology, 44(4):611-636.

Fu Y T, Yu Z Y. 2010. Metamorphosed marine clastic rocks in Qingdao: Tectonic attribute and implication . Chinese Journal of Geology, 45(1): 207-227.

Fulai L I U, Zhiqin X U, Huaimin X U E, *et al.* 2006. Ultrahigh - pressure and retrograde metamorphic ages for paleozoic protolith of paragneiss in the Main Drill Hole of the Chinese Continental Scientific Drilling Project (CCSD-MH), SW Sulu UHP Terrane. Acta Geologica Sinica (English Edition), 80(3): 336-348.

Galloway W E. 1998, Siliciclastic slope and base of-slope depositional system: component facies, stratigraphic architecture, and classification. AAPG Bulletin, 82(4): 287-288.

Gao S, Luo T C, Zhang B R, *et al.* 1998. Chemical composition of the continental crust as revealed by studies in East China. Geochim Cosmochim Acta, 62(11): 1959-1975.

Glassley W. 1974.Geochemistry and tectonics of the Crescent volcanic rocks, Olympic Peninsula, Washington. Geological Society of America Bulletin, 85(5): 785-794.

Graham C M, Powell R. 1984. A garnet-hornblende geothermometer: calibration, testing, and application to the Pelona Schist, Southern California. Journal of Metamorphic Geology, 2(1): 13-31.

Guo N F. 1996. Evolutionary gound of basin and regional structure in lower Yangtze Area. Geology of Zhejiong, 12(2): 19-27.

Guo Y G, Deng Z H, You H C, *et al.* 2007. Geological features and quaternary activities of Cangkou fault in Qingdao, China. Technology for Earthquake Disaster Prevention, 2(2): 102-115.

Guo Z Y, Sun X Z. 1985. Discovery of oolitic limestone gravels and formation and fusulinid fossils in the upper

Jurassic on the Southern Margin of the Jiaolai Depression, eastern Shandong and the Their Tectonic signifi-cance. Geology Review, 31 (2): 179-183.

Hacker B R, Wallis S R, Ratschbacher L, et al. 2006.High-temperature geochronology constraints on the tectonic history and architecture of the ultrahigh-pressure Dabie-Sulu Orogen. Tectonics, 25 (5): 239-251.

Hamelin B, Dupre B, Allegre C J. 1984.The lead isotope systematic of ophiolite complexes. Earth and Planetary Science Letters, 67: 351-366.

Hatch J R, Leventhal J S. 1992. Relationship between inferred redox potential of the depositional environment and geochemistry of the Upper Pennsylvanian (Missourian) Stark Shale Member of the Dennis Limestone, Wabaunsee County, Kansas, USA . Chemical Geology, 99 (1-3): 65-82.

Hirajima T, Banno S, Hiroi Y, et al. 1988. Phase petrology of eclogites and related rocks from the Motalafjella high-pressure metamorphic complex in Spitsbergen (Arctic Ocean) and its significance. Lithos, 22 (2): 75-97.

Hoffman A W. 1997. Mantle geochemistry, the message from oceanic volcanism. Nature, 385: 219-229.

Hoffman A W, Jochum K P, Seufert M, et al. 1986. Nd and Pb in oceanic basalts: new constraints on mantle evo-lution. Earth and Planetary Science Letters, 79: 33-45.

Hongyan L. 2004. SHRIMP dating and recrystallization of metamorphic zircons from a granitic gneiss in the Sulu UHP terrane. Acta Geologica Sinica (English edition), 78 (1): 146-154.

Howell J A, Aitken J F. 1997, High resolution sequence stratigraphy: innovations and applications. Sedimentary Geology, 109 (8): 361-362.

Irvine T N J, Baragar W. 1971. A guide to the chemical classification of the common volcanic rocks. Canadian Journal of Earth Sciences, 8 (5): 523-548.

Jagoutz E, Palme H, Baddenhausen H, et al. 1979.The abundances of major, minor and trace elements in the earth's mantle as derived from primitive ultramafic nodules.Lunar and Planetary Science Conference Proceedings, 10: 2031-2050.

Jiang Z X, Xiong J H, Wang L Q, et al, 1993. Sedimentology and sedimentary evolution of lower cretaceous Laiyang formation in Jiaolai basin . Journal of the University of Petroleum, China, 17 (2): 8-16.

Jochum K P, Arndt N T, Hofmann A W. 1991. Nb-Th-La in komatiites and basalts: constraints on komatiite petrogenesis and mantle evolution. Earth and Planetary Science Letters, 107 (2): 272-289.

Jochum K P, Pfander J, Snow J E, et al. 1997. Nb/Ta in mantle and crust . EOS, 78: 804.

Jones A P, Omoto K. 2000. Towards establishing criteria for identifying trigger mechanisms for soft-sediment deformation: a case study of late Pleistocene lacustrine sands and clays, Onikobe and Nakayamadaira Basins, northeastern Japan. Sedimentology, 47: 1211-1226.

Jones B J, Manning A C. 1994. Comparison of geochemical indices used for the interpretation of palaeoredox conditions in ancient mud-stones. Chemical Geology, 111: 111-129.

Katayama I, Nakashima S. 2003. Hydroxyl in clinopyroxene from the deep subducted crust: Evisence for H_2O transport into the mantle. American Mineralogist, 88: 229-234.

Katayama I, Nakashima S, Yurimoto H. 2006. Water content in natural eclogite and implication for water transport into the deep upper mantle. Earth and Planetary Science Letters, 86: 245-259.

Kleist J R. 1974.Deformation by soft-sediment extension in the Coastal Belt, Franciscan Complex. Geology, 2 (10):501-504.

Klemd R, Mathess, Okruseh M. 1991. High-Pressure relies in metasediments intercalated with the Wejssenstein eclogite, Munchberg gneiss complex, Bavaria. Contrib. Mineral Petrol, 107: 328-342.

Kuenen P H.1953. Graded bedding with observations on the Lower Palaeozoic rocks of Britain. North-Holland

Publishing Company, Amsterdam, 20(3): 1-47.

Kuenen P H.1958. Experiments in geology transactions of the geological society of glasgow. Transaction of the Geological Society of Glasgow, 23:1-28.

Langer K, Robarick E, Sobolev N V, et al. 1993.Single crystal spectra of garnets from diamondiferous high pressure metamorphic rocks from Kazakhstan: Indications for OH, H_2O and Fe-Ti charge transfer. American Mineralogist, 5: 1091-1100.

Laubmeyer G A. 1993. New geophysical prospecting Method. Zeistshift Petrol, 29(8): 1-4.

Leake B E. 1965.The relationship between composition of calciferous amphibole and grade of metamorphism. Controls of Metamorphism, 26: 299-318.

Li G B, Liu B H, Zhao Y X, et al. 2011. Quaternary tectonic activity near the Qianliyan island of south yellow sea. Earth Science-Journal of China University of Geosciences, 36(6): 977-984.

Li H Y. 2004. dating and recrystallization of metamorphic zircons from a granitic gneiss in the Sulu UHP terrane. Acta Geologica Sinica, 78: 146-154.

Li J L, Zhang Y Q, Liu Z Q, et al. 2007. Sedimentary-subsidence history and tectonic evolution of the Jiaolai basin. Geology in China, 34(2): 240-250.

Li J L, Zhang Y Q, Liu Z Q, et al. 2008. Reformation and hydrocarbon preservation conditions of Jiaolai basin . Journal of the University of Petroleum, China, 32(6): 28-32.

Li Q, Li S, Hou Z, et al. 2005.A combined study of SHRIMP U-Pb dating, trace element and mineral inclusions on high-pressure metamorphic overgrowth zircon in eclogite from Qinglongshan in the Sulu terrane. Chinese Science Bulletin, 50(5): 460-466.

Li X H, Liang X, Sun M, et al. 2000.Geochronology and geochemistry of single-grain zircons Simultaneous in-situ analysis of U-Pb age and trace elements by LAM-ICP-MS. European Journal of Mineralogy, 12(5):1015-1024.

Liou J G, Zhang R Y. 1996. Occurences of intergranular coesite in ultrahigh-P rocks from the Sulu region, eastern China: implicatons for lack of fluid during exhumation. Amer Mineralogist, 81: 1217-1221.

Liu D, Jian P, Kröner A, et al. 2006a. Dating of prograde metamorphic events deciphered from episodic zircon growth in rocks of the Dabie-Sulu UHP complex, China. Earth and Planetary Science Letters, 250(3): 650-666.

Liu F L, Liou J G. 2011. Zircon as the best mineral for P-T-time history of UHP metamorphism: a review on mineral inclusions and U-Pb SHRIMP ages of zircons from the Dabie-Sulu UHP rocks. Journal of Asian Earth Sciences, 40(1): 1-39.

Liu F, Xu Z. 2004.Fluid inclusions hidden in coesite-bearing zircons in ultrahigh-pressure metamorphic rocks from southwestern Sulu terrane in eastern China. Chinese Science Bulletin, 49(4): 396-404.

Liu F, Xu Z, Liou J G. 2004. Tracing the boundary between UHP and HP metamorphic belts in the southwestern Sulu terrane, eastern China: evidence from mineral inclusions in zircons from metamorphic rocks. International Geology Review, 46(5): 409-425.

Liu F, Liou J G, Xue H. 2006. Identification of UHP and non-UHP orthogneisses in the Sulu UHP terrane, eastern China: Evidence from SHRIMP U-Pb dating of mineral inclusion-bearing zircons. International Geology Review, 48(12): 1067-1086.

Liu F, Gerdes A, Zeng L, et al. 2008. SHRIMP U-Pb dating, trace elements and the Lu-Hf isotope system of coesite-bearing zircon from amphibolite in the SW Sulu UHP terrane, eastern China. Geochimica et CosmochimicaActa, 72(12): 2973-3000.

Liu F, Gerdes A, Liou J, et al. 2009. Unique coesite-bearing zircon from allanite-bearing gneisses: U-Pb, REE and Lu-Hf properties and implications for the evolution of the Sulu UHP terrane, China. European Journal of Mineralogy, 21(6): 1225-1250.

Liu M W, Zhang Q Y, Song W Q. 2003. Division of the cretaceous lithostratigraphic and volcanic sequences of Shandong. Journal of Stratigraphy, 27(3): 247-253.

Loucks R G, Ruppel S C. 2007. Mississippian Barnett shale: Lith of acies and depositional setting of a deep-water shale-gas succession in the Fort Worth basin, Texas. AAPG Bulletin, 91(4): 579-601.

Lovering J F, White A J R. 1969. Granulite and eclogite inclusion from basic pipes at Delegate Australia. Contributions to Mineralogy and Petrology, 21(1): 9-52.

Lowe D R. 1975. Water escape structures in coarse-grained sediments. Sedimentology, 22(2): 157-204.

Maltman A J. 1994. The Geological Deformation of Sediments. London:Chapman &Hall.

Maltman A J, Bolton A. 2003. How sediments become mobilized. In: Van Rensbergen P, Hillis R R, Maltman A J, Money C K (eds.).Subsurface Sediment Mobilization.London Geological Society, Special Publications, 216: 9-20.

Matsyuk S S, Langer K, Hosch A. 1998. Hydroxyl defects in garnets from mantle xenoliths in kimberlites of the Siberian platform. Contributions to Mineralogy and Petrolgy, 132: 163-179.

Middlemost E A K. 1972. A simple classification of volcanic rocks. Bulletin Volcanologique, 36(2): 382-397.

Miyashiro A. 1974. Volcanic rock series in island arcs and active continental margins. American Journal of Science, 274(4): 321-355.

Montenat C, Barrier P, Oud Estevou P, et al. 2007. Seismites:An attempt at critical analysis and classification. Sedimentary Geology, 196(1-4):5-30.

Moretti M. 2000. Soft-sediment deformation structures interpreted as seismites in middle-late Pleistocene aeolian deposits(Apulian foreland, southern Italy).Sedimentary Geology, 135:167-179.

Moretti M, Ronchi A. 2011. Liquefaction features interpreted as seismites in the Pleistocene fluviu-lacustrine deposits of the Neuquen Basin(Northern Patagonia). Sedimentary Geology, 235(3-4): 200-209.

Moretti M, Sabato L. 2007. Recognition of trigging mechanisms for soft-sediment deformation in the Pleistocene laeustrine deposits of the Sant Arcangelo Basin(Southern Italy):Seismic shook vs. overloading. Sedimentary Geology, 196:31-45.

Moretti M, Soria J M, Alfaro P, et al. 2001.Asymmetrical soft-sediment deformation structures triggered by rapid sedimentation in turbiditic deposits (Late Miocene, Guadix Basin, southern Spain). Facies, 44(1):283-294.

Moretti M, Pieri P, Tropeano M. 2002. Late Pleistocene soft-sediment deformation structure interpreted as seismites in paralic deposits in the City of Bari (Apulian Foreland, southern Italy). Special Paper of the Geological Society of America, 359:75-85.

Needham R B. 1978. Producing heavy oil from tar sands: United States. Patent 4068717.

Neuwerth R, Suter F, Guzman C A, et al. 2006.Soft-sediment deformation in a tectonically active area: the Plio-Pleistocene Zarzal Formation in the Cauca Valley (Western Colombia). Sedimentary Geology, 186(1-2):67-88.

Obermeier S F. 1996. Use of liquefaction-induced features for paleoseismic analysis-an overview of how seismic liquefaction features can be distinguished from other features and how their regional distribution and properties of source sediment can be used to infer the location and strength of Holocene paleo-earthquakes. Engineering Geology, 44:1-76.

Owen G. 1987. Deformation processes in unconsolidated sands. In: Jones M E, Preston R M

F (eds.) .Deformation of Sediments and Sedimentary Rocks. London Geological Society, Special Publication, 29:11-24.

Owen G. 1996. Experimental soft-sediment deformation; structures formed by the liquefaction of unconsolidated sands and some ancient examples. Sedimentology, 43:279-293.

Owen G. 2003. Load structures:gravity-driven sediment mobilization in the shallow subsurface.ln: Van Rensbergen P, Hillis R R, Maltman A J, Molrey C K (eds.) .Subsurface Sediment Mobilization. London Geological Society, Special Publications, 216:21-34.

Owen G, Moretti M. 2011.Identifying triggers fur liquefaction-induced soft-sediment deformation in sands. Sedimentary Geology, 235 (3-4) :141-147.

Pearce J A. 1981.The Oman ophiolite as a Cretaceous arc-basin complex: evidence and implication. Philosophical Transactions of the Royal Society A Mathematical Physical and Engineering Sciences, 300 (1454) : 299-317.

Pearce J A. 1982.Trace element characteristics of lavas from destructive plate boundaries. Andesites, 8: 525-548.

Pearce J A. 2007. Geochemical fingerprinting of oceanic basalts with applications to ophiolite classification and the search for Archean oceanic crust . Lithos, 100: 14-48.

Pearce J A, Norry M J. 1979. Petrogenetic implication of Ti, Zr, Y and Nb variations in volcanic rocks. Contributions to Mineralogy and Petrology, 69 (1) :33-47.

Perchuk L L. 1966.Temperature dependence of the coefficient of distribution of calcium between coexisting amphibole and plagioclase. Dokl. Acad. Sci. USSR, 169: 203-205.

Perchuk L L. 1967. Analysis of thermodynamic conditions of mineral qquilibria in the Amphibole-Garnet Rocks. Izv. Akad. Nauk. SSSR, (3) : 57-83.

Perfit M R, Gust D A, Bence A E, *et al*. 1980. Chemical characteristics of island arc basalts: implications for mantle sources . Chemical Geology, 30: 227-256.

Posamentier H W. 1992, High-resolution sequence stratigraphy-the east coulee delta. Journal of Sedimentary Petrology, 62 (2) : 310-317.

Postma G. 1983. Water escape structures in the context of a depositional model of a mass flow dominated conglomeratic: fan-delta (Abrioja formation, Pliocene, Almeria Basin, Spain) . Sedimentology, 30:91-103.

Pratt B R. 1998. Syneresis cracks:subaqueous shrinkage in argillaceous sediments caused by earthquake-induced dewatering. Sedimentary Geology, 117:1-10.

Ravna E K. 2000. The garnet-clinopyroxene Fe^{2+}-Mg geothermometer: an updated calibration. Journal of Metamorphic Geology, 18: 211-219.

Ravna E J K, Terry M P. 2004. Geothermobarometry of UHP and HP eclogites and schists-an evaluation of equilibria among garnet-clinopyroxene-kyanite-phengite-coesite/quartz. Journal of Metamorphic Geology, 22 (6) : 579-592.

Reading H G. 1978. Sedimentary environments and facies, primted and bound in Great Brian by the Whitefrias Press Ltd, London and Tonbridge.

Rease P. 1974. Al and Ti contents of hornblende, indicators of pressure and temperature of regional metamorphism. Contributions to Mineralogy and Petrollogy, 45:231-236.

Rodriguez-Pascua M A, CalvoJ P, De Vicente G, *et al*.2000. Soft-sediment deformation structures interpreted as seismites in Lacustrine sediments of the Prebetic Zone, SE Spain, and their potential use as indicators of earthquake magnitudes during the Late Miocene.Sedimentary Geology, l35:117-135.

Rossetti D F, Santos A E. 2003.Events of sediment deformation and mass failure in Upper Cretaceous estuarine deposits（Cametá Basin, northern Brazil）as evidence for seismic activity. Sedimentary Geology, 161（1）:107-130.

Rossman G R. 1996. Studies of OH in nominally anhydrous minerals. Phys. Chem. Mineral, 23: 299-304.

Rossman G R, Aines R D. 1991.The hydrous components in garnets: Grossular-hydrogrossular. American Mineralogist, 76（7）: 1153-1164.

Rossman G R, Beran A, Langer K. 1989. The hydrous component of pyrope from the Dora Maira Massif, Weatern Alps. European Journal of Mineralogy, 1: 151-154.

Rubatto D. 2002. Zircon trace element geochemistry: partitioning with garnet and the link between U-Pb ages and metamorphism. Chemical Geology, 184（1）: 123-138.

Rumble D, Giorgis D, Ireland T, *et al*. 1998. Low $\delta^{18}O$ zircons , U-Pb dating, and the age of the Qinglongshan oxygen and hydrongen istope anomaly near Donghai in Jiangsu province , China. Geochimica et Cosmochimica Acta, 62（19）: 3307-3321.

Rumble D, Giorgis D, Ireland T, *et al*. 2002. Low $\delta^{18}O$ zircons, U-Pb dating, and the age of the Qinglongshan oxygen and hydrogen isotope anomaly near Donghai in Jiangsu Province, China. Geochimica et CosmochimicaActa, 66（12）: 2299-2306.

Sandeep S, Jain A K. 2007. Liquefaction and fluidization of lacustrine deposits from Lahaul-Spiti and Ladakh Himalaya: Geological evidences of paleoseismicity along active fault zone. Sedimentary Geology, 196（1）:47-57.

Schlager W. 1991, Depositional bias and environmental change-important factors in Sequence stratigraphy. Sedimentary Geology, 70（2-4）: 119-130.

Schlager W. 2005. Carbonate Sedimentology and Sequence Stratigraphy. Society for Sedimentary Geology.

Schmidt M W. 1992. Amphibole composition in tonalite as a function of pressure: an experimental calibration of the Al in-hornblende barometer. Contri Mineral Petrol, 110: 304-310.

Seilacher A. 1969. Fault-graded beds interpreted as seismites. Sedimentology, 13（1-2）: 155-159.

Seilacher A. 1984. Sedimentary structures tentatively attributed to seismic events. Marine Geology, 55（1-2）:1-12.

Shatsky V S, Rozmenko O A, Soboiev N V. 1990. Behaviour of rare-earth elements during high-pressure metamorphism. Lithos, 25: 219-226.

Shervais J W. 1982. Ti-V plots and the petrogenesis of modern and ophiolitic lavas. Earth and planetary science letters, 59（1）: 101-118.

Sinjo R, Chung S L, Kato Y, *et al*. 1999. Geochemical and Sr-Nd isotopic charactiristics of volcanic rocks from the Okinawa Trough and Ryukyu Arc: Implications for the evolution of a young intracontinental back arc basin. Journal of Geophysical Research, 104（B5）: 10591-10598.

Smith B. 1916. II-Ball or Pillow-form Structures in Sandstones. Geological Magazine, 3（4）:146-156.

Smyth J R, Bell D R, Rossman G R. 1991. Incorporation of hydroxyl in upper mantle clinopyroxenes. Nature, 351: 732-734.

Sokolov V A. 1935. Summary of the experimental work of the gas survey. Neftjanoe Khozjostwo, 27: 28-34.

Song B, Zhang Y H, Wan Y S, *et al*. 2002. Mount making and procedure of the SHRIMP dating. Geology Review, 48（S1）: 26-30.

Stromberg S G, Bluck B. 1997. Turbidite facies, fluidescape structures and mechanisms of emplacement of the Oligo-Miocene Aljibe Flysch, Gibraltar Arc, Betics, southern Spain. Sedimentary Geology, 115（1）:267-288.

Su W, You Z D, Cong B L, *et al*. 2002a. Cluster of water molecules in garnet of ultra-high pressure eclogite. Geology, 30 （7）: 611-614.

Su W, Cong B L, You Z D. 2002b. Plastic mechanism of deformation of garnet-water weakening. Scinece in

China, 45（10）: 885-892.

Sultan N, Cochonat P, Canals M, *et al*. 2004. Triggering mechanisms of slope instability processes and sediment failures on continental margins: a geotechnical approach. Marine Geology, 213（1-4）:291-321.

Sun S S. 1980. Lead isotopic study of young volcanic rocks from mid-ocean ridges, ocean islands and island arcs. Philosophica Transactions of the Royal Society A: Mathematical, Physical and Engineering Sciences, 297（1431）: 409-445.

Suter F, Martínez J I, Vélez M I. 2011. Holocene soft-sediment deformation of the Santa Fé-Sopetrán Basin, northern Colombian Andes: evidence for prehispanic seismic activity. Sedimentary Geology, 235:188-199.

Tang J, Zheng Y F, Gong B, *et al*. 2008. Extreme oxygen isotope signature of meteoric water in magmatic zircon from metagranite in the Sulu orogen, China: implications for Neoproterozoic rift magmatism. Geochimica et Cosmochimica Acta, 72（13）: 3139-3169.

Taylor S R, McLennan S M. 1984. The continental crust: its composition and evolution. Journal of Geolgy, 94（4）: 85-86.

Taylor S R, McLennan S M. 1985. The continental crust: Its composition and evolution. Oxford: Blackwell Scientific Publication.

Tribuzio R, Messiga B, Vannucci R, *et al*. 1996. Rare earth element redistribution during high-pressure—low-temperature metamorphism in ophiolitic Fe-gabbros（Liguria. Northwestern Italy）: Implications for light REE mobility in subduction zones. Geology, 24: 711-714.

Tucker M E, Wright V P. 2009. Carbonate Sedimentology. Britain: Blackwell Publishing.

Vanloon A J. 2009. Soft-sediment deformation structures in siliciclaslic sediments: an overview. Geologos, 15:3-55.

Vanneste K, Meghraoui M, Camelbeeck T. 1999. Late Quaternary earthquake-related soft-sediment deformation along the Belgian portion of the Feldbiss Fault, Lower Rhine Graben system. Tectonophysics, 309:57-79.

Vergely P, Hou M J, Wang Y M, *et al*. 2007. The kinematics of the Tan-Lu fault zone during the Mesozoic-Palaeocene and its relations with the North China-South China block collision（Anhui Province, China）. Bulletinde la Societe Geologique de France, 178（5）: 353-365.

Wallis S R, Ishiwatari A, Hirajima T, *et al*. 1997. Occurrence and field relationships of ultrahigh-pressure meta-granitoid and coesite eclogite in the Su-Lu terrane, eastern China. Journal of the Geological Society, London, 154: 45-54.

Wan T F, Hao T Y. 2010. Mesozoic-cenozoic tectonics of the yellow sea and oil-gas exploration. Acta Geologica Sinica（English Edition）, 84（1）: 77-90.

Wang J, Chang S C, Lu H B, *et al*. 2012. Detrital zircon geochronology and its constraints on the Mesozoic tectonic evolution in Lingshan Island, Shandong Province, China. Asia Oceania Geosciences Society.

Wang L P, Zhang Y X, Essene E J. 1996. Diffusion of the hydrous component in pyrope. American Mineralogist, 81: 706-718.

Wang Q, Rumble D. 1999. Oxygen and carbon isotope compositon from the UHP Shuanghe marbles, Dabie Mountains, China. Science in China, 42: 88-96.

Wang T, Wang X, Zhang G, *et al*. 2003. Remnants of a Neoproterozoic collision alorogenic belt in the core of the Phanerozoic Qinling orogenic belt（China）. Gondwana Research, 6（4）: 699-710.

Waters D J, Martin H N. 1993. Geobarometery of phengite—beating eclogites. Terra Abstracts, 5: 410-411.

Weaver B L. 1991. The origin of ocean island basaltend-member compositions: trace element and isotopic constraints. Earth Planet, 104 (2/3/4) : 381-397.

Weimer P, Posamentier H. 1994. Siliciclastic sequence stratigraphy : recent developments and applications. American Association of Petroleum Geologists Memoir, 58: 259-280.

Williams G D, Dobb A. 1991. Tectonics and seismic sequence stratigraphy. Geological Society London Special Publications, 148 (5) : 935-937.

Wilson M. 1989. Igneous Petrogenesis: A Global Tectonic ApproachLondon: Unwyn Hyman.

Winchester J A, Floyd P A. 1976. Geochemical magma type discrimination: application to altered and metamorphosed basic igneous rocks. Earth and Planetary Science Letters, 28: 459-469.

Wood D A, Joron J L, Treuil M A. 1979. Reappraisal of the use of trace elements to classify and discriminate between magma series erupted in different tectonic setting. Earth and Planetary Science Letters, 45: 326-336.

Wu Y B, Zheng Y F, Zhou J B. 2004. Neoproterozoicgranitoid in northwest Sulu and its bearing on the North China - South China Blocks boundary in east China. Geophysical Research Letters, 31 (7) :157-175.

Wu T Y, Zhao S J, Fu Y T. 2010. Petrogeochemistrical characteristics and its implication for hydrocarbon of the lower Paleozoic marine siliclasti crocks in Baxiandun, Qingdao. Chinese Journal of Geology, 45 (6) : 1156-1169.

Xia Q K, Sheng Y M, Xiao Z Y, et al. 2005. Heterogenetty of water in garnets from UHP eclogites, eastern Dabie Shan, China. Chemical Geology, 224: 237-246.

Yang J S, Wooden J L, Wu C L, et al. 2003. SHRIMP U-Pb dating of coesite - bearing zircon from the ultrahigh - pressure metamorphic rocks, Sulu terrane, east China. Journal of Metamorphic Geology, 21 (6) : 551-560.

Yang W C, 2002. Geophysical profiling across the Suluultra-high-pressure metamorphic belt, eastern China. Tectonophysics, 354 (3-4) : 277-288.

Yui T F, Rumble D, Lo C H. 1995. Unusually low 18O ultrahigh-pressure metamorphic rocks from Su-Lu terrane, China. Geochimica et Cosmochimica Acta, 59: 2859-2864.

Zhang J F, Jin Z M, Green II H W, et al. 2001. Hydroxyl in continental deep subduction zones: Evidences from UHP eclogites of Dabie Moutain. Chinese Science Bulletin, 46 (7) : 592-596.

Zhang R Y, Rumble III D, Liou J G, et al. 1998. Low $\delta^{18}O$, ultrahigh-Pgarnet-bearing mafic and ultramafic rocks from Dabie Shan, China. Chemical Geology, 150: 61-170.

Zhang R Y, Yang J S, Wooden J L, et al. 2005. U-Pb SHRIMP geochronology of zircon in garnet peridotite from the Sulu UHP terrane, China: implications for mantle metasomatism and subduction-zone UHP metamorphism. Earth and Planetary Science Letters, 237 (3) : 729-743.

Zhang Z M, Xiao Y L, Hoefs, et al. 2006a. Ultrahigh pressure metamorphic rocks from the Chinese Continental Scientific Drilling Project: I Petrology and geochemistry of the main hole (0~2050m). Contributions to Mineralogy Petrology, 153 (1) : 421-441.

Zhang Z M, Liou J G, Zhao X D, et al. 2006b. Petrogenesis of Maobei rutile ecogites from the southern Sulu ultrahigh-pressure metamorphic belt, eastern China. Journal of Metamorphic Geology, 24 (8) : 717-741.

Zhang Z M, Shen K, Xiao Y L, et al. 2006c. Mineral and fluid inclusions in zircon of UHP metamorphic rocks from the CCSD-Main Drill Hole: a record of metamorphism and fluid activity. Lithos, 92: 378-398.

Zhao R, Liou J G, Zhang R Y, et al. 2005. SHRIMP U-Pb dating of zircon from the Xugou UHP eclogite, Sulu terrane, eastern China. International Geology Review, 47 (8) : 805-814.

Zhao Z F, Zheng Y F, Gao T S, et al. 2006. Isotopic constraints on age and duration of fluid - assisted high - pressure eclogite-facies recrystallization during exhumation of deeply subducted continental crust in the Sulu orogen. Journal of metamorphic Geology, 24 (8) : 687-702.

Zheng R F. 1997. Oxygen and carbon isotope anomalies in the ultrahigh pressure metamorphic rocks of the Dabie-Sulu terranes: implications for geodynamics. Episode, 20: 104-108.

Zheng Y F, Fu B, Cong B L, et al. 1996. Extreme ^{18}O depletion in eclogite from the Su-Lu terrane in east China. European Journal of Mineralogy, 8: 317-323.

Zheng Y F, Fu B, Gong B, et al. 2003. Stable isotope geochemistry of ultrahigh pressure metamorphic rocks from the Dabie-Sulu orogen in China: implications for geodynamics and fluid regime. Earth-Science Reviews, 62(1): 105-161.

Zheng Y F, Wu Y B, Chen F K, et al. 2004. Zircon U-Pb and oxygen isotope evidence for a large-scale ^{18}O depletion event in igneous rocks during the Neoproterozoic. Geochimica et Cosmochimica Acta, 68(20): 4145-4165.

Zhou J, Zheng Y, Wu Y. 2003. Zircon U-Pb ages for Wulian granites in northwest Sulu and their tectonic implications. Chinese Science Bulletin, 48(4): 379-384.

Zong K, Liu Y, Gao C, et al. 2010. In situ U-Pb dating and trace element analysis of zircons in thin sections of eclogite: refining constraints on the ultra high-pressure metamorphism of the Sulu terrane, China. Chemical Geology, 269(3): 237-251.

ЗаКругкин В В. 1968. Обэвлюпий амфиблов при метаорфиоме. зап. Всесоюзного Минерал. Общ. ч. Вып.